咖啡圣经

从简单的咖啡豆到诱人的咖啡的专业指南

[英] 玛丽·班克斯　克里斯丁·麦费登　凯瑟琳·埃克丁森　著

徐舒仪　译

机械工业出版社
CHINA MACHINE PRESS

本书介绍了咖啡的方方面面，从咖啡的种类到咖啡的历史，从咖啡的制作到饮用咖啡的艺术，给爱喝咖啡和喜欢咖啡文化的你提供了一本全面而详细的世界咖啡百科指南。

书中附有众多插图和参考信息，增加了阅读的趣味性和专业性，使读者在轻松一览咖啡文化的同时，还能了解更多更深层次的专业知识。不论是作为兴趣读物、专业参考书还是实用指南，本书都是咖啡爱好者的最佳选择！书中还收集了70多种利用咖啡作为食材的甜点配方，为喜爱咖啡的您提供了更多选择：咖啡蛋糕、咖啡冰淇淋、咖啡布丁……是不是听起来就很有食欲呢！

图书在版编目（CIP）数据

咖啡圣经：从简单的咖啡豆到诱人的咖啡的专业指南 /（英）班克斯（Banks, M.），（英）麦费登（Mcfadden, C.），（英）埃克丁森（Atkinson, C.）著；徐舒仪译. —北京：机械工业出版社，2014.12（2016.6重印）

书名原文：The world encyclopedia of coffee

ISBN 978-7-111-48965-8

Ⅰ.①咖… Ⅱ.①班… ②麦… ③埃… ④徐… Ⅲ.①咖啡－基本知识 Ⅳ.①TS273

中国版本图书馆 CIP 数据核字（2014）第302721号

机械工业出版社（北京市百万庄大街22号　邮政编码100037）

责任编辑：坚喜斌　於　薇　刘林澍　责任校对：赵　蕊

责任印制：乔　宇

保定市中画美凯印刷有限公司印刷

2016年6月第1版・第4次印刷

170mm × 230mm・17.5印张・319千字

标准书号：ISBN 978-7-111-48965-8

定价：69.00元

凡购本书，如有缺页、倒页、脱页，由本社发行部调换

电话服务
服务咨询热线：（010）88361066
读者购书热线：（010）68326294
（010）88379203

网络服务
机工官网：www.cmpbook.com
机工官博：weibo.com/cmp1952
教育服务网：www.cmpedu.com
金书网：www.golden-book.com

目　录

咖啡世界

THE WORLD OF COFFEE

这本书囊括了所有你想知道的关于咖啡的知识。作为一本权威指南，本书的第一部分详述了咖啡的历史和它对各国的经济、政治和文化的影响，并以国家为单位详细介绍了每个国家咖啡的不同风味和特色，当然还介绍了咖啡的研磨和烘焙。

本书的第二部分介绍了70多个咖啡食谱，包括蛋奶酥、糕饼、布丁、水果和速冻甜点以及诱人的蛋糕、馅饼和面包，足以证明咖啡的多样化。

咖啡的历史

THE HISTORY OF COFFEE

这部分是对咖啡豆的追溯，从它的发源地埃塞俄比亚到中东和阿拉伯地区，再到欧洲和新大陆，咖啡豆经历了一段神秘而又曲折的历史旅途。咖啡作为一种重要的饮品，在中世纪的阿拉伯和土耳其人的社会生活和精神生活中均扮演了重要的角色。之后，它才肆入得西方世界。无论是过去还是现在，咖啡店一直是人们政治、经济和文化生活中不可或缺的一个部分。最后，本章还介绍了早期咖啡泡制和饮用的多种方法。

咖啡豆的起源

自从几百年前咖啡豆从非洲的东北部被带到阿拉伯地区之后，它就在塑造历史的过程中扮演起了多面的角色。之后，咖啡豆又穿越了红海，不仅在非洲和中东地区，同时也在欧洲本土、英国和美国起到了改变当地社会、政治和经济的作用。咖啡见证了无数人的悲欢离合，成为人们日常谈话的润滑剂，刺激着人们的创造力，让疲惫的人重获活力。至此，咖啡成为了世界各地无数咖啡爱好者的生活必需品。

神秘的起源

咖啡的起源是如此的神秘，以至于是谁、在何时、如何发现的咖啡豆以及关于咖啡特性的讨论和推测层出不穷。医生、律师、诗人和哲学家都有他们各自偏爱的理论，并且因为他们所谓的“发现”而受到奖赏、声名大振。正因为如此，在中世纪时期的阿拉伯地区和17世纪下半叶的欧洲地区，才流传着各种有关咖啡的故事和传说。

炒玉米还是黑肉汤

一些有着丰富想象力的文人墨客认为，咖啡豆的历史可以追溯到《圣经·旧约》的传说中。他们认为，咖啡豆就是书中阿比盖尔给大卫、波阿斯给露丝的那种“炒熟的玉米粒”。而另一些人则认为，咖啡就是古斯巴达人所喝的一种“黑色的肉汤”。柏土思·达文雷，著名的意大利旅行家则认为，咖啡的历史可以追溯到特洛伊战争时期。他指出“海伦和她的一些议会女伴们在处理国家和皇室事务时，偶尔会边思考边泡上一壶咖啡”。更有人指出，在荷马的《奥德赛》中，海伦用来调酒的一种叫做“忘忧草”，并且可以“驱散心底的忧伤和愤怒”的物质正是咖啡。

班纳西，一位18世纪的作家在一篇和咖啡有关的论文中指出，大多数的药材都是在偶然状态下被发现的，而咖啡可以算作一种药材，所以它的发现也带有很多的偶然因素。

根据这样的思路，班纳西详细叙述了广为流传的“跳舞的山羊”的传说。据说，一个来自阿拉伯或埃塞俄比亚的牧羊人向附近修道院的修

左图：《稻田里的露丝和波阿斯》，木版画（圣经插画版），莱比锡朱丽斯·范·卡罗斯菲尔德（1794—1874）画于1860年

科普小知识

咖啡豆是生长在热带和亚热带地区的一种常绿灌木的果实，这种灌木会长出有茉莉香味的花簇。在每一颗果实的果肉和果浆里，包含着两颗咖啡豆。因为制作1磅（1镑约为454克）左右的咖啡需要4000颗左右的咖啡豆，所以咖啡的种植需要大量的人力。

上图：阿拉比卡咖啡，《植物杂志》，伦敦，1810

道长抱怨自己的山羊“每周都有两三天整夜不睡觉，有时甚至一反常态地嬉戏或是跳舞”。听了牧羊人的话，修道长断定这些山羊应该是吃了某种植物才会有如此反常的举动，于是就到山羊平时所在的牧场一探究竟。果然，在灌木丛中，他发现了一些浆果，并决定亲自尝一尝。

修道长把浆果用水煮沸后喝下了汤汁，之后他惊奇地发现，自己可以整晚不睡觉且没有任何的不良反应。修道长欣喜若狂，把浆果熬的汤汁分给修道院中所有的修道士们每日饮用。从此，修道院的修道士们出席晚上的祈祷更勤奋了，也不爱睡懒觉了。于是，这种浆果熬的汤汁很快就在整个王国里受到了欢迎。

但詹姆斯·道格拉斯博士，却在他的学术论文《咖啡树的历史》一文中反驳了班纳西的观点。他认为班纳西说的故事“天花乱坠，太像编造出来的东西，完全不可信”。他强调：“凡是熟悉民间传统的人，尤其是东方国家的民间奇闻逸事的人都会理解，班纳西的故事的可信度是极低的。”

有关咖啡起源的传说还有许多不同的版本。例如，托马斯·布朗特爵士认为，修道长拿咖啡豆熬的汤汁给修道院中的修道士们喝只是为了做实验，而且他的实验非常成功，修道院在此之后变得更有效率了，修道士的出勤率也更高了。

穆斯林的观点

穆斯林在咖啡是如何被发现的这个问题上有着自己的传说和故事。道格拉斯博士认为，穆斯林人的传说“相当美好，却也是毫无根据的”。穆斯林认为，他们和上帝之间有着特殊的联系，而正因为他们能从咖啡这种神奇的饮品中获益，所以上帝才派来了天使长加百利向先知穆罕默德传授咖啡的特性和冲泡咖啡的秘诀。

另一段传说是与伊斯兰教的托钵僧奥马尔有关的。传说奥马尔可以通过祈祷让生病的人起死回生。当时，奥马尔被流放到家乡穆哈城外的一片沙漠中。当他快要饿死在沙漠中的一个洞穴里的时候，发现了灌木丛下有一些浆果，便伸手摘来吃下。但是，他发现浆果的味道太苦涩了，于是就决定把它们煮一下，希望可以去除一些苦涩的味道。很明显，奥马尔是一位对食物的口味有着高要求的人，（而且在那样的环境中，他身边也“正好”有煮咖啡必需的器具），所以他把这些浆果煮沸，并把煮浆果的水喝下，立刻变得神采奕奕，恢复了体力，并好几天都不需要再进食。

这个传说还有一个更加诗意的版本。当奥马尔在洞穴里快要饿死的时候，他看到了一只长着巨大翅膀的白鸟，它正唱着美妙动听的歌曲。当奥马尔走向大鸟时，却只找到了一些水果和花。他把水果和花放进篮子并回到了洞穴中，决定把那些不起眼的水果煮了当晚餐。于是，他熬出了一锅香喷喷的褐色汤水。

最终，这两个版本的故事结局合二为一。穆哈城中的病人们找到奥马尔，希望得到帮助，奥马尔便给他们喝下了褐色汤水。当然，因为这是一个传说故事，所以故事中那些喝下汤水的病人都被神奇地治愈了。穆哈城中的百姓得知了这件事，于是又把奥马尔风光地接回城中，而奥马尔也最终成为了穆哈城的守护神。

尽管历史学家对咖啡的起源有着各种各样的见解，但是没有人能够真正确切地说出咖啡这种植物是在何时何地被人们发现的。一言以蔽之，咖啡的起源充满着神秘色彩，夹杂着各种事实和想象。

20 世纪 50 年代英国商业广告插图。一群山羊正在吃某种浆果，也就是咖啡被发现的故事。

从远方的非洲而来

咖啡大约是在公元前 575 年～公元前 850 年之间从埃塞俄比亚传到阿拉伯地区的。对于它是如何传播到阿拉伯地区的，人们并不是很清楚。有一种说法是，肯尼亚和埃塞俄比亚地区的居民在向北迁移的时候把咖啡的种子也带入了阿拉伯半岛。当然，最后他们被拿着武器的波斯人赶出了半岛，但是他们种下的咖啡树却一直留在了那里，即现在的也门。

神秘的传说

另一种可能是阿拉伯奴隶贩子在埃塞俄比亚掠夺奴隶的时候同时，也带回了一

上图：一位贝多因族老人用阿拉伯式煮咖啡的方法在准备咖啡。

些咖啡种子。当然，罪魁祸首最有可能是苏菲人——一个神秘的、以“旋风式掠夺”而闻名于世的伊斯兰宗教派别。传统的阿拉伯文学作品赞同这样的说法，认为一位苏菲棋牌大师阿里·本·奥马尔把咖啡种子从埃塞俄比亚带回了阿拉伯半岛。在奥马尔回到也门港口城市穆哈前，曾在埃塞俄比亚的一座修道院待过一段时间。后来，这位奥马尔成为了穆哈城的圣人，他正是很多传说故事当中因被流放到沙漠中而发现了咖啡豆的那一位奥马尔。当然，这些传奇故事有些地方会对不上号。

根据道格拉斯博士所说，一本具有较高真实性的手稿最近被发现了。它是在1587年，由路易四世在穆哈的使者——诺提尔先生用阿拉伯语写的。该手稿最早记载了咖啡的使用和在中东地区普及的事实。作者同时提到了来自也门首都亚丁的穆夫提在15世纪中期游历波斯时，看到他的同伴在饮用咖啡。当他回到亚丁时，身体比较虚弱，于是想起了这种饮品。抱着康复的念头，他尝试了一些咖啡，然后惊奇地发现咖啡可以防止瞌睡，并且没有任何的副作用。更重要的是，咖啡可以驱散所有的疲惫和睡意，让穆夫提感受到了从未感受过的喜悦和幸福。

抱着有福同享的念头，穆夫提把咖啡与他的同伴们分享，并在夜晚的祷告来临之前饮用。他发现他的同伴们饮用了咖啡之后，可以通宵祷告并且精神饱满，思维也变得更活跃了。

尽管各种传说让人难以辨别真伪，但是却有确凿的证据认为，世界上第一株咖啡树种植在也门的一家修道院内。而大多数的阿拉伯经典传统认为，苏菲人或多或少也和此脱不了干系。

从食物到饮品

和咖啡是如何被发现、如何被带入阿拉伯地区一样，咖啡是如何从一种食物变成为一种热饮也是一个充满了猜测和疑问的话题。

早先，欧洲探险家和植物学家认为，埃塞俄比亚人生嚼咖啡豆，觉得咖啡豆有提神醒脑的功效。他们也会把生的咖啡浆果捣碎，与动物脂肪混合，做成小球。这种混合了动物油脂、咖啡因和蛋白质的食物充满了能量。在部落冲突中，勇士们都不得不拼尽全力，所以这样的“能量小球”在部落冲突的大背景下被认为是非常重要的食物。当然，咖啡浆果也被当成水果生吃，因为它的果肉有甜味，并且富含咖啡因。

早期的资料显示，成熟了的咖啡浆果在发酵之后被拿来酿酒，这种酒被称作“卡瓦”，意思就是“让人兴奋、变得高兴起来”。后来，卡瓦就自然而然地成了一种咖啡和酒的名称。由于当时穆斯林不能喝酒，所以咖啡就有了“阿拉伯的酒”的别称。

当然，当时的咖啡在阿拉伯被当作一种食物。只是在后来才成为一种饮品。最开始，人们把咖啡豆的空壳浸泡在凉水中做成饮品。后来，人们把咖啡豆壳先在火上烤一会儿，然后再放入沸水中煮30分钟，直到煮出一种淡黄色的液体为止。

右图：早期阿拉伯人在火上煮咖啡。

从公元前1000年前起，人们就用生的咖啡豆或者咖啡豆壳煮咖啡。直到13世纪，人们才开始尝试着在煮咖啡豆之前把豆子晒干。咖啡豆晒干之后，可以储存得更久一些。之后，煮咖啡的技术又进步了一些——人们开始用炭火烘焙咖啡。

咖啡的早期使用

最开始，咖啡只是在特定的宗教场合出现，或者出现在医生的药方中。当咖啡的医疗效果被发现之后，越来越多的医生开始热衷于给病人服用咖啡。咖啡曾被用于治疗数不清的大病小病，包括肾结石、痛风、天花、

非洲语言和阿拉伯语言中的咖啡

咖啡这种植物在非洲的语言当中叫作bun。咖啡传入阿拉伯之后，bun衍变成bunn，而且咖啡树和它的果实都叫bunn。哈慈（公元前850—922）是当时一位生活在波斯的医生，同时也是加伦和希波克拉底的门生。他在一本医学百科全书中把咖啡叫作“bunchum”，并同时详细论述了咖啡的医疗功效，这证实了咖啡在一千年以前就被当作一种药材。另一位著名的穆斯林大夫和哲学家阿维森纳（公元前980—1037）的论文中也有类似的记载。

“coffee”一词来源于土耳其语，是由“kahveh”衍变而来的，而“kahveh”则是从阿拉伯语“qahwah”衍变来的。

上图：穆斯林大夫阿维森纳。画像大约作于17世纪左右。

麻疹和咳嗽。一位植物学家在17世纪后期所写的论文中指出了咖啡的一些疗效。在谈到埃及的药物和植物时，他指出“咖啡是一种有助于缓解女性月经不调的物质。当女性的月经不顺畅时，可尝试服用咖啡。这是一种又快又有效的疗法，同时还可以缓解痛经”。

这位植物学家接着描述了咖啡的做法。他指出一共有两种煎熬咖啡的方法。“第一种是用上述所讲的谷物的外壳煮制，另外一种就是用这种豆子本身煮制。而用壳煮的咖啡缓解痛经的疗效更佳。”

人们把谷物放入铁器中，并用盖子盖住，然后再插上烤肉叉在火上烘烤，当谷物被烤为粉状以后再根据人数平分。也就是说，把个人分量的咖啡粉放入沸水中煮，过一段时间后倒入杯具当中，再一小口一小口地慢慢品尝。

阿拉伯半岛的咖啡

以下的例子是关于亚丁湾的穆夫提和他的修道士及宗教社团在全阿拉伯半岛开始实践喝咖啡。但慢慢地，饮用咖啡不再受到宗教的限制。亚丁湾的居民是最先养成喝咖啡习惯的人。在伊斯兰法典中，穆夫提是令人敬畏的权威者，所以肯定不会故意使用一种非法物品。他的追随者都热忱地以他为榜样，也开始亲自尝试这种新饮料。

咖啡饮用起源于清真寺，清真寺的修道士自己倒满咖啡后，伊玛目（伊斯兰教宗教领袖或学者的尊称）会把咖啡提供给在场的其他人。经过虔诚的吟唱之后，咖啡才会被隆重供上，喝咖啡在这里被视为是一种有益身心健康的、虔诚的活动。所有喝过咖啡的人都喜欢上了咖啡，而且想要喝更多，因此，不久之后消息传开了：拜访清真寺会获得一杯咖啡作奖励。

宗教统治者紧急镇压饮用咖啡的趋势，但他们限制使用咖啡的企图都是徒劳的。伊玛目和修道士是被允许喝咖啡的，但只限于在夜间祷告的时候。内科医师也只被允许在处方中使用少量的咖啡。但是清真寺的人在精神上越来越不倾向于只在深夜喝咖啡，医生也不断地开始在处方中为各种病例开出咖啡，剥夺咖啡的使用权变得很艰难。

清真寺的接待者发现，咖啡是一种愉悦身心的刺激物，而且有益于社交活动。不久之后，咖啡饮料开始在公开场合出售，吸引了各种学者、夜间工作者和旅行者。最终，全城开始喝起了咖啡，不只在晚上，而是24小时在家都能喝到咖啡。滚烫的、口感强烈的咖啡在斋月期间尤其受欢迎，这一点也不奇怪，因为斋月期间，从日出到日落，斋戒是必需的。

咖啡：把握住了时机

这一新型的饮品迅速从亚丁湾传播到邻近的城镇，大约到15世纪末，已传播到

上图：这是一幅19世纪早期在土耳其咖啡屋台阶上的插图。

了圣城麦加。和在亚丁湾一样，咖啡饮品在麦加首先出现在清真寺的托钵僧团体中。

不久之后，普通居民出于各自需要也普遍开始在家里或公共场合喝咖啡。他们喝咖啡时的享受显而易见，正如阿拉伯历史学家说的：“很多人一整天都欢快地渡过：喝着咖啡，享受着各种乐趣，如谈话、玩象棋和其他游戏、跳舞、唱歌，转换各种行为习惯。”

作为伊斯兰世界的中心，麦加的社会和文化惯例不可避免地被其他主要城市的穆斯林效仿着。因此，在一个相对较短的时期内，在全阿拉伯的大部分地区，咖啡饮用是受到压制的，然后才从西方传到埃及，从北部传到叙利亚。穆斯林军队进一步强化了中东人民喝咖啡的习惯。在那个时候，穆斯林军队行军经过欧洲南部、西班牙和北美，甚至西至印度，无论他们去往哪里，都随身带着咖啡。

咖啡因此成为中东人生活中不可或缺的部分。咖啡饮品对社会的正常运作至关重要。例如，婚姻合同规定丈夫应提供妻子所需的咖啡量，如果丈夫无法做到，女方可提起离婚诉讼。

波斯的咖啡

波斯喝咖啡的习惯甚至发生在咖啡出现在阿拉伯之前。据说波斯勇士返回到埃塞俄比亚后试图在也门定居。毫无疑问，波斯人已发觉自己对这些埃塞俄比亚人种植的长在树上的咖啡浆果的喜爱，并把它们带回了自己的国家。亚丁湾穆夫提的故事也谈及了15世纪中期咖啡在波斯被饮用的情况。

从很早开始，大多数主要的波斯城市都将时髦宽敞的咖啡屋修建在城镇最好的位置。这些咖啡屋享有“快速有效地供应咖啡”的声誉，并且得到了“充分的尊敬”。通常情况下，与咖啡屋场景有关的政治讨论和博弈都保持低调，客人似乎对享乐主义的追求更感兴趣。波斯咖啡屋拥有有关谈天、音乐、舞蹈和诸如此类的其他东西的口碑，它们甚至还拥有一些报道，如政府如何强制对“发生在那里的声名狼藉的行为”进行阻止。

一位英国旅行者讲述了伊斯兰国王的妻子如何机智地任命毛拉（伊斯兰教神学家）的故事。毛拉每天都要拜访一群特殊的人和受欢迎的咖啡屋，他的工作只是坐在那里，用文明的方式讨论诗集、历史和法律，以此来招待主顾。他是一个谨小慎微的人，会避免有争议的政治话题，所以很少受到干扰。毛拉因此成为一个受欢迎的拜访者。

其他咖啡屋看到这一方法取得成功，很快也效仿起来，并雇佣他们自己的毛拉和讲故事的人。这些被发掘的表演者坐在位于中心位置

咖啡和宗教忠诚

穆斯林深信咖啡饮品是来自真主安拉的礼物，因此他们对咖啡在情感上是狂热的，正如下文的颂词（或叫长篇演说）所展示的那样。有意思的是，这篇由阿拉伯语翻译过来并收录在特兰斯瓦尼亚的药物日记中的颂词，据说是穆罕默德的儿子，阿希达·卡达·阿纳萨里·杰译里·豪布利酋长的原作。

哦，咖啡！你是真主的杰作！你那最显眼的黑色让我们从知识的道路上回过神。咖啡是真主赐予子民的饮品，是渴望智慧的拥护者的热忱……每一丝照料都消失不见，只要将这美味的圣杯呈上。它将在全身经络中快速循环，不会引起痛苦；如果有人对此怀疑，就请注视那些喝过咖啡的青年和美人……咖啡是真主子民的饮品；它富含健康元素……无论谁，只要见过那充满喜悦的圣杯，都会轻蔑酒杯。高贵的饮品！颜色是纯粹的海豹色，这表明了它的本质。满怀信心地斟饮，无视愚者的嘲讽，那都是毫无根据的谴责……

的高椅上，“坐在那里，他们发表演说，讲述讽刺性的故事，与此同时，用一根小木棍并使用和变戏法的人一样的手势进行表演……

土耳其的咖啡

尽管咖啡饮用已传到了邻国叙利亚，但却是以相对缓慢的节奏。随着土耳其帝国的扩张以及后来对阿拉伯的征服，土耳其人最终开始过度地饮用咖啡。正如一名来自君士坦丁堡的英国医生的札记写道：“当土耳其人生病时，他会斋戒、喝咖啡，如果这些不起作用，他会立下遗嘱，但不会考虑其他的救治办法。”

新的酒吧 根据16世纪一位阿拉伯作家的描述，君士坦丁堡最早的两家咖啡屋是由一对叙利亚企业家夫妇于1554年建立的，并很快掀起了一股潮流。他们的咖啡屋中配备的家具令人印象深刻，内置“非常整洁的沙发和地毯，坐在那里，他们接待自己的同伴，这些同伴最初由热心的人和象棋、双陆棋爱好者和静坐冥想者组成”。其他同样内容丰富的咖啡屋也迅速开张，有时也帮助更为虔诚的穆斯林驱逐烦恼。这些咖啡屋装饰华丽，当客人在享受故事、诗歌和专业表演者呈献的歌曲、舞蹈表演时，他们可以倚靠在奢华的坐垫上。

尽管咖啡屋开设的数量在不断增加，但咖啡屋中还是挤满了客人。对于客人的社会层次，历史学家有着不

右图：一名土耳其佣人在家里准备咖啡。

同的意见，有些人认为咖啡屋几乎常常排斥“较低级的订单”，其他人则认为咖啡屋吸引社会所有阶层。正如哈托克斯在其《咖啡屋的社交生活》中描述的：“假定所有的社会阶层都去咖啡屋，这也不能代表所有阶层都去同一家咖啡屋。”

法律界人士发现，咖啡屋对交流来说是一个很有用的地方，因为据说咖啡屋的主顾主要是到君士坦丁堡寻找工作的法官、法学专家或其他的科学家，还有即将毕业的学生，他们热切渴望得到一份体面的工作。即使是皇宫中的首席官员和其他高阶层的成员都曾在咖啡屋中被看到。

英国旅行作家、植物学家和医生从没见过有什么事物像咖啡屋一样被大量记载的。亨利·布朗特在《逃亡之旅》一书中不无惊异地记述到：“靠近脚手架的地方，咖啡堆满半个庭院之多，上面用垫子覆盖着，模仿土耳其的行为，他们跷着二郎腿，很多时候两三百人围坐在一起聊天，有可能还有起起落落的通俗音乐。”

乔治·桑迪先生在某种程度上从反对角度写道：“他们坐在那里闲聊一整天，喝上一口被称为咖啡的饮料……放在小型瓷器碟子中，咖啡的热度正好是他们所能承受的热度。这种饮料和烟灰一般黑，尝起来也差不多。据他们描述，咖啡有助于消化和愉悦精神。很多咖啡店主都雇佣英俊的男服务生来帮助招揽顾客。”

左图：很多人聚集在咖啡屋中品着咖啡闲聊。

在家喝咖啡 土耳其人在家喝咖啡与在咖啡屋喝咖啡一样多。一位法国旅行者观察到：“君士坦丁堡人在私人家庭咖啡上花的钱就和巴黎人在酒上花的钱一样多”。亨利·布朗特先生在给友人的一封信中写道：“除了无数的咖啡屋店铺外，所有家庭的炉灶上整天都煮着咖啡。”

布朗特进一步赞扬了喝咖啡的诸多治疗好处：“他们（土耳其人）都认识到咖啡如何让他们从不良饮食或潮湿住处引起的痛苦中获得解脱。由于他们从早到晚都在饮用咖啡，所以没有人因潮湿而得痨病；上了年纪的人没有得嗜睡症的，小孩没有得佝偻病的，有小孩的妇女也很少有焦虑症。尤其值得一提的是，他们用咖啡来预防结石和痛风”。

习俗与惯例

一旦咖啡摆脱了宗教的束缚，咖啡屋便如雨后春笋般在整个中东地区兴起。简易咖啡店和移动咖啡摊开始出现，它们通过小型酒精灯加热咖啡，并将其出售给路人。

与此同时，咖啡饮用习惯在家庭中也已经开始形成。所有社会活动都不可避免地或多或少使用到咖啡。咖啡被使用于理发师理发前、商人进行贸易前后、朋友之间的偶然邂逅，甚至是最正式的宴会上。欧洲的旅行作家为咖啡的消耗水平所震惊。其中有位旅行作家便写道："他们不仅在家里喝咖啡，而且在公共大街上也喝咖啡，当他们四处游走做生意时，有时会 3 人或 4 人轮流喝着同一杯咖啡。"

以苏丹方式制作咖啡

"制作苏丹式咖啡的方法如下：他们采用熟透了的果皮进行捶打，然后把它们放入土质的盘子里，置于炭火上，并且不断地搅动，直至它们的色泽有了一点变化。与此同时，煮沸咖啡壶中的水。当果皮准备就绪之后，他们将果壳内、外层均分为三份，分别投入壶中；然后用和煮普通咖啡一样的方法煮沸。咖啡液体的颜色极其类似英国最上等的啤酒的颜色。在咖啡豆使用之前，果皮必须保存在干燥的地方；即便再少的水分也会破坏咖啡的口感。"

——詹姆斯·达格拉斯博士，1727 年。

更好地酿造咖啡

直到 16 世纪早期，所有的咖啡豆都是在特别的石器托盘上烘烤的，之后便放在金属盘碟上。一旦进行过烘烤，咖啡豆就要被煮沸至少 30 分钟，然后便会产生一种深黑色的液体并被储存在咖啡壶中，待有需要时才拿出来饮用。但是由于咖啡的需求量在不断增长，所以咖啡的准备和酝酿技术也在不断提高。通过研磨咖啡豆和煮沸开水可以冲泡出新鲜的咖啡。糖和可口的调味品，例如小豆蔻、肉桂皮和丁香等被加入咖啡中，以改善其口感。尽管使用烘烤过的咖啡豆已成为一种普遍的惯例，但用稍加烘烤的咖啡浆果制成的咖啡（去除咖啡豆）仍然在种植咖啡树的也门大受赞扬。咖啡作为"苏丹式的咖啡"而广为人知，主要提供给那些社会上层人士饮用，或提供给受人尊敬、

下图：一位街头贩卖咖啡的小贩，伊斯坦布尔，18 世纪早期。

享有荣誉的拜访者。

咖啡屋里的生活

随着咖啡屋的不断增加，其间的竞争也愈演愈烈。咖啡屋店主努力吸引客人，他们“不仅通过咖啡的品质、服务生的整洁机敏”，而且通过豪华的环境和娱乐设施来吸引客人。音乐家、魔术师以及舞蹈家都被邀请来表演，还有木偶戏演出。

当客人们对咖啡屋所提供的一切服务和聊天都变得厌倦时，他们将自己寻找新的娱乐方式。诗人们受邀来吟诵诗词，或者，如果僧人来到咖啡屋，他就会被邀请做一个简单的布道。

西洋双陆棋、国际象棋及各种卡片游戏也变得流行起来了。正如吸食毒品一样，赌博几乎理所当然地兴起。咖啡开始在鸦片吸食者中盛行起来。当客人们在等待咖啡上来时，总有那么两三个水烟筒提供给闲暇的烟草吸食者使用。

英国人在俱乐部聚会时喝咖啡的传统是从土耳其传入的。如果客人看到熟人正要点一杯咖啡时，他会喊出一个单词“卡巴”，意思是“免费的”，也就是说他在暗示咖啡店老板不要收那个人的费用。反过来，后来的那位客人将会在坐下之前私底下问候所有已在场的客人。如果有年纪稍长的客人来了，每个人都会起立以示尊敬，并把最好的座位腾出来给他。

习惯上，人们最喜欢的咖啡的温度即为口腔可以承受的最高温度，所以咖啡一般是啜饮的，或更有可能是放在一个小型瓷器碗盘里发出声音地啜饮——这样一来，口感稍后便会出来。由于这种奇怪的、相当怪异的习惯，早期的英国旅行者很可能会受到嘲笑，甚至遭到排斥。曾有英国旅行者写道：“他们有时近个把小时都专注在碟子上……一点都没有分散注意力，陌生人可以观察到这种现象，在公共咖啡屋里去听一下这种啜饮之声，有可能会有好几百人同时在‘演奏’这美妙的‘音乐’”。

上图：土耳其咖啡店　转印石版画，1855 年。

家庭饮用咖啡

在16世纪的君士坦丁堡，没有富贵或贫穷、土耳其或犹太人、希腊人或美国人之分，在那里，人们每天至少要喝上两回咖啡，甚至一天喝上20杯也不是什么不同寻常的事。不管家里有多么穷困，为客人送上咖啡都是每家每户的习俗，并且拒绝喝咖啡被公认为是一种不礼貌的行为。在正式的宴会上，客人一到现场便能立刻享用到咖啡，而且在整个盛宴过程中，能不断地享用咖啡，有时甚至会持续8小时之久。

饮用咖啡已成为日常生活中被公认的一部分，虽然如此，但咖啡却仍保留着它的魔力。在家里享用咖啡总是很讲究——要有一个必备的礼节性的互相问候，询问健康及家人，祷告，类似于日本复杂的喝茶仪式；瓜子和枣子会与咖啡一并被供上，以增加饮用咖啡的乐趣。

最富裕的家庭还会雇佣咖啡服务生，其基本职责便是咖啡的准备和供给。咖啡服务生可能掌控着橱柜。橱柜位于咖啡厅的隔壁，而咖啡厅则是接待来访者的地方。咖啡厅用颜色丰富多彩的地毯和垫子装饰着，还有闪闪发光的起装饰性作用的咖啡壶。咖啡用精美的银器或上了颜料的木质托盘呈上，这些托盘大到可以容纳近20个瓷质咖啡碟。咖啡往往只倒五分满，这不仅是为了避免咖啡溢出，也是为了让饮用者能用拇指和其他两根手指捏住杯耳。

非常富裕的家庭还会雇佣男侍者，只要主人一点头示意男侍者，他便会从服务生那里接过咖啡，以让人钦佩的灵巧动作将咖啡递给客人，既不会触碰杯子边缘烫到自己，也不会溅出一滴咖啡。

拜伦勋爵致咖啡

维多利亚时期的诗人对土耳其咖啡的见解可以通过如下这首诗得以表达：

来自阿拉伯的纯穆哈咖啡果浆，
最后之于小巧精致的瓷器杯子；
金银丝工艺品制成的金色杯子；
将手指放在底下以免于其烫伤。
丁香、肉桂，还有藏红花，
和咖啡一同煮沸，
如此煮成的咖啡美味至极。

右图：富裕家庭雇佣服务生，其基本职责便是准备和供给咖啡。

咖啡和冲突

当一个看似排外的人群被认为在享乐且生活开始变得有点儿生气时，其他的人群却感到越来越恐惧，特别是在夜晚。在16世纪的阿拉伯，政治和宗教领袖都无法正视咖啡屋所带给人们的美好时光。正如哈托克斯在其《咖啡屋的社交生活》一书中所提到的，轻松愉悦的俱乐部氛围不可避免地引领着与国家有关的消息、观点和抱怨的传播，空气中到处弥漫着咖啡因的味道。更糟糕的是，由于人们在别处可获得咖啡，所以参加清真寺祷告的人数正在下降。

圣城麦加是第一个遭受镇压的地方。在麦加，很多穆夫提（伊斯兰教中的法典说明官）、律师和内科医师宣称饮用咖啡不仅与宗教法律背道而驰，而且会对身体造成危害。不断持续的争论证明着由咖啡引起的激情与它在焦虑中激起的冲突注定会取代政治上的正统路线。

咖啡饮用的镇压行动

事情的发展如下所述：清真寺中有一群咖啡饮用者，他们正以合法手段准备着通宵的祷告，他们的这一举动使麦加的统治者震惊。起初，统治者认为他们在喝酒，这种行为当然是受到斯兰教法律禁止的；即便确认了他们并非在喝酒，而是在喝咖啡，统治者也断定咖啡会使人喝醉，或者至少会导致社会秩序紊乱，于是统治者决定禁止使用咖啡。于是，统治者先召集了一帮专家并征询了他们的意见。所以这是他们经过了深思熟虑的观点。

法学专家认为，咖啡屋的确需要一些改革，但是关于咖啡饮品本身是否对人体会造成危害，或者咖啡饮品是否只是一种催化剂并且这种催化剂会对人们的行为举止产生负面影响，仍有待商榷。他们认为这个结论应该取决于医生，因为他们不希望自己为一个如此严肃而又敏感的议题承担最终的责任。

在麦加行医的波斯两兄弟因此被召集过来。不出所料，其中一个兄弟已写过一本书，他在该书中反对咖啡的使用。在那个时候，药物的可使用性是以“人体为本”这一概念为基础的。兄弟俩有理由认为，美式咖啡机（这是一种通常用来制作咖啡的器械）是一种“干冷”的东西，因此会危害人体健康。

现场的另一位医生则认

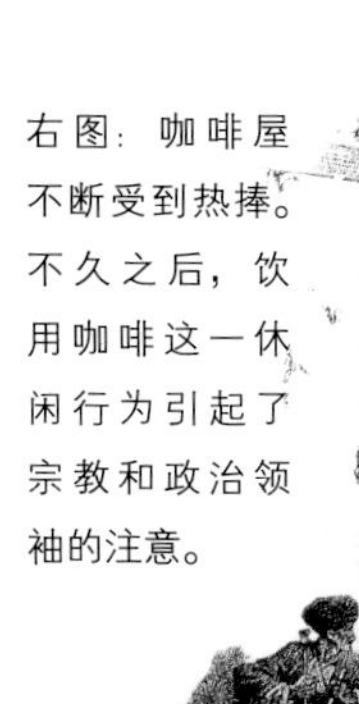

右图：咖啡屋不断受到热捧。不久之后，饮用咖啡这一休闲行为引起了宗教和政治领袖的注意。

为，美式咖啡机加热并消耗黏液，因此不可能存在如波斯兄弟所称的会危害健康这一特性。

经过漫长的争论之后，每个人都决定，为了安全起见，将咖啡定性为一种非法物品较为妥当，而这正迎合了统治者一直以来的心意。因此，这些被召集起来的专家迫切要去确认咖啡已的确“扰乱了人们的理智”。有人无意中声称他喝过咖啡，他感受到了咖啡所带来的影响和喝酒所产生的影响如出一辙。这是一个激起了议论的评价，因为为了了解咖啡的影响，他不得不以身试法、违背伊斯兰法律。当受到质问的时候，他毫不避讳地承认了自已喝过酒并因此受到了应有的处罚。

麦加有一名穆夫提，也是位品行圣洁的律师，极力反对政府这一决定，但在捍卫咖啡这一行动中的确是孤军奋战。统治者无视这位穆夫提，并签署了公告：在公共场合抑或私下贩卖或者饮用咖啡都属违法行为。所有出售该种扰乱社会治安的浆果的商店都将被取缔；咖啡屋被勒令停业；店主遭受咖啡壶、咖啡杯碎片的掷打。

公告呈送给了埃及苏丹。令麦加统治者感到非常尴尬的是，苏丹对麦加统治者对咖啡的定罪感到震惊，因为整个开罗都认为喝咖啡是有益身心健康的。更重要的是，开罗的法学博士认为，使用咖啡不存在任何违法性，要知道，他们可比麦加的律师享有更高的社会地位。麦加统治者因此受到应有的谴责，并被告知统治者只能用他的专权去制止那些可能发生在咖啡屋的扰乱社会治安的行为。在遭受关门停业之后，饮用咖啡这一权利无论如何是应该继续并得到恢复的。一年后，苏丹政府以麦加统治者抵制咖啡之罪判处其死刑，两名波斯医生也因同样的罪名被判处死刑。

上图：饮用咖啡的惯例包括打磨、冲泡和享用咖啡。

关于伊斯兰法律和咖啡之间更明确的关系的辩论变得越来越荒诞诡秘。例如，在君士坦丁堡，宗教狂热分子极力宣称烧烤过程使咖啡沦为木炭，在餐桌上使用如此低劣的物品，很显然是对神灵的大不敬。很多穆夫提则认为且宣称咖啡是非法物品。

但是，禁令从未被彻底遵循。人们逐渐开始重新在家里喝咖啡，法律官员已放弃强制禁止的愿望，开始默许私底下出售咖啡。最终，伊斯兰教任命了一名没那么刻板的穆夫提，咖啡屋又重新开张营业。

紧接着，统治者出台税法，强制君士坦丁堡的咖啡屋店主缴纳适量的税额。尽管这为政府资金做出了重大贡献，但咖啡的价格仍然和先前一样便宜——这充分暗示了咖啡正被大量供应。

在接下来的几年里，由政治和宗教领袖挑起的试图禁售咖啡的行动在整个中东地区不断上演。每一次，一如既往的一连串抱怨都和一如既往的无政府主义抵抗兵戎相见。由于缺少大众的支持以及面临律师、医生和宗教专家之间意见的分歧，这些禁售咖啡的尝试不断失败。直至 16 世纪末，饮用咖啡成为整个中东地区根深蒂固的习惯，没有任何禁令可以动摇这种习惯。

咖啡树的迁移

直到 16 世纪末，来自旅行者和植物学家的关于一种新奇的植物和饮料的报道开始从中东地区传到欧洲。随着报道数量和频度的增加，欧洲商人开始意识到这一新型货物的潜力。一直和中东进行贸易的威尼斯商人迅速开拓了这一商机，于是第一袋咖啡豆在 17 世纪早期从麦加到了威尼斯。

阿拉伯人对咖啡的垄断

对阿拉伯人来说，将咖啡出售给威尼斯商人是一笔有利可图的出口贸易的开端，并且这一贸易被阿拉伯人贪婪地主导了长达一个世纪之久。阿拉伯商人信誓旦旦地保证，一旦离开阿拉伯，没有一颗咖啡豆会发芽；咖啡豆或被煮熟，或被烘烤，并且参观者被严禁靠近咖啡种植园。大约一直到 17 世纪末，也门仍是唯一的为欧洲咖啡贸易供给货物的中心。

荷兰的咖啡企业

大约在威尼斯商人办理第一批咖啡豆货物的托运时，荷兰商人也开始探索咖啡种植和贸易的可能性。他们已从植物学家手中获得了大量的信息；而且荷兰商人想不出任何理由再让阿拉伯商人继续垄断咖啡贸易。那时，荷兰人很可能是欧洲最活跃的贸易者，并且拥有当时最好的贸易船只。因此，意料之中地，荷兰商人成功从穆哈（也门一港口城市）偷得咖啡作物，并且完好无损地将它带回了欧洲。

17 世纪中期起，咖啡种植试验开始在爪哇岛的荷兰东印度殖民地进行，因而培育出了举世闻名的麦加—爪哇岛混合咖啡豆。到了 17 世纪 90 年代，咖啡种植园迅速在临近的殖民地的岛屿——苏门答腊、帝汶岛、巴厘岛、西里伯斯岛陆续建立起来。荷兰东印度公司也已开始在锡兰大规模地种植，在那里，阿拉伯人早已把咖啡这种作物引了进来。

全球咖啡苗圃

1706年，在爪哇岛的荷兰种植者给本国送回了第一批咖啡豆以及一株咖啡植物。这株咖啡作物被小心翼翼地移植到了阿姆斯特丹植物园中。这批咖啡虽量小，却在一整年的咖啡贸易中起着关键性的作用。阿姆斯特丹从此成为了荷兰殖民地区的咖啡种植贸易中心。植物产出果浆，其种子日后被带到新的地方。18世纪的科学家詹姆斯·道格拉斯博士把这些植物视为西方咖啡种植园的祖先，并将阿姆斯特丹植物园命名为“全球咖啡苗圃”。

赠予国王的咖啡树

1714年，阿姆斯特丹市长赠予法国国王路易十四一株健硕的、高5英尺（1英尺约为30厘米）的咖啡树。法国并非对荷兰贸易上的成功熟视无睹，事实上法国人已从麦加偷运了种子去马达加斯加的留尼汪岛。咖啡在本国的传播稍欠成功，但是，当这株来自阿姆斯特丹的所谓的“圣树”标本为大众所熟知时，咖啡已被致以最高的感恩与崇敬并为法国人所接受。它被种在了一座植物园中，这座植物园还专门为其建造了一间花房，并将其委托给皇室植物学家照料。

路易十四有个不为人知的野心：来自“圣树”上的种子将会成为整个法国殖民地未来咖啡种植园的祖先。他的愿望最终成真了，因为这株咖啡树开花结果，并且成为大多数现在种在美洲中部和南部的咖啡树的祖先。

在新世界的耕作

关于到底是荷兰还是法国率先将咖啡种植引入新世界（指西半球或南、北美洲）长久以来一直是个有争议的话题。在“圣树”传播到法国的随后几年里，荷兰从阿姆斯特丹种植园把咖啡作物送到了荷兰在北美的圭亚那地区。不久之后（确切日期不确定），法国海军军官加布里埃尔·马修·德克利把咖啡种植带去了新世界，他费了好一番力气才搞到一两粒咖啡种子。至于到底是一粒种子还是几粒，历史学家们则各有各的看法。

德克利带着他贵重的货物出航，驶向圭亚那北部的马提尼克岛。这次航行是漫长且艰险的，不仅有同行的乘客屡次试图毁坏秧苗，甚至成功扯下了一些叶子，而且航海本身也充满着危险和

COFFEE MERCHANTS.

上图：阿拉伯商人们牢牢控制着也门摩卡咖啡的交易。

上图：荷兰贸易者打破阿拉伯人对咖啡的垄断，咖啡从此迅速在世界各地传播开来。该图由费罗姆于1640年绘制。

困难。航行途中还遇上了可怕的暴风雨、海盗的袭击以及因无风而停航数日。虽然饮用水供给几乎耗尽，但德克利仍将他仅有的水源与他珍贵的植物分享。令人不可思议的是，人和植物最终都幸免于难，并且秧苗被移植到军官的园林。这株咖啡树在武装护卫的看守下，长得枝繁叶茂，而德克利则在1726年因咖啡树的第一次丰收而受到表彰。

50年后，马提尼克岛拥有近1900万株咖啡树，德克利的梦想最终得以实现。通过马提尼克岛和荷兰圭亚那这两个咖啡种植中心，咖啡种植传播到了整个西印度群岛以及美洲的中部和南部。

咖啡种植园的建立

无论欧洲殖民者去向哪里，他们都会把咖啡带往其所到之处。但毫无疑问地，天主教的传教士和宗教团体也在咖啡的传播上起着关键性的作用。修道士对植物有着天生的兴趣，他们对咖啡充满好奇。在也门的早期，咖啡树经常在修道院的花园中被培育研究。

法国是欧洲最初的主要咖啡供应国。法国将咖啡这一植物从马提尼克岛带到瓜德罗普岛和多明戈岛（也就是现在的海地岛），并且从1730年之后，咖啡种植快速地在法国的安的列斯群岛传播。

与此同时，咖啡生产已传播到许多其他国家。西班牙人将咖啡带到波多黎各岛和古巴，之后带到哥伦比亚、委内瑞拉以及菲律宾。从荷属圭亚那地区（即现在的苏里南），咖啡种植传播至法属圭亚那地区，并且于1727年葡萄牙人从那里将咖啡引进到巴西，使巴西注定成为日后全球最大的咖啡生产基地。1730年，英国人把咖啡引入牙买加，牙买加至今仍然出产受到高度美誉的蓝山咖啡豆。

大约直到1830年，荷兰殖民地爪哇和苏门答腊仍是欧洲主要的咖啡供应地。印度和锡兰得到英国的财政支持，企图与其竞争，但都无法改变荷兰在咖啡市场中的地位。在19世纪中期，咖啡驼孢锈菌席卷整个亚洲，引起了咖啡荒，彻底摧毁了咖啡的供应，却给了巴西长久以来翘首以盼的机遇。几年之后，巴西已成为全球主要的咖啡供应国，这一地位持续至今。

奴隶贸易的影响

葡萄牙和荷兰将大量的非洲奴隶输入巴西和爪哇岛。当咖啡在其他地区遭受砍伐时，咖啡的产量在这些国家却成倍地增长。

单位：£m	1832年	1849年
巴西	80.6	180.0
爪哇	40.3	100.0
法国及荷兰的东印度殖民地	17.9	6.0
委内瑞拉	13.4	20.0

摘自《咖啡本是如此，且应该如此》，赛孟德，1850。

咖啡之旅的最后阶段

至19世纪末，咖啡已形成以欧洲为中心，在南北回归线之间，同时向东西两个方向传播的态势。荷兰、法国、英国、西班牙和葡萄牙已脱颖而出，成功地在本国领域内建立起繁盛的咖啡种植园。

咖啡之旅的最后阶段发生在20世纪早期的德国殖民地西非（现在的肯尼亚和坦桑尼亚）。德国殖民者将咖啡种植在肯尼亚山和乞力马扎罗山的斜坡上。极具讽刺意味的是，数百公里开外即是埃塞俄比亚，那儿可是咖啡的原产地。至此，咖啡已结束了它长达9个世纪的环球之旅。

上图：一家南美咖啡种植园中的工人劳作场面 F.M. 雷诺兹绘于19世纪。

巴西种植园

18世纪早期，巴西也已开始种植咖啡。1727年，巴西受邀协助处理荷兰与法国有关圭亚那的领土争议，巴西人当然欣然接受作为中间人进行调和，因为这会给他们带来潜在的机遇去获得一些受到严格管制的咖啡种子。

事情的经过如下（有好几个版本）：弗朗西斯科·德·马罗·法乐塔，一支精英部队的上将，一位众所周知的好色之徒，被派遣到圭亚那执行仲裁任务。一到圭亚那，他就开始迎合政府官员和他的妻子（与其妻子也有过短暂的风流韵事）。领土问题解决了，也是法乐塔该离开的时候了。当地政府官员的妻子为他举行盛宴，对他所给予的帮助表示谢意。这既是政治性的宴会，也是暧昧的宴会。咖啡树的插条被藏于花卉中。接下来故事的版本就各不相同了，其中一个版本是：有人说他被公开赠予上千颗咖啡种子以及5株活的咖啡树。不管真相是什么，但法乐塔回巴西的时候的确带回了咖啡树的插条、种子或咖啡植株。

最初，咖啡在巴西以小规模种植起步，主要用于当地的消费。但是，咖啡极其适应当地的地形、土壤和气候，所以咖啡种植变成了密集型规模生产。直到1765年，第一批咖啡豆已出口到里斯本（葡萄牙首都）。

咖啡种植的先驱者

首批咖啡种植者不得不开垦蚊虫猖獗、闷热难耐的丛林地区。他们不仅要种植

咖啡和奴隶

西班牙和葡萄牙殖民地上的大庄园或牧场的发展离不开奴隶的劳动。1840年到1850年之间，超过37万名非洲奴隶被公开运送到巴西。19世纪50年代，西班牙各殖民地废除了奴隶制。但在巴西，奴隶制一直延续到1888年才被废止。

上图：采摘咖啡浆果。弗朗西斯科·米兰达（1750—1816）。

咖啡种子，而且必须自备粮食。接下来，他们必须给自己的家人、奴隶、器械以及庄稼搭建挡风遮雨的地方。由于森林占据着四面八方，他们彻底被孤立了，所以早期的庄园或房屋是人类生活在热带雨林中的关键。

随着咖啡的美味在欧洲和美洲不断增加的城市人口中传播开来，咖啡种植者变得更富有了，他们的庄园变得更大了，生活变得更加舒适了。这是咖啡空前繁荣的时期。

正如斯坦利·史泰因于1805年—1900年在瓦索拉斯（一个巴西的咖啡乡村）指出，巴西的咖啡种植对经济和社会生活有着巨大影响。从经济角度来看，咖啡种植形成了对主要农作物的一种不健康的依赖，引起了全球市场的波动。这一经济作物也曾遭受到怪异天气的影响——从安第斯山脉吹来的寒风引起了严重的冰冻，有几次，种植园几乎被毁灭了。

从社会角度来看，咖啡耕作产生了一种新的贵族统治——由咖啡大亨和他们大量的庄园以及独裁的生活方式。这也导致了非洲奴隶规模空前的涌入，不仅分化了社会阶层，也永远改变了巴西主要的族群构成。但也有人认为，引起这些毁灭性改变的主要原因不是咖啡种植本身，而是欧洲人对咖啡贪得无厌的需求。

咖啡贸易

尽管阿拉伯垄断咖啡，但咖啡也还是通过植物学家之手很早就进入了英国和欧洲大陆。在17世纪早期，咖啡豆在整个欧洲所有对其感兴趣的植物学家的陈列室里都随处可见。小包装的咖啡豆也由那些熟悉咖啡饮品的人私自带入欧洲，例如批发商、外交官、生意人以及旅行作家。但不久后，咖啡便引起了商人们的注意。

第一批咖啡货物

由于威尼斯商人很早就航海去往东方，并与君士坦丁堡进行较多商业活动，所以普遍认为是威尼斯商人最先把咖啡进口到欧洲。虽然我们不知道确切的日期，但第一批咖啡豆约在17世纪早期就到达了威尼斯。

由于眼热威尼斯商人的获利，荷兰也开始运输咖啡。据记载，虽然从表面上看，荷兰限制货物运输到其在亚洲和新世界的殖民地，但荷兰早在1616年就开始从麦加运出咖啡豆。正因为直到1661年荷兰才获得其第一批咖啡豆货物，所以才采用陆路方式，经过土耳其帝国北部的边境地带，将咖啡很早地引入了奥地利和匈牙利。

沿着航海路线，咖啡到达欧洲所有主要的港口，如马赛、汉堡、阿姆斯特丹和伦敦，这时大约是在17世纪

上图：在一些情况下，商人会指示工人将咖啡豆倾倒入海，以防止咖啡价格下跌。插画，巴西，1932。

中期，但距正常的咖啡供应路线的稳固建立还有一段时间。咖啡极可能是通过荷兰在新阿姆斯特丹的殖民地（1664年，该地区由英国掌管后，更名为纽约）于17世纪60年代到达北美。一个世纪以后，当巴西开始将咖啡船运到里斯本时，咖啡又穿过大西洋进行了一次逆向的旅程。

咖啡贸易的发展

在从种植园到咖啡杯的过程中，咖啡不可避免地经历了掮客和商人之手。虽然咖啡贸易是一项不确定将来是会兴旺还是会破产的商业，但其从一开始便吸引了投机者和企业家的注意。

早期，由于不利的天气条件，供应商经常供货不稳定，这不仅影响了咖啡作物本身，还影响了咖啡的运输方式。下一批货物什么时候会抵达通常是不确定的，而且当货物抵达时，商人要被迫满足船长的任何要求。这种漫天要价的做法和供货的不稳定性迫使咖啡成为了一种奢侈品。

到后工业革命时期，运输业的发展和机械化生产使咖啡贸易变得更为成熟。无线电通讯开始出现，这使得通过电缆预报咖啡运输成为可能。随着供应和分销系统的发展，越来越多的商人开始涉足咖啡市场。许多咖啡贸易商形成辛迪加企业联合，企图囤积市场份额，哄抬咖啡价格，并从19世纪60年代以后在主要的咖啡贸易中心设立咖啡交易所，如纽约和勒哈弗。

咖啡竞拍

夏皮罗在《咖啡的故事》一书中告诉读者，一袋袋的咖啡在伦敦出售，这就是广为人知的蜡烛拍卖。只要拍卖者跟前的那根蜡烛不灭，竞拍就将一直进行下去。一旦蜡烛熄灭，这批货物就会属于最后的竞标者。在美国，当纽约咖啡和糖交易所成立之前，咖啡商人会漫步在大街上的特殊区域接受竞标，然后把一袋袋的咖啡豆卖给一天中出价最高的竞拍者。

咖啡商人是一类令人敬畏的人物。因此，一个从事咖啡贸易的美国年轻人描述他们说："想象一下那些头顶丝质礼帽、身披罩袍、极其高贵的绅士，一旦与他们靠近，就使人心生敬畏、双膝颤抖，他们是咖啡进口商和批发商，操纵着东印度、美洲中部和南部咖啡贸易的发展，因为是他们将咖啡卖给了大规模的食品店和大的经销商。"

产品加工

在17世纪的欧洲和北美，咖啡豆最先是未经烘烤和研磨就出售的。美国消费者买进一整袋或半袋未加工过的咖啡，然后将其放在烤箱的馅饼碟子中进行烘烤，或者放在煎锅里在火上煎。英国人似乎更加挑剔；一有名的咖啡种植者说："咖啡烘烤和研磨的谨慎被很多家庭主人认为过于精细，对任何服务生来说，被委以这项工作都是极其重要的任务……"

1687年，咖啡研磨机的发明促使了咖啡饮品的广泛传播，但随之而来的是掺假问题。由于研磨过的咖啡具有诱人的色泽和难以抵抗的芳香，这就使肆无忌惮的小贩很容易造假。烘烤过的黑麦、磨碎的烧焦了的面包皮、烘烤过的橡子、沙子、黏土和锯屑都是造假物质。更糟糕的是东伦敦的"肝脏面包工人"。英国种植者也同样抱怨道："他们烘烤牛和马的肝脏，然后研磨成粉，最后再以低价出售给咖啡店主。用马的肝脏制成的咖啡价格最高。"他指出，可以通过将咖啡冷却的方法鉴别其真伪。昂贵的咖啡冷却后表面会形成一层厚厚的膜。

上图：一家英格兰工厂正在烘烤进口咖啡豆，黑白版画，1870。

咖啡的医药作用

在欧洲，咖啡豆第一次从植物学家的陈列室搬进了药材商的店铺中，咖啡豆从此成为处方药典上重要的组成部分，并被17世纪的医生、药剂师、草药医师甚至是助产士所采用。

咖啡被视为一种药材不仅是因为其昂贵的价格，而且有可能是由于它强烈的口感——正如有人写道，咖啡是一种"色泽发黑，口感苦涩的含酒精饮品"。德国医师、顺势疗法创始人哈内曼曾坚定地表示："咖啡绝对是一种医药用品……每一个初次吸食烟草的人都会觉得烟草味令人作呕。但凡拥有正常味觉的人在第一次品尝咖啡的时候都会觉得，要是不加糖的话，苦涩的咖啡是难以让人下咽的。

由草药学家盖伦（公元131年—200年）所传授的体

液论仍然主导着欧洲和伊斯兰教国家的医学领域。该理论认为，人体有四大体液：黄胆汁、黑胆汁、黏液（如痰）和血液，这四种体液的配比反映在人的身体结构上。如果体液极度不平衡，就会导致疾病。反之，每种体液都与人体体征相联系，如热度、寒度、湿度和干燥度。食物、饮品和药物被认为掌控着这些体征，调控并纠正人体失衡。

不同的医师对于咖啡的属性也有着不同的看法。一些医师认为咖啡性属阴冷干燥，其他医师则认为咖啡性属干热，甚至还有的医师认为咖啡外皮的特性有别于其他豆类外皮的特征。这一困惑直到咖啡出现在治疗各种疾病的在处方上才得以澄清。

在1663年出版的一些具有挖苦性色彩的小册子上列出了很多类似“患者、住所位置”的例子，这些例子中出现的患者曾一度被医生放弃，却被咖啡所治愈。这些事例中就包括“本杰明·巴德库克和他的妻子在雷登饮用咖啡，4年来都过着清贫的日子，此后，他戒除了喝咖啡的习惯，9个月之后，他的妻子有了一个骨瘦如柴的男孩”；“荷兰鹿特丹的安妮·马琳，受到上唇处鸡眼所困扰，鸡眼切得越多，它就长得越大，所以她最后也喝起了咖啡，有一次当她要用嘴去吃东西时，鸡眼竟然掉到了餐盆里”。

一位法国医生和他的同事合作，共同写了一本较为严谨可靠的著作。他们坚信咖啡有诸多的治疗效果，它能中和酒醉和恶心、利尿、消肿、治愈天花和缓解痛风。法国拉鲁斯百科全书中陈述道，咖啡在文学家、士兵、水手以及在炎热环境中工作的工人中特别受欢迎。

咖啡作为一种兴奋剂

咖啡因的后续作用并没有被忽视。一位受人尊敬的医生写道：“当我醒来，我拥有了沉默寡言的人的睿智和活跃思维。很快地，在用过咖啡后，记忆的仓库开始跳跃至舌尖，欲脱口而出。结果就是，我开始变得健谈、轻率，将一些本不该谈起的事情说漏了嘴。节制和谨慎变得非常欠缺。”

桑顿医生有一种更为积极的看法：“一杯咖啡可以增强并振奋我们精神和肉体上的能力，没有什么能比咖啡更让专注勤奋的人重新振

咖啡与创造力

更令人感到满腔热情的是，巴尔扎克在其《论当代兴奋剂》这一专著中写道：“一旦咖啡进入到你的胃里，它会立刻在你胃里引起一阵暴动。想法涌动，好比战争开始时，伟大军团在战场上前进的情形。脑海中的事物飞驰而至，随风而逝。”

上图：法国作家奥诺雷·德·巴尔扎克。布朗热（1809—1867）创作。

作的了。”

其他一些杰出作家也不之溢美之词也写出了咖啡刺激创造力的功能。巴尔扎克、佐拉、波德莱尔、维克多·雨果、莫里哀、伏尔泰就是咖啡最热衷的追捧者。伏尔泰和默里哀的话被引用以回答咖啡是一种慢性毒药这一评论：“我喝咖啡将近50年了，如果咖啡真的是一种慢性毒药，我肯定老早就已死去了。”

过度沉溺于咖啡的后果引起了对其大量的医学评论。哈内曼认为，所谓的“咖啡疾病”会导致“一种不愉快的存在感，活力低沉以及一种麻痹”；其他副作用包括被普遍认为的抑郁症、痔疮、头痛以及性欲降低。

咖啡对儿童以及哺乳期的妈妈造成的严重后果也让人们存在着一种担忧。人们认为，咖啡主要会引起儿童蛀牙、佝偻病以及哺乳期妈妈的奶水不足。

西尼巴蒂是咖啡的反对者之一，他是意大利杰出的医学作家。他描述道：“除天花和其他疾病以外，与亚洲、新世界开展的贸易引进了一种新的饮品，它极其可怕地导致了我们身体结构的毁灭……它会引起人体虚弱、改变胃液分泌、使消化紊乱，并且经常导致四肢抽搐、麻痹和眩晕。”

随着医生为了追求新的见解，在对咖啡的赞成和反对进行争论时，对咖啡医药作用的讨论也持续了好多年，他们抑或认为咖啡有益身心健康，抑或有害身心健康。这种争论一直持续到今天。

上图：咖啡对人体性能的刺激和振奋在这则广告中以正面光线展示，该广告来自20世纪50年代的全美咖啡局。（图中文字为：咖啡，让你活跃起来！）

咖啡和健康的皮肤

日本是一个将绿茶作为国民饮品近千年的国家，这就不难理解它为什么以如此缓慢的节奏接受咖啡作为一种饮品了。咖啡直到19世纪才被引入日本，即便时至今日，日本的咖啡市场也相对欠发达。

但是，日本却是躺在烧烤过的咖啡豆中这一有些不同寻常的行为习惯的发源地。日本国民认为，咖啡豆中富含有益人体皮肤健康的元素。

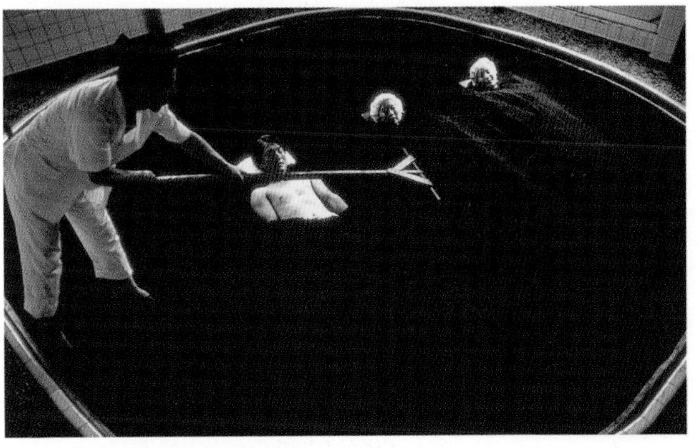

上图：通过皮肤吸收咖啡的营养。

咖啡消费的发展

咖啡突破药物的限制，使喝咖啡成为一种社交活动，并在 17 世纪前半叶席卷整个欧洲。然而，直到 1650 年，我们才开始听说，咖啡是什么时候、怎样和被谁贩卖或饮用的。

对咖啡的流行起主要推动作用的并不是商人、贵族或者精力充沛的专业的旅行者，而是那些咖啡小贩们。正如夏皮罗在《咖啡的故事》中所提到的那样："那些无数叫不上名字的小贩，他们遍布欧洲的各个街道，背上背着闪闪发亮的货物——各式的咖啡壶、杯托、杯子、勺子和食糖。这些人跨过东方的边界，给至今无知的西方带去了热气腾腾且影响深远的咖啡福音。"

然而一开始，这种新型饮料却受到了来自天主教会的强烈指责。许多盲信的教士逻辑混乱地声称，如果伊斯兰世界禁酒、酒被基督圣化，那么咖啡就是魔鬼发明的酒的替代品。直到 16 世纪，教皇克莱蒙特八世亲自品尝咖啡并宣布咖啡为一种真正的基督饮品后，争论才告结束。教皇认可咖啡的消息一经传播开来，喝咖啡便在整个欧洲流行起来。

上图：咖啡小贩，巴黎 M. 恩格尔伯里特的插画，绘于 1735 年。

社会变革和咖啡馆的兴起

咖啡得以迅速普及的原因，远比教皇的认可和其简单可得性要复杂得多。在《历史上的药品和毒品》中，波特和泰希指出，时机也很重要。17 世纪和 19 世纪期间是意义深远的社会、文化和知识变革时期，咖啡只是适时的添加剂。人们喜欢咖啡，是因为人们为它做好了准备。

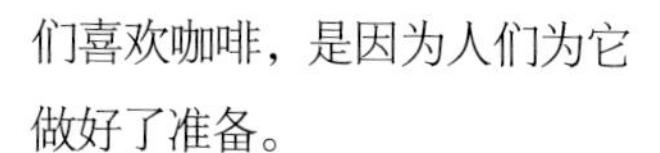

首先，需要建立某种程度的私人生活，因这种私人生活不受家庭的束缚，因此需要建立新的聚会地点。对于贵族来说，宫廷中的文化生活在逐渐减少，这就需要形成一种新型的聚会场所。

其次，这一时期是先进思想的时代、是法国的启蒙运动时期、是意大利自由主义复兴运动兴起时期。（出于后见之明，在这样一个时期，巴西咖啡种植园和荷兰东印度公司对奴隶的需求急速增加，这种增长是一种伴随着不安的发展。）但是，公共集会、高谈阔论可不属于文化部分。咖啡馆成为观点的主要表达途径，在咖啡馆，公共舆论可以被发泄出来。

再次，和这些变革并行发展的还有人们对于红酒和啤酒副作用的批判。因此，咖啡无疑成为了酒的最佳替代品，它既给人们提供了一种社交方式，又不会让人担心喝醉。

和土耳其一样，欧洲的咖啡馆吸引了来自各行各业

上图:《在奥夫利咖啡馆吞云吐雾》描绘了奥夫利咖啡馆内的场景，1820年。

之前的禁酒令，专注于征税，尽力刺激需求。1663年，英国政府很快开始给咖啡馆发放执照，对咖啡征收的消费税。即使如此，对比酒精饮料，咖啡仍可以在税单上讨价还价。在英国，咖啡馆从酒馆那里吸引到很多工人——至少在早期，妻子们和政府都认为这是一个有益的趋势。政府意识到，未来的课税可能会逆转这种趋势，所以政府逐渐减少对咖啡征税，每次减税都带来了消费的巨大增加。

与之形成鲜明对比的是普鲁士国王腓特烈大帝，他仅支持种植业和啤酒生产，而禁止工人阶级喝咖啡，坚持认为他们应该返璞归真地喝啤酒。

的顾客。在这里，专业政治与商业融合、创新性与平民碰撞，一种新的社会互动方式得到了发展。商人寻求一种新的地点来代替酒馆，在那里他们可以洽谈生意，就像新兴金融圈和保险社群那样。咖啡馆也是独立工作的艺术家和作家与他人以及整个世界进行交流的场所。

当咖啡馆刚开始兴盛时，像报纸、电话、通讯簿和街道地图一类的交流和信息服务都还没有出现。咖啡馆老板或领班便肩负起满足人们需求的责任，充当起社会仲裁者、外交家，媒人和送信人等多重角色。正如乔治·麦克斯在《欧洲的咖啡馆》里提到的那样：“（领班）分享你的秘密时，知道你不愿公开的部分；当你被严苛的债主追债时借钱给你并为你撒谎；替你保管那些不是写给老婆的信。不是所有人都知道你的住址，但每个人都知道你去哪家咖啡馆。”

课税和征税

财政亏空的政府意识到大众消费的潜力，便抛开了

咖啡消费

下面的数字表明了在19世纪，特别是在美国咖啡消费的急速增长。美国不收取咖啡的进口税。

重量以百万磅[㊀]计	1832年	1849年
荷兰和尼德兰	90.7	125.0
德国和北欧	71.7	100.0
法国和南欧	78.4	95.0
大不列颠	23.5	40.0
美国和英属北美省份	45.9	120.0（美国） 15.0（英属北美省份）

㊀ 1磅约为453克。

咖啡消费者

咖啡受到人们的普遍欢迎，但在很多国家，咖啡不仅是一种饮品。而怎么喝咖啡、谁在喝咖啡，体现出咖啡持续的吸引力和魅力。

意大利

意大利是欧洲第一个商业化进口咖啡的国家。就在柑橘类水果被引进后的 17 世纪，第一批咖啡到达威尼斯。小贩沿街叫卖各种饮料：柠檬水、橙汁、巧克力饮料和花草茶。咖啡数量一增加，小贩马上就把这种饮料加入了他们的饮料单。尽管他们仍然被称为卖柠檬水的，而不是卖咖啡的。随后，咖啡迅速被意大利人接受，成为一种人尽皆知的饮料。

咖啡馆随着咖啡的繁荣而繁荣起来。据记录，最早的咖啡馆于 1651 年出现在里窝那。炒制咖啡豆的过程吸引了一位英国旅行家，是他提到了这个地方。据他推测："通过炒制，可能会释放一种狂放的味觉，就像我们中有很多人喜欢烤焦的肉一样。"这也说明烤肉从很早就开始有了追随者。

到了 17 世纪末，一些咖啡馆出现在威尼斯的圣马可广场。其中佛罗莱恩咖啡馆被称为欧洲最具声望的咖啡馆，从 1720 年开始营业。威尼斯人和国际杰出人才都成群结队地来到这里漫谈，欣赏舞台上管弦乐队的演奏。著名的艺术家和作家经常光顾这家咖啡馆，这些人中包括拜伦、歌德和卢梭。或许是因为佛罗莱恩是第一家接待女性顾客的咖啡馆，所以卡萨诺瓦也经常光顾这里。

在帕多瓦，一个卖柠檬水的小贩开的一家咖啡馆——佩德罗基咖啡馆，是最漂亮、最华丽的民间咖啡馆之一。而罗马的一家希腊咖啡馆，以其希腊老板命名，经常得到国际音乐家的光顾，像孟德尔松、罗塞蒂、李斯特和托斯卡尼尼就经常光顾。

尽管不是所有的咖啡馆都像佛罗莱恩一样高雅，有的只是些狭小且灯光昏暗的房间，但它们是理性、创新性和政治思想的熔炉。在整个 18 世纪和 19 世纪早期，在主要城市，咖啡馆一家接一家地出现。到了 19 世纪末，去咖啡馆已经成为人们生活中不可缺少的一部分。社会

上图：《罗马的希腊咖啡馆》，路德维格・帕西尼画（1832—1903）。

上图：在弗洛里安咖啡馆门口台阶上喝咖啡的人们。19 世纪绘画作品。

各个阶层，不管是专业人士、艺术家、商人、还是从容的绅士、知识界或政界的女性或男士，咖啡馆都已成为他们的信息中心、交流中心、娱乐中心甚至是教育中心。

法国

普遍认为咖啡是在 1644 年被引进法国的，但是大约 15 年后，咖啡这种饮料才开始在法国流行。咖啡的消费主要集中在马赛市，也是在那里，在中东种植并喝咖啡的商人将咖啡引进了法国。

同时，在 1669 年的巴黎，土耳其大使苏莱曼·阿加把咖啡带到了路易十四的宫殿中。最奢华的咖啡宴会多是为了某种目的而在繁华的城堡中举行的。艾萨克对此给出了详细的描述：“大使的黑人奴隶穿着优雅的礼服，弯曲膝盖，向宾客奉上各种摩卡咖啡，这些咖啡盛在薄胎瓷的小杯子中，散发着热气和浓浓的香气；杯子下面是金或银的小杯碟，统一放在绣花丝绸的小桌布上，桌布周边镶嵌着金丝花边。那些贵妇人擦了胭脂、涂了粉，做着鬼脸和她们的追求者嬉戏，俏皮地低下头去喝新鲜的、热气腾腾的咖啡。”

尽管很多贵族都很快接受了咖啡，但仍有一些人觉得咖啡难以下咽。路易十四一位兄弟的德国夫人把咖啡比作巴黎大主教的呼吸；塞维涅夫人从一开始就强烈拒绝咖啡，就如她超级喜欢巧克力一样；另一位绅士则仅会用咖啡当灌肠剂，而且他指出用咖啡灌肠效果很好。

咖啡馆的崛起

第一家咖啡馆在 1672 年开始营业，但它不是一家纯粹意义上的咖啡馆，它的白兰地销量远超咖啡的销量。正式的咖啡馆出现在 1686 年，一个叫普罗科皮奥的意大利人，也是一个有抱负的、机敏的服务生，开始在法国经营普罗可布咖啡馆。普罗可皮奥明智地将店面设计成一家柠檬饮料店，以其华丽的装潢和成熟的气息，成功吸引到一批忠实的消费者，他们把去咖啡馆作为远离当时粗鲁元素的方式。只有当咖

咖啡和西班牙人

在 17 世纪，西班牙征服者在中美洲发现了可可豆，故西班牙人热衷喝巧克力饮料。直到 19 世纪，咖啡馆文化才在西班牙开始确立。在 20 世纪初，艺术家和作家经常光顾在巴塞罗那、格拉纳达和马德里的咖啡馆。即使如此，巧克力饮料仍然是很多传统人士最爱的饮品。

啡卖得比其他饮料多的时候，咖啡馆才名副其实。

普罗可布迅速成为一个文学沙龙，吸引了很多杰出的诗人、剧作家、演员和音乐家纷纷光顾。卢梭、狄德罗、伏尔泰还有很多人都经常来这里喝咖啡。后来的法国大革命期间，年轻的拿破仑·波拿巴也是这里的常客。

普罗可布的营业，标志着法国人正式开始喝咖啡。其他咖啡馆迅速开业，它们也从不缺少顾客。双偶咖啡馆是文艺界人士常去的另一个地方，魏尔伦和兰波就是其中的代表；艺术家和知识分子会成群结队地去附近的花神咖啡馆；和平咖啡馆以奢华和金碧辉煌而闻名于世，吸引了包括皇室成员和诗人在内的一批顾客。咖啡馆是一种竞争生意，一个世纪以前在土耳其也是如此。新开业的咖啡馆的老板必须想办法吸引顾客，安排娱乐节目，如：诗朗诵、戏剧、唱歌和跳舞，最后连食物也要提供。

反对者自然开始提出异议。酒生产商感觉自己的业务受到了威胁，借着爱国主义的名义，称咖啡是法国的敌人。医生也加入了反对者的队伍，他们到现在也坚持不要对咖啡着迷；他们认为，咖啡是一种树的果子，是羊和其他动物吃的，喝咖啡会刺激血液，造成贫血、失眠、中风、阳痿、颤抖和精神紊乱。不用说，他们的警告被大多数人当成了耳边风。

上图：和平咖啡馆中其乐融融的场景，大卫·凯里雕刻于 1822 年，描绘了巴黎人民的生活。

上图：使用传统大碗盛的法式早餐咖啡和牛角面包。

法国人是喝咖啡的先锋。法国人不仅把咖啡倒进碗里蘸着法式长棍面包一起当早餐，而且往咖啡里加入牛奶一起饮用。法国人开创了喝下午茶的习俗，通常是一小杯黑浓咖啡，再加一杯酒，以帮助消化。1777 年左右，英国的旅行家和作家罗安妮女士写道：“咖啡在法国是一种时尚，一个人如果没有喝咖啡就几乎吃不下晚饭，他们喝滚烫的咖啡。这完全就是在损害胃黏膜。”

在一本 19 世纪的英语期刊中，咖啡和法国人的关系在一段难懂的描述中，被很好地总结了出来：“咖啡对于法国人就像茶对于英国人、啤酒对于德国人、伏特加酒对于俄罗斯人、鸦片对于土耳其人、巧克力对于西班牙人一样……侍者听到你要一杯清咖啡，会在你面前放一个雪白的杯子和茶托、三块糖和一个小玻璃杯；他若冒险放一个玻璃杯，是因为他从你红润的脸上推测出你喜欢喝酒。另一种侍者现在也出现了，他右手拿着个大的银壶，左手也是一个银壶但没有盖上盖子；右手的壶里盛的是咖啡，左手的壶里盛的是奶油。你要不加奶油的咖啡，他就往你的杯子里倒咖啡直到倒满，实际上会一直倒到溢出来为止。咖啡馆没有空闲的地方，你必须努力挤进去……黑咖啡……能取悦所有味觉神经，它的滋味能提升你的愉悦感，甚至当银勺穿过这些深色、通透的液体和闪闪发光的泡沫时，你都会感到兴奋。你会说出“法国咖啡是唯一的咖啡”这样的话。

上图：和平咖啡馆夜景，1938 年。

奥地利

有记载证明，尽管咖啡馆是在 17 世纪 80 年代才兴起的，但维也纳人早在 17 世纪 60年代中期就开始喝咖啡了。奥地利人对咖啡的喜爱，是受了土耳其大使的影响，他在维也纳住了几个月，带来了大量的随从，当然也带来了咖啡。他用咖啡来招待维也纳的贵宾，这些客人对咖啡这种新饮品很是喜欢，喜欢到连城市财务主任对于煮咖啡消耗了大量木头的抱怨都置之不理。到大使离开时，维也纳人从东方的商业公司买了咖啡豆，开始自己煮咖啡。

大约20年后，在1683年，维也纳被土耳其人包围。一个叫做弗朗茨·科尔席茨基

对咖啡的印象

“黑如魔鬼，烫如地狱，洁如天使，甜如爱人。”

——法国外交家和智者塔列朗王子（1754—1839），《理想的一杯咖啡》。

“咖啡馆出现在俱乐部之前，是一个人礼仪、道德和政治思想的开始。”

——艾萨克

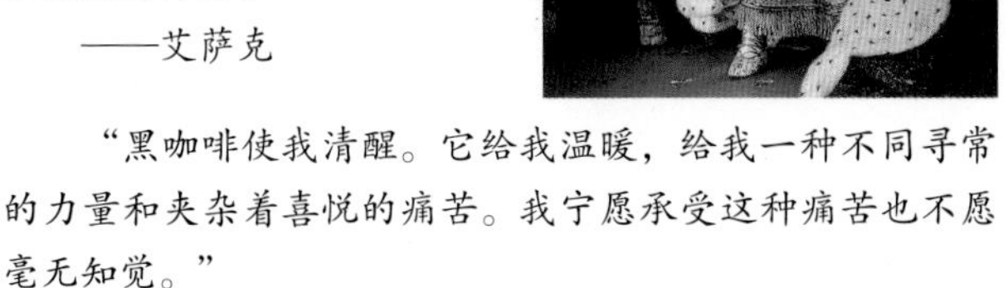

“黑咖啡使我清醒。它给我温暖，给我一种不同寻常的力量和夹杂着喜悦的痛苦。我宁愿承受这种痛苦也不愿毫无知觉。”

——法国皇帝拿破仑波拿巴。上图，作者杰拉德·冯·弗朗索瓦，1770—1837。

上图：斯班咖啡馆，1910 年。

的波兰移民由于长得有些像土耳其人，所以勇敢地混入敌区，给被包围的维也纳人和奥地利救援军队传递消息。多亏了他的英勇行为，土耳其人才被打败，他们仓皇撤退，留下了各种异国器械。战利品中有一堆绿色的豆子，科尔席茨基要求占有这些豆子。

鉴于科尔席茨基的英雄事迹，城市长老决定赠予他一套房子，在这里他开了维也纳第一家咖啡馆。故事的一些版本说，他最开始是一家一家地卖咖啡豆，后来卖给议院。另一些版本说，是亚美尼亚人开了维也纳的第一家咖啡馆。不管真相如何，咖啡都已经来到了维也纳。

城市的咖啡馆作为一种设施，不只是一个地方，也代表了一种生活方式。咖啡馆提供上好的咖啡（有 28 种不同的咖啡）和大量的报纸和杂志。维也纳咖啡馆的独特之处是木质的报纸架、大理石面的桌子和弯木质的椅子，这些后来成为整个欧洲咖啡馆的特点。

维也纳的男性客人，自然和咖啡馆一样独特。一位作家说，他们有相同的人生哲学——从根本不想看世界的人那里看世界。另一个人写道，这种新鲜的空气和尝试是普遍的特点，他们再也不是居家爱好者。很多人会一天去好几次咖啡馆——在早上或下午去咖啡馆读报纸或杂志，晚上去玩会游戏或参与学术讨论。

在最著名的咖啡馆中，例如格林斯坦咖啡馆、斯班咖啡馆，都有博学的顾客，如作家、政治活动家和艺术家。很多咖啡馆成了一些极端观点的大本营，如格林斯坦咖啡馆反对女权运动。但是，咖啡馆中同时也有为“纺织商人、牙医、马贩子和扒手”提供的设施。

咖啡馆不仅在维也纳迅速发展，而且弥漫哈布斯王朝

上图：卡尔广场咖啡馆，奥托·瓦格纳在维也纳分离时期建造的咖啡馆。

菊苣

尽管荷兰人有接触世界上最好的咖啡的渠道，但他们却偏爱菊苣——烤熟并磨成粉的菊苣根部。一位英国咖啡种植园主抱怨称“菊苣除了能把煮它的水染色之外，没有其他优点”。由于质量好的咖啡并不贵，所以使用菊苣可能是因为它能抑制咖啡因的副作用。后来，菊苣在法国北部、德国和斯堪的纳维亚半岛上流行起来。

上图：一家名为“咖啡锅炉”的维也纳咖啡馆中的情景，有下棋的人、抽烟的亚美尼亚人，还有看报纸的人。大约作于 1840 年。

统治下的整个奥地利。那些在布拉格、克拉科夫（Krakow）和布达佩斯的咖啡馆和维也纳的咖啡馆一样闻名，但维也纳始终是“咖啡馆之乡”。到 1840 年，维也纳有 80 家咖啡馆；到 19 世纪末，咖啡馆的数量已经难以置信地增加到了 600 家。

荷兰

荷兰作为主要的咖啡交易国之一，却不会与周边国家在咖啡交易上起争端，这一点并不奇怪。从 16 世纪，咖啡消费在荷兰国内兴起，到 17 世纪 60 年代中期第一家咖啡馆开始营业，“几乎没有人早晨不喝咖啡”。不仅中产阶级和上层阶级喝咖啡，连他们的仆人也都喝咖啡。

每家咖啡馆都有自己的独特风格。室内精心装饰过，暗色的格子墙和微微发光的铜制品，都使咖啡馆透露出特别安逸的气息。很多咖啡馆坐落于商业区，商人和行政人员都聚集于此经营生意。

在荷兰很多城市，咖啡馆都坐落于漂亮的花园中。在这里，顾客可以在树荫下，边喝咖啡边欣赏美丽的风景。花园咖啡馆在春天特别流行，因为在春天，花园里到处是果树的花朵和盛开的郁金香。

斯堪的纳维亚半岛

尽管芬兰保持着现在世界上咖啡消费量的最高纪录，但自相矛盾的是，斯堪的纳维亚半岛对咖啡接受得很慢。17 世纪 80 年代，荷兰人将咖啡引入半岛，却引起了人们的敌意。到 1746 年，皇室颁布法令禁止喝咖啡和茶。第二年，那些仍然喝咖啡的人必须承担高额的税赋或者被没收瓷器。喝咖啡在 1756 年被完全禁止。尽管这些法令最终被推翻，并用高额课税代替，但反对压制的努力直

个人喜好

普鲁士的腓特烈大帝曾经说过：“上午应该喝上七八杯咖啡，而下午则需要一锅咖啡。”咖啡要和香槟酒混合，有时还要撒上芥末饮用。

上图：只接待女士的一家德国咖啡馆内的场景。绘于1880年。

到19世纪20年代才结束——政府放弃了对咖啡的限制。

对于斯堪的纳维亚半岛早期咖啡馆的描述并不多，但是，这里的咖啡馆好像和南方的咖啡馆并不相同。在奥斯陆，咖啡馆是斯巴达式的单人房间，很受学生欢迎，它不仅提供咖啡，还提供食物，例如粥。

芬兰的中产阶级比其他阶级做得好，喜欢在家喝咖啡他们举办盛大且精致的咖啡派对，在派对上有的客人能喝至少5杯咖啡。

德国

在1675年，一名荷兰内科医生将咖啡引入德国北部的勃兰登堡。他受到腓特烈·威廉的支持（腓特烈·威廉因为他的加尔文主义和节制而闻名）。大约在同一时间，第一批咖啡馆在不来梅、汉诺威和汉堡开始营业。其他城市也迅速照搬，到18世纪早期，莱比锡已有8家咖啡馆了，仅柏林一地就有超过10家咖啡馆。

有段时期，咖啡是贵族阶层的饮料。中产阶级和下层阶级直到18世纪早期才开始去咖啡馆喝咖啡，而在家喝咖啡的时间比那还要晚。

自从咖啡馆成了男性的大本营后，中产阶级女性也建立起了咖啡俱乐部——被她们不容易的老公称为“绯闻咖啡馆”。

1777年，腓特烈大帝以保护酿酒厂、减少外商收入为由，发表了虚伪的声明，声明指出：“看到我的国民大量饮用咖啡，这让我感到厌恶……我的人民必须喝啤酒……是被啤酒滋润的士兵取得了一场又一场战争的胜利；国王不相信喝咖啡的士兵能渡过难关、打败敌人……”

以咖啡造成不孕不育为

上图：仅对欧洲上流社会开放的咖啡馆。冯·奥古斯塔·赫尔曼·克耐普绘于1856年。

理由，政府开始禁止工人阶级喝咖啡，但是这却造成了咖啡在黑市上的兴盛。国王最终宣布，在家中藏匿咖啡豆是违法行为，甚至任命“嗅探犬”去追查不正常香气的来源。这个荒谬的声明没有持续多长时间，在19世纪初期，咖啡就已恢复饮用。

如今，德国的咖啡消费量在欧洲已名列前茅。在进餐时间、周日下午的咖啡馆或家庭聚会时都能看到咖啡的身影。不过在早期，咖啡馆还不是一些身份尊贵的女性可以去的地方。但公园中有许多亭子和特殊的帐篷，去游玩时，每个家庭可以带上他们自己事先磨好的咖啡粉，组织者只需提供热水即可。在这个世纪之交，人们见证了另一种家庭式机构的崛起——小餐馆，这里提供蛋糕和热饮。一开始，这种小餐馆只是咖啡馆的替代场所，但最终这种小餐馆占据了主流，老式咖啡馆逐渐淡出了历史舞台。

咖啡和音乐

巴赫的《咖啡合唱团》（1734）是一出讥讽性的轻歌剧，为洞悉资产阶级提供了视角。故事讲述了一个严厉的父亲为制止女儿喝咖啡的癖好，威胁女儿在丈夫和咖啡之间做出选择。女儿镇定地唱了一首独唱曲，开头是这样的：“啊！多美妙的咖啡——比千个吻更甜美，比葡萄佳酿更醉人。”

英国

咖啡在英国一开始的故事，和咖啡在欧洲大陆和美洲的故事有本质上的不同。首先，咖啡馆的存在时间既集中又短暂。其次，在家中喝咖啡并不是一种普遍现象。大部分英国人好像觉得咖啡的烘焙、研磨和冲泡复杂难学，烧开热水倒在茶叶上才是他们更喜欢的方式。据说，英国是第一个进口咖啡的国家。

约翰·伊夫林的日记提供了第一份值得信赖的资料，在1637年，一个土耳其难民把咖啡带到了牛津，这种饮料深受学生和大学教师欢迎。

右图：印度军事驻地阅兵后的英国咖啡派对，1850。

上图：英国咖啡馆，佚名，1668。

不久后，他们发现这种饮料的刺激性对长时间学习和夜间学习大有裨益，牛津咖啡俱乐部最终成立，后来成为英国皇家学会。大约在 1650 年，一个叫雅各布的犹太人开了第一家咖啡馆——天使咖啡馆。后来，一个叫罗希的希腊人，在伦敦康希尔的圣米歇尔山谷开了另一家咖啡馆。

这种新饮料既有反对者，又有支持者。在 17 世纪，一个令人讨厌的评论员抱怨说："咖啡由破旧的贝壳、烧焦的皮革碎片制成，然后研成粉末。"另一个人把咖啡描述成"烟灰糖浆，本质上是旧鞋子的味道"。威廉科贝特（1762—1836）作为英国政治家，改革家和经济学家，是同期名人中少有的几个抨击咖啡是"泥浆"的人。

咖啡馆的确立

虽然如此，到 1660 年，伦敦的咖啡馆已根基牢固，接下来 50 年依然根基坚固，即使是破坏因素，如伦敦大瘟疫（1665 年）和伦敦大火（1666 年）也没能阻止咖啡馆的发展。咖啡馆对于那些生活与商业密切相关的人来说至关重要——可以在咖啡馆碰面、谈生意、签合同和交换信息。咖啡馆是现代庞大机构的发源地，这类机构包括英国证券交易所、波罗的海和劳氏保险等。咖啡馆也给艺术家、诗人和作家、律师和政治家、哲学家和圣人提供了去处，他们都有自己喜欢去的咖啡馆。在塞缪尔·佩皮斯（1633—1703）的日记里，有无数关于在伦敦光顾咖啡馆的记录。

上图：英国咖啡馆中的不雅行为。绘于 17 世纪后期。

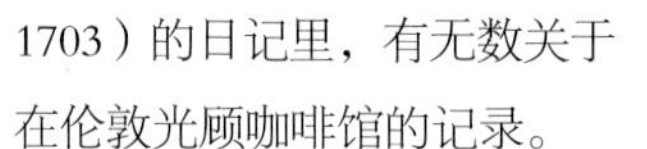

许多咖啡馆规定，只要交一便士的入场费，客人就有机会参与讨论当下时事。这些咖啡馆是政治和文学影响中心，后来被称为"便士大学"。

咖啡馆也是爱说闲话的人的大本营，以下便是从"饶舌者大厅"上摘出的一节言辞攻击：

"在这里，他们能告诉你上周日土耳其人晚餐吃的是什么；

德鲁伊特尔号（De Ruyter）战舰上快活的船员，最后是谁帮助了战舰……

你需要了解这里流行什么，

假发是如何卷曲的；

只要一便士，你就能听到全世界的小说……"

咖啡禁令

1675 年，查利二世担心潜在的政治动荡，于是发表声明关闭咖啡馆。他得到英国妇女的支持，她们在言辞强烈甚至有点粗俗的请愿书中，发表了对于“过度饮用那种干燥、软弱的饮料”的担忧。这些不被允许进入咖啡馆的女性声称，咖啡使她们的丈夫性生活不活跃；抱怨称，她们的丈夫在咖啡馆中花费了大量时间和金钱，结果将导致“整个种族灭亡”。男性则激烈地回击称，不是咖啡让他们在“爱神活动”中不活跃，而是“你们的絮叨令人难以忍受”。

尽管得到女性的支持，但咖啡禁令却并没有持续多久。在商人和零售商提交了言辞激烈的重开咖啡馆的请愿书后，咖啡馆重新开业，但是店主必须保证禁止“所有诽谤性的报纸，书籍和信件；阻止人们宣称、强调或泄漏针对政府或大臣的错误批评和诽谤性的报道。”条约的荒谬性很明显，于是很快就被撤销了。咖啡馆继续如往常一样营业，再也听不到压制之声了。

右图：英国伦敦，圣詹姆斯街读书俱乐部的会员室。罗兰森和普金，1809。

下图：一家 1860 年的英格兰户外咖啡馆。亨特绘于 1881 年。

咖啡馆规则条例

“首先，欢迎所有的贵族和商人，
希望你们坐在一起不会冒犯彼此：
座位被占不要介意，
请找到下一个适合的座位……
将争论时的噪音降到最低。
失恋的情人们也不要在角落里忧伤，
希望大家开心，可以聊天但不要太多……
保持安静，远离责备，
这里不允许玩游戏……”

伴随着咖啡人气的高涨，戒酒运动开始了。受其影响，很多工人开始把酒馆换成咖啡馆。虽然咖啡馆那时常受到社会各个阶层的光顾，但还是有一些人群有不恰当或令人讨厌的行为，所以咖啡馆常打印好规则贴在显著的位置。

咖啡的衰落

到 18 世纪早期，不管规则怎么严格，咖啡馆的气氛也变了。很多咖啡馆开始提供酒精饮料，以吸引不同类型的顾客。结果，知识界开始组建自己的文学俱乐部，“绅士”则又回到在蓓尔美尔街和圣詹姆斯区的俱乐部。商业阶级和经济群体觉得办公室比专业社团建立的新式

上图：在伦敦黑衣修士桥，一伙人正在一家深夜摊位边喝咖啡和茶，1923。

上图: 伦敦陆军和海军会所的华丽内景，R. K. 托马斯。

办公场所更实用、更方便。咖啡没落的另一个原因是在18世纪下半叶，流通图书馆的增加。在此之前，咖啡馆一直是报纸和小册子的唯一供应商，但是现在，图书馆不仅有各种形式的文学作品，还提供英国和外国的报纸。喜欢在咖啡馆阅读的顾客，如今更喜欢去图书馆。

尽管上层阶级和中产阶级已接受喝咖啡，但喝茶也迅速获得了人气。销售其他形式的无酒精饮料和食物的另一种咖啡馆出现了。到18世纪末，咖啡逐渐过时，直到20世纪末，咖啡的人气才重新飞涨。

北美

在北美，在新阿姆斯特丹（1664年更名为纽约）的荷兰殖民者可能是最早开始喝咖啡的。据可查资料，关于咖啡进入北美最早的资料是在1668年。两年后，波士顿的多萝西·琼斯被授予咖啡销售许可证，咖啡馆迅速在整个东部殖民地开始经营。

在那段辛勤工作的时期，尽管受人尊敬的女性不会真的是出资人，但咖啡馆的管理却被视为是妇女的工作。和欧洲的观念不同，在北美，在咖啡馆消磨时间被认为是令人讨厌的。北美的咖啡馆本身缺乏俱乐部的气氛，大部分的咖啡馆更像是小酒店——给出差的工人和士兵提供住房，因此吸引了一群相对吵闹的顾客。其中比较著名的波士顿绿龙咖啡馆，是殖民地群众策划革命的大本营。从这层意义上来看，北美咖啡馆和世界上其他地区的咖啡馆并无太大不同。

波士顿倾茶事件

波士顿倾茶事件（1773年）是北美殖民地抗议英国茶税的标志、是将咖啡作为美国国民饮料的标志。此后，咖啡馆如雨后春笋般地在主要城市出现，有些咖啡馆在改变美国历史中起到了至关重要的作用。纽约的商人咖啡馆是政治讨论地，也是无数声明和政策的制定地。它的主要对手汤丁咖啡馆拥有超过150名商人股东，甚至成为证券交易所、临时宴会厅以及记录到达和离开船只的档案馆。

和欧洲的咖啡馆一样，美国咖啡馆的常客最终也改去了其他地方，因为其他社会机构已逐渐形成：如工商协会、绅士俱乐部、银行和证券交易所。咖啡馆逐渐与酒馆、旅馆和餐厅融合。

尽管咖啡馆没有成为主流，但咖啡却越来越流行。欧洲移民大量涌入美国，无疑推动了这一趋势。领土的合并，如佛罗里达、法语区以及密西西比州的加入，更拓展了咖啡的市场。

咖啡使美国这种开拓性精神一直前行，当大篷车向西部出发时，咖啡也开始了西进，那些原住民甚至都喝起了咖啡，据传说故事记载，印第安人用土地交换工具、来福枪和爪哇岛出产的咖啡豆。

对于在墨西哥战争和南北战争中奋战的士兵来说，咖啡是他们的必需品，他们喜欢“滚烫、黑浓的咖啡”。士兵们排超长的队伍，只是为了能平均分配咖啡：相同量的咖啡均匀地摆放在垫子上，队长背对士兵，随机叫出士兵的名字领咖啡。

到19世纪中期，咖啡已深深植根于美国人的生活之中。美国人每人每年能消耗8.5磅的咖啡，而欧洲人只消耗1.5磅。无论在城市还是农村，无论是什么样的社会地位，人们都在喝咖啡。咖啡已经成为国民饮料。

上图：穿着印第安土著服装的殖民地群众将茶叶倾倒入波士顿港，这预示着咖啡的崛起。平版印刷，1846。

今天的咖啡社交界

到了20世纪，在欧洲，咖啡仍是人们的不二选择，咖啡馆的文化地位更加稳固，特别是德国和东欧国家的知识分子和艺术家经常光顾咖啡馆。

在欧洲喝咖啡

在德国，例如在国际化大都市柏林，一群热情年轻的德国人、斯堪的纳维亚人、俄罗斯人和犹太移民聚集在像诺伦朵普雷兹这样的咖啡馆里，一起高声朗读喜爱的戏剧和诗歌。这一场景吸引到越来越多的人想要加入其中成为一分子——包括“一些自称是女雕塑家和艺术专家的年轻女孩子”一位严厉的男性作家这样写道。

维也纳的咖啡馆中的场景同样也具有世界性。到了1910年，这个城市已成为无数移民者的栖居地，这些移民者来自临近的多瑙河流域及其他国家。除了巴黎，几乎没有其他欧洲城市能在这样广泛的区域里形成文化焦点。咖啡馆只要有客人就会一直营业。对于那些住在狭窄又嘈杂的出租房的作家或学生来说，咖啡馆成了他们的第二个家。只要一杯咖啡的价钱，他们就可以一整天都坐在舒适而温暖的咖啡馆里阅读或写作，而且阅读素材也从不缺乏。即使是在20世纪，在街上贩卖报纸也需要营业执照，所以并不能经常在街上买到报纸。然而，咖啡馆有最及时的报纸和杂志，因此，咖啡馆提供了一种类似于现代公共阅览室的服务。

上图：两次世界大战之间的咖啡馆风格。

布达佩斯和布拉格也以拥有无以数计的咖啡馆而著名。不管怎样，这些咖啡馆是那些重要的文艺运动开展和发展的关键。布达佩斯的维格多咖啡馆是现代著名杂志《西方》的编辑们的开会地点，尽管有些人认为他们是在纽约开的会。布达佩斯的格列兴咖啡馆是一群著名的艺术家、商人和专家的聚集地，在文学史上以格列兴学派著称。卡夫卡《变形记》的第一次草稿朗诵就是在布拉格中央咖啡馆的里屋进行的。

咖啡馆变革 尽管咖啡馆履行了重要的社会和文化功能，但城市生活的经济状况不允许咖啡馆再这样经营下去了。只收取一杯咖啡的价钱，就允许一个人“霸占一个座位好几个小时，并要求不断续杯和看完整个欧洲的报纸和杂志”，这些都不足以支付日益增长的房租。很多这样曾令人愉快的地方都变成了咖啡餐馆，之前那种特殊的氛围已成为过去式。唯一存在的是一杯咖啡的价钱所反映出的经济现实。

英国的咖啡

到了20世纪，英国人喝咖啡的喜好荡然无存，喝茶代替了喝咖啡。受英国政府的推动，英国东印度公司从亚洲进口了越来越多的茶叶，结果使喝茶成为英国各个社会阶层的一种流行风尚。

伴随着大型公司的出现，例如伦敦的皇家咖啡，咖啡馆文化开始复兴。皇家咖啡由法国投资家经营，吸引了一批复杂的客人，有艺术家、诗人和作家，包括奥斯卡·王尔德和奥伯利·比亚兹莱，但这仅仅是对巴黎咖啡馆文化的嘲弄。衣着不雅的人被谢绝进入咖啡馆。咖啡馆的宗旨，是成为伦敦上流社会的公共客厅。

随着这些咖啡馆的发展出现了一种“咖啡社交”现象，其中含有魅力和财富的寓意。

上图：虽然受到了英国咖啡繁荣的启发，但巴黎的咖啡馆依旧是传统的，是位于人行道上的咖啡馆。例如下图就是考文垂街上的咖啡店，很快便形成了自己的特色。

上图：20世纪50年代的英国咖啡馆同时向男士和女士开放。

正如喜剧演员鲍勃霍普说的那样："咖啡社交是早餐可以吃到水貂的地方。"形成鲜明对比的是，在火车站茶室的咖啡——如果也能叫做咖啡的话——会和边缘卷曲又干燥的三明治以及不新鲜的蛋糕一起被贩卖。

1951年的英国艺术节标志着战后节俭生活的结束，开创了当代英国文化的崭新世界。为保持时代精神，一家名为豪斯的咖啡馆在伦敦特拉法加广场附近开业了，咖啡馆不仅为人们聚会提供了一个舒适的环境，并供应咖啡和便餐，而且将墙上的空间提供给远道而来的年轻艺术家进行创作。豪斯咖啡馆迅速被秣市附近另一家咖啡馆效仿。这家咖啡馆对现代设计来说是一个闪闪发光的圣殿，天花板很高的大厦上镶嵌着彩色玻璃镶嵌板，在这些镶嵌板上有一连串的水流滴下。尽管这些新开的咖啡馆的目的和宗旨在于复制早期的咖啡馆，但他们在氛围和装潢上与所效仿的原型大相径庭。暗木镶板隔墙式的温暖沉闷的房间时代已成为过去；现代的咖啡馆拥有"闪闪发光的镀铬玻璃，颜色明亮，属于现代设计"。这为以后的咖啡馆确立了风格。

咖啡吧 20世纪50年代末见证了咖啡吧的兴起，咖啡吧里有嘶嘶作响的浓缩咖啡机和年轻的顾客。咖啡吧一开始在伦敦苏活区（London's Soho）出现，这些咖啡吧有摩卡吧、第一幕、两个我、天堂和地狱以及马卡波。后来，马卡波全都装修成了黑色，并选用棺材形状的桌子。这些名称被20世纪60年代成长起来的人们写进历史，因为他们是我们现在熟知的音乐公司的诞生地，例如乐队组合歌手龙尼·多尼根、流行歌手汤米·斯提尔就在"两个我"开始了他的商业演出生涯。咖啡吧里安装了自动点唱机，以播放时下最流行的音乐。

就如17世纪的咖啡馆一样，这些咖啡吧也激起了热烈争辩。这是青少年和青年帮派的时代，一定会有些因诱导而产生的骚乱。尽管被一些批评家斥责，但咖啡吧里播放的音乐仍被认为是"情绪稳定剂"。当代餐饮类杂志上一篇屈尊俯就的文章写道："自动点唱机已证明了其价值，他们能让年轻人离开街道、远离酒馆，喝咖啡和不含酒精的饮料而不是烈酒。咖啡吧里的多数年轻顾客都表现得很好，通常他们满足于聊天、聆听、哼唱和轻敲手指，而不是站起来乱晃。

咖啡吧迅速扩展到其他省份；到1960年，已有超过2000家咖啡吧出现，仅伦敦西区就有至少200家。咖啡吧不仅受到青少年的喜爱，还深受另一些顾客的喜爱，她们在购物途中需要稍事休息时、在电影开始之前或之后会去咖啡吧。不像他们17世纪时的先辈，咖啡吧深受当代女性的欢迎。

尽管有着热闹的氛围，但这些20世纪50年代和60年代的咖啡吧还是渐渐退出了人们的视野。很多咖啡吧重新变成了餐厅，其他的又开始出售酒精饮料。最后他们还不得不与70年代出现的酒吧竞争。

90年代的复兴 20世纪90年代见证了咖啡馆的复兴。网络的发展使咖啡馆装备了电脑，变成了网络咖啡馆，顾客可以坐下来喝杯咖啡并浏览网页。像以前的咖啡馆一样，网络咖啡馆不仅为志趣相投的人提供了聚会场所，而且吸引了一群特殊顾客，他们会独自在电脑屏前消磨时间。

20世纪90年代同样见证了咖啡专卖店的发展，专卖店卖固定一个农场出产的咖啡豆，其质量能与最好的红酒相媲美。伴随着时代的发展，还涌现出一批现代咖啡馆，对照于20世纪50年代的咖啡吧，现代咖啡馆风格简约，出售来自世界各地的各种各样的咖啡，种类多到让人眼花缭乱。于是，英国公众在转了一圈后又重新回归，开始喝起了咖啡。

在美国喝咖啡

美国咖啡爱好者习惯的发展和欧洲的情况不同，其咖啡的味道和喝咖啡的地方也不尽相同。19世纪末20世纪初，美国人去欧洲旅行，发现欧洲的咖啡达不到他们家乡酿造的咖啡的味道。在《流浪汉国外旅行记》中，马克·吐温这样写道：“在欧洲，你能买到旅馆主人认为是咖啡的饮料，但它只是像咖啡，就如虚伪像极了崇高。那是一种微弱、没有特色、不能令人满意的东西，就像美国旅馆做出的咖啡一样，这种咖啡近乎于不能喝。”

同样，到美国旅行的欧洲人，也惋惜于没有适宜的咖啡馆来消磨时间。

到了20世纪初，美国咖啡的进口量增加了三倍，每年的咖啡消费量接近于每人11磅。消费高峰出现在第二次世界大战后的1946年，为每人20磅。

20世纪20年代，在纽约的格林威治村出现了很多咖啡馆，这里是艺术家的传统聚集地。这些咖啡馆被称为“爪哇点”，深受美国的作家、

上图：美式早餐：在街边的咖啡店边看报纸边喝咖啡和水果汁。大约摄于1949年。

电影制作人、歌手、演员以及新的移民作家和艺术家的欢迎。

在20世纪60年代，这些咖啡馆受到年轻人的欢迎。据说传奇音乐家鲍勃·迪伦（Bob Dylan）从西部到达格林威治村的咖啡馆，询问经理他能不能在这唱几首歌。

自那几十年后，美国的咖啡消费从总饮料消费的60%~70%下降到50%，部分原因在于其他饮料的竞争，还有部分原因则在于人们，特别是女性的健康意识。

20世纪90年代的咖啡

尽管大部分美国人都选择在家喝咖啡，但20世纪90年代见证了咖啡店人气的上升，像星巴克一样，他们出售精品咖啡。这些咖啡包括精美的单一农场出产的咖啡、不同种类的牛奶咖啡、浓咖啡和调味咖啡。在英国，网络咖啡馆、免下车咖啡馆以及在高档快餐店、便利店和书店中设立的咖啡店也增多了。

咖啡调制的艺术

从喝咖啡的习惯确立开始，就有大量的精巧设备和智慧被运用到完善煮咖啡这项技艺中去。欧洲和美国的创新人士并不满足于把热水倒在咖啡粉上然后等它沉淀的简单方式，他们努力发明了各种令人惊讶的设备——例如滴水槽、过滤器、渗滤壶和压力机等。爱德华·布拉玛在他的经典著作《茶与咖啡》中提到："在1789年到1921年间，仅美国专利局就记录有超过800项煮咖啡的设备，更不用说185项研磨机、312项烘烤机和175项容器等各种发明了。"后来，自动咖啡贩卖机也加入了这个名单。

咖啡壶

最早期的一项发明就是咖啡壶。咖啡壶于1685年在法国初次亮相。于路易十五在位期间被广泛使用。它不仅是一个壶，下面还有个加热板可以用酒精灯加热。大约在1800年，法国大主教基恩·巴蒂斯特·德·贝洛发明的壶式咖啡加热器取代了咖啡壶。在这个装置中，咖啡粉放在壶上方带孔的容器里，热水由此注入，并通过容器上的小孔流到壶底。

不同寻常的早期发明

发明咖啡壶几年后，一个令人敬畏的美国人本杰明·汤普森，也被称为伦福伯爵，搬到了英国。他不满意英国的咖啡标准——这个时期的咖啡只是经过长时间的水煮而已，于是他决定发明一种咖啡壶。最后，他发明出了令人惊讶的伦福渗滤壶。伦福渗滤壶取得了巨大成功，并迅速在咖啡制作编年史上占据了一席之地。在1820年之前，"过滤器的先辈"开始在英国流行。在这个设备中，咖啡粉放在一个法兰绒或棉布质地的小袋子里，悬挂在壶边，注入热水后，透过这个小袋子，让水与咖啡长时间接触，便产生了一种不同形态的煮法。

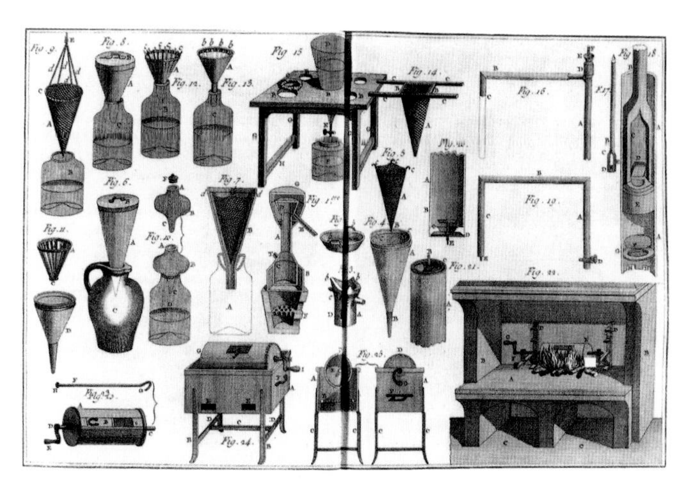

上图：从 18 世纪后期至今的有关咖啡泡制技术的所有发明。

大规模冲泡咖啡

工业革命之前，没有必要大量煮咖啡。然而，随着车间和工厂的发展，加上较长的工作时间，人们迫切需要液体饮料。火车旅行渐渐确立，和它一起发展的还有火车站的便餐部。与此同时，咖啡馆以及后来的旅馆和餐厅，都需要找到一种方式，以持续、快速、有效地供应饮料。因此，人们开始发展餐饮设备。

1840 年左右，一件精巧但不实用的设备在英国出现了，它由苏格兰著名海洋工程师纳贝尔发明。这台机器采用了虹吸原理，咖啡从加热的器具中经过过滤器，虹吸到接受容器中。尽管效率不高，但它为以后的发明创造提供了灵感，使工业化量产咖啡成为可能。

咖啡的大规模生产始于法国。伊莎贝拉·比顿在《现代家庭烹调术》中将当时的一种咖啡烹煮装置称为“鲁瓦塞的液压缸”，这种装置是在 1843 年由爱德华·鲁瓦塞发明的，在液体静压下工作，通过阀门增强热水蒸气的压力，然后经过咖啡粉。它在 1855 年的巴黎世博会上引起了轰动：当时，它一小时泡出了 2000 杯(可能是小杯)咖啡。

真空壶

科纳（真空壶）是一个相当独特的系统，在 20 世纪 30 年代末开始普遍流行。它包括两个互相连接的钢化玻璃容器，两个容器相叠，用酒精灯、燃气或电加热器加热。下方容器中的水受热沸腾到上面的容器中，流经咖啡粉后又流回下面的容器中。

上图：英国伦敦一家巴黎风味的餐厅中摆放着一台意式浓缩咖啡机。当然，调制出来的咖啡已经过改良，更加符合英国人的饮用习惯。

浓缩咖啡机

意大利人完善了 19 世纪鲁瓦塞的系统，发明了革命性的浓缩咖啡机，并成为意大利人生活中必要的一部分。浓缩咖啡机是在 1948 年由来自米兰的阿希尔·加贾发明的。对于这种发光且发出嘶嘶声的怪物，人们担心它们性能不稳定或蒸汽太过澎湃，但它们煮出来的黑色浓缩咖啡却非常美味，对得起付出的时间和遇到的困难。这种机器的另一项特殊功能就是，将蒸汽泡沫牛奶与特浓咖啡混合，制成卡布奇诺咖啡，之所以叫这个名字，是因为咖啡的颜色就像卡布奇诺教会的教士在深褐色的外袍上覆上一条头巾一样。经典的卡布奇诺咖啡是二分之一的特浓咖啡混合二分之一的蒸汽泡沫牛奶，有时还在上面撒上少量的深色巧克力。

完美咖啡探究

在早期，欧洲大多数咖啡爱好者泡咖啡的方式和土耳其人的方式差不多。把烧开的热水倒在杯子里研磨好的咖啡粉上，就产生了一杯浓厚的咖啡随着咖啡酿造设备的发展，不同地域风格的咖啡的细微差别也显现出来，不同的人也形成了他们自己独特的咖啡冲泡方法。

上图：奥地利咖啡馆的一道特色：咖啡和奶油。

法式完美冲泡法

冲泡咖啡的内行一致认为，法国完善的咖啡冲泡方法是最好的。生铁咖啡豆烘烤机和木质咖啡研磨机是每个家庭在社交礼仪上的必备品。相比于成小时地煮咖啡，法国人更喜欢先用浸泡法，然后再把咖啡倒入滴滤咖啡壶，最后倒进更复杂的咖啡渗滤壶。

拿破仑·波拿巴有他自己煮完美咖啡的一套方法，

上图：一种典型的组合——混合有适量甜酒的咖啡。

他更喜欢用冷水。当时的一位鉴赏家写道："每人两盎司[1]研磨好的咖啡粉，放进咖啡渗滤壶，向下压一个推杆，再拉回推杆，盖上一个薄薄的盖子，让水扩散到咖啡里面。把干净的冷水倒进咖啡里，过滤适量的这种液体，把盛有这种液体的水壶投进烧开的热水里，最后就可以放在餐桌上了。"

一些19世纪的咖啡馆还销售特色咖啡，像黑咖啡，是一种阿尔及利亚风味的浓咖啡，用冷水冲泡，并盛放在特殊的带柄玻璃杯里。兑酒的咖啡也发展起来。威廉·尤科斯描述了诺曼底一种特殊的冰咖啡："那个人……盛了半杯咖啡，倒满苹果白兰地酒，加糖，然后佐以风味小菜喝了下去。当倒入苹果白兰地酒时，冰咖啡发出嘶嘶的声音。它尝起来就像一个开酒塞，喝的人会感觉被人用铁锤在脑袋上敲出了一个裂缝一样。"

奶油爱好者

奥地利的咖啡爱好者喜欢法式滴滤法或者一种抽送过滤设备（即维也纳咖啡器）。这是世界上最早的点缀有云雾状鲜奶油的咖啡。进入一家奥地利咖啡馆，只点一杯咖啡是很可笑的。正如乔治·麦克斯（George Mikes）指出的那样，有很多种选择：浓的、淡的、大杯的、小杯的、中杯的、玻璃杯装的、铜制咖啡壶装的、浅褐色的、加牛奶的、加鲜奶油的、特浓的……土耳其式黄咖啡、坚果黄咖啡、深棕色咖啡、卡布奇诺或者弗朗西斯、加朗姆酒的或加威士忌的，还有加鸡蛋的。

北欧和斯堪的纳维亚半岛的人也和奥地利人一样喜欢奶油，但丹麦人除外，他们更喜欢黑咖啡。荷兰人的服务方式特别文明——质量上乘的咖啡放在咖啡杯里，下面有个托盘，还有一壶奶油、一杯水和一个小盘子，小盘子上放着三个甜甜圈。

在斯堪的纳维亚半岛，复杂的欧洲冲泡方式和服务方式并不流行。通常是在一个水壶里煮或炖咖啡，然后装到咖啡壶里提到餐桌上，或者直接从水壶里倒咖啡。而芬兰人则被认为是用鱼皮装咖啡粉和过滤咖啡的。

不寻常的咖啡冲泡法

在19世纪，英国的咖啡并没有得到普遍认可。一个前种植园主在英国因为买不到一杯好的咖啡而感到失望，他总结道："咖啡在燃烧中被损坏，上桌前，人们没有足够谨慎。"他对用奶油炒制咖啡豆这种"原始的方法"感到痛惜，他称："如果一个家庭每天都喝咖啡，那么就必须要有一台咖啡豆焙炒机。没有自动焙炒设备的人，应该找一个出色的、信得过的咖啡豆焙炒商。"

> "为什么他们总是在搅拌蒸咖啡时，加入无价值的东西？"
>
> ——威廉萨科雷（William Thackeray）（作家和旅行家），写于1850年。

[1] 1盎司约为31克。

一位 19 世纪美食家的建议

“往咖啡壶里打一个或两个鸡蛋，放入咖啡粉混合搅拌直至形成球状；往咖啡壶里倒入冷水，但为放入原料留有足够空间；文火炖一个小时，无论如何都不要搅拌；喝之前只需放在火上加热一下便可；如果你珍惜咖啡真正的香浓味道，就请不要煮沸。慢慢倒出，你就会得到一杯既纯又浓的印度浆果的浓缩液。喜欢加糖就放白糖粉；有奶油就放奶油，没有奶油就放煮开的牛奶。”班森·希尔（Benson Hill）《在美食家年鉴》（Epicure's Almanac）上如是写道。

上图：尽管煮咖啡的过程基本且简单，但咖啡冲泡技术却是变化无穷且具有创造性的。每个人都有一套自己最擅长的方法，例如强调使用鸡蛋的 19 世纪咖啡冲泡方法。

缓慢且稳定　亚伯丁和苏格兰大学的博士威廉·格雷戈里严肃声称，冗长的冷水过滤需要像做实验一样，准备好玻璃量筒、漏斗和瓶子。据他所知，这个过程要花费 3 到 4 天，有点令人乏味，但他也声称：“这个过程很有必要，第一部分一经完成就能开始第二部分，这样咖啡供给就唾手可得了”。

美式怪方法　美国人煮咖啡的习惯特别难以理解。他们一煮就煮 10 分钟甚至两个小时。一些早期的食谱建议，当加入牛奶时，还应加入蛋白、蛋黄，甚至是压碎的蛋壳来丰富咖啡的色彩。如果没有新鲜的鸡蛋，就用一块生鳕鱼皮来代替。这些奇特的技术一直到 1880 年还受美国咖啡爱好者的推崇。

上图：帕特森的“咖啡营地”广告，1890。

主题上的变化

咖啡精　在 20 世纪初，著名的军营液体咖啡精装在高的方形瓶子里出现在市场上，现在仍然可以买到。咖啡精在两次世界大战期间非常流行，那期间咖啡是定量配给的。以菊苣为基础的咖啡精已事先加了糖，通常用热牛奶冲淡即可饮用。

速溶咖啡　1901 年，在芝加哥的日裔美国科学家加藤

聪里（Satori Kato）发明了一种可溶解的粉末状咖啡提取物——速溶咖啡。速溶咖啡准备快速，不会产生令人讨厌的粉末，口味也不会改变。最先使用速溶咖啡的是北极探险队成员。由于易于携带及准备，所以速溶咖啡在第一次世界大战期间销售稳定，被在英国服役的美国军队广泛使用。

为解决巴西咖啡过剩的问题，雀巢（Nestle）在1938年将“雀巢咖啡”（Nescafe）引进瑞士。一年后，雀巢咖啡进入英国市场，以一种软着陆的方式设法激起英国人的喝咖啡的欲望。

脱因咖啡 在1903年，一位名叫路德维格·罗斯维斯（Ludwig Roselius）的德国咖啡进口商收到一批被海水浸泡过的咖啡豆，他把这些咖啡豆交给研究员研究。研究员用蒸汽提取，结合以氯为基础的溶剂，完善了一套方法，在不破坏咖啡豆味道的基础上除去咖啡因。罗斯维斯在1905年获得了这套方法的专利，开始以哈格咖啡（Kaffee Hag）的名字销售无咖啡因咖啡。这种产品在1923年引进到美国，取名为山咖（Sanka），是法语词sans caffeine的缩写，并在美国找到了市场，因为有些喝咖啡的人急需去除咖啡因对健康的副作用。

调味咖啡 在20世纪70年代，一家小型咖啡烘焙公司在美国开始销售调味咖啡。起初，调味咖啡被试图用来替代含有酒精的咖啡——如兑有百利甜酒、意大利杏仁酒的咖啡。然而，针对年轻人和初喝咖啡的人的调味咖啡却形成了一种趋势。结果，如提拉米苏咖啡、香草咖啡和摩卡咖啡等调味咖啡变得流行起来。香辛味咖啡——和16世纪土耳其的香料咖啡没有多大差别——和水果味咖啡也同样得到了发展。其中常用的香料有：豆蔻、肉桂、橙皮、烤过的无花果等。

罐装咖啡 罐装即饮咖啡是在1969年由日本人首先开发的，这部分是因为自动售货机在日本的普及。这种饮料在欧洲和美国被接受得很慢，这不足为奇；但是这种饮料却风靡全亚洲，因为亚洲人更偏爱冷饮咖啡。

下图：日本的罐装咖啡。

BLUE

世界各地的咖啡

COFFEE AROUND THE WORLD

环绕着整个地球的热带地区点缀着各种咖啡种植园。在全球各地的70多个国家中，都有人种植咖啡，或者至少在野生的咖啡树上采摘咖啡浆果。在许多国家，公民的财富和幸福都取决于挂在咖啡树上的红色咖啡浆果。

在全面的国别分析中，在世界各地生产的不同的咖啡被广泛讨论和研究。咖啡制作的不同阶段，例如收获、加工、整理，烘焙，分级将在本章中一一介绍。本部分讲述了世界各地的生咖啡豆是如何转变为芳香四溢的咖啡饮品的。

什么是咖啡

咖啡植株是茜草科的一种。咖啡植株的分类是复杂的，有许多的种类、品种和品系。最能营利的咖啡分为两类，一类是小粒咖啡（阿拉比卡种），这是一种复杂而多品种的咖啡；另一种是中果咖啡（刚果种），经常被称为罗布斯塔，是最多产的种类。其他咖啡树还包括1843年在利比里亚发现的大果咖啡（利比里亚种）；还有高产咖啡，更广泛地被称为高种咖啡。退一步说，这两种咖啡拥有罗布斯塔的品质，但味道却通常不如罗布斯塔。虽然杂交咖啡树的发展倾注了不少人的努力，但普遍的共识是，虽然新的品系增加了咖啡树的产量，抵抗力和可能的寿命，但是杂交咖啡的口味却根本不如以前的好。

上图：咖啡树上的一簇浆果。

所有的咖啡都种植在南北回归线之间赤道周围的热带区，但因为咖啡树的种类和品种不同，所以它们看起来也有很大的差异。树叶的颜色几乎可以从黄绿色到深绿色甚至铜色发生渐变，罗布斯塔咖啡树的叶子比阿拉比卡种咖啡树的叶子更亮、更易起皱。有些咖啡树成年后也保持着小型灌木的形态；而另外一些咖啡树则最高能长至18米（60英尺）。这些咖啡树需要定期修剪，否则就不方便收获咖啡浆果。

上图：咖啡树茂密的树叶是大自然最美妙的景色之一。

咖啡树

一棵咖啡树，如果不是从嫁接切割开始生长的，就是由种植于浅沙土壤中的带壳咖啡豆发芽而成。当萌芽

上图：可爱的白色咖啡花花苞与茉莉花的外观和香味都比较类似。

上图：在印度尼西亚的一个咖啡种植园中，工人早上给咖啡树浇水。

扎根时，它会把咖啡豆推出土壤。过一些日子，最初的两片叶子会从豆子里冒出来，长在小芽的顶部。老的空豆壳很快就落地了。然后，这个小植株将在保温室里被移植到独自的容器中。大约一年后，随着保温室的“屋顶”或其他保护层逐渐移开，它就逐渐开始接触户外的空气，至多每天几小时的太阳直射是所有对温度敏感的咖啡树都渴望的。小树将会被种植在地里，可能会在香蕉树宽大叶子的保护下，特别是如果种植地位于赤道附近有更多太阳直射的平坦地带。

如果这棵树被种植在山坡上，那么它可能不需要保护，因为山体的一侧只有在一天中的一个阶段会接受阳光直射，而咖啡树在高原上通常会享受着高云层的湿度和遮阳效果。

最初几年，树不会产任何果实，虽然它可能需要灌溉、修剪、除草、喷洒、施肥和覆盖。如果土壤并不是最适合咖啡树生长，那么后两项工作内容会帮助土壤注入火山灰、全氮、钾和磷酸，

上图：咖啡树的树苗。

以使得土壤肥沃。最终，当树长到第四五年，就能第一次收获果实了。它会迅速在几年内达到结果的巅峰，而这段时间它必须被不间断地照料。

所有的咖啡树都能开花，青涩的果实和成熟的果实会同时出现在一棵树上，因此几乎肯定需要手工收割。咖啡树基本上每年能收获一到两次，根据种类和地理位置的不同，收获的次数也可以更多。因此，一个咖啡种植园很少会出现没有开花的情况。奶白色的花朵茁壮成长，产生的香味会让人想起茉莉花。这些花只能持续几天，就会迅速被一簇簇绿色的小浆果所替代；这些小浆果几个月后将会成熟变成红色，然后被采摘。

下图：尼加拉瓜的象豆是世界上体积最大的咖啡豆。

咖啡品种

众多的因素影响着咖啡的种植，但不同品种的咖啡受到影响的程度却不同。同时，咖啡在不同国家的影响因素也不同。

阿拉比卡　目前所知最古老的咖啡树种类是阿拉比卡。阿拉比卡是高地产的品种，种植在高山、高原或者火山坡上，最适宜种植在海拔 1000~2000 米（3280~6561 英尺），年降雨量在 150~200 厘米（59−78 英寸）以及白天温和、夜晚凉爽，平均气温在 15~24 摄氏度（59~75 华氏度）的区域。阿拉比卡咖啡树在雨季之后开花，果子的成熟需要九个月。一年中，一棵典型阿拉比卡咖啡树的果子产量可能不到 5 公斤（11 磅），加工成咖啡豆后大约会减少到 1 公斤（2.2 磅）。世界上大多数阿拉比卡咖啡豆的收获都是被“洗”过的，或称湿加工。阿拉比卡咖啡豆会比罗布斯塔更大、更长、更平，含有更少的咖啡因，能提供更微妙、更酸的滋味。

阿拉比卡咖啡占世界咖啡总产量的 70%。但和别的咖啡品种相比，阿拉比卡咖啡的种植更困难，也更容易受到霜冻、疾病和虫害的影响，所以也毫无疑问地比别的咖啡更昂贵。在阿拉比卡咖啡中，还分许多种类，其中最出名的要数迪比卡和波旁咖啡；另外还有很多分支，例如蒂科咖啡、肯特咖啡、摩卡、蓝山和巴西混合新生咖啡、嘎尼卡（garnica）和米比瑞兹（mibirizi）等。栽培的变种则包括薇拉莎奇、巴拿马艺妓咖啡和维拉波斯咖啡。卡图瓦是另一大类咖啡豆突变种的杂交品种。卡图瓦的果实呈黄色或红色。圣拉蒙（San Ramon）也是咖啡豆突变种的杂交品种。

象豆 最出名的迪比卡变种咖啡最早是在巴西巴伊亚州的马拉戈日皮地区被发现的。马拉戈日皮咖啡树上生长着世界上最大的咖啡豆，有时被称为“象豆”（不要与一种畸形豆子相混淆，那种豆子被称为“象耳豆”）。好几个国家都出产马拉戈日皮咖啡豆。此豆以丝滑的口感和具有吸引力的外观为卖点。不幸的是，因为它们的产量很低，所以种植的成本较高。大部分的马拉戈日皮咖啡树在老死之后，农民们更愿意种上“普通寻常的”咖啡树。

罗布斯塔 罗布斯塔，即咖啡的中果种类，与阿拉比卡种有很大区别；罗布斯塔咖啡口感强烈，但其抗病性和抗虫性都很好。不幸的是，口感强烈并不是什么优点，而且其口感也不像阿拉比卡那么令人满意，因此，尽管罗布斯塔的价格较低，但也只占世界咖啡总产量的30%而已。罗布斯塔主要用于调制混合咖啡，因为其可溶性较高，也被用于制作速溶咖啡，因为速溶咖啡的制作过程冲淡了罗布斯塔强烈的味道。尽管罗布斯塔咖啡树必须人工授粉或是嫁接种植，但它们更易生长；当许多阿拉比卡咖啡种植园在19世纪下半叶被叶锈病摧毁时，许多地区又重新种植了罗布斯塔咖啡树。虽然罗布斯塔咖啡现在生长在热带地区，但是世界上大多数罗布斯塔咖啡树都源于中西非、东南亚以及巴西这些海拔大于700米（2296英尺）的地区。

罗布斯塔咖啡树可以承受300厘米（118英寸）或更多的热带降雨。咖啡树是永远不会种植在水里的，所以，罗布斯塔的浅根使其能顺利生长在降雨不可预测甚至匮乏的地区。同样地，当赤道地区升温时，它也能存活，虽然它最喜欢的平均温度是在24–30摄氏度（75~86华氏度）。

罗布斯塔咖啡树的花相对不规则，而且从开花到成熟结果需要10到11个月。成熟的果子通常要手工摘取，除非是巴西那样广阔平坦的地形和空间才可允许机器收割。对罗布斯塔的处理方法大多是“未洗的”，或者说是干的方式。罗布斯塔的豆子和阿拉比卡的豆子相比更

上图：爪哇国的一名劳动妇女正从咖啡树上采摘咖啡浆果。

小更弯曲，也以豆子中间裂纹的两端的小点为特征。罗布斯塔咖啡树每公顷的生产量略高于阿拉比卡咖啡树。罗布斯塔最常见的种类是来自巴西的科林隆、爪哇依尼克、纳纳、寇尤劳以及康均西施。

其他栽培品种　杂交产生了其他靠嫁接而非靠种子传播而产生的品种，例如较为成功的阿拉布斯塔咖啡。阿拉布斯塔咖啡由法国咖啡和可可研究院于19世纪60年代研制推出，并由象牙海岸(即今科特迪瓦)出口到世界各地。大多数杂交的目的是把阿拉比卡、罗布斯塔和一些可能更好的自然变体的最好品质结合起来，以使品质尽可能得到改善。自然的帝汶混血品种，来自肯亚的矮小的露露十一、抗锈病的卡帝莫、还有伊卡图混合，这些都源于杂交实验，或最起码和杂交实验有关。

关于为什么新的咖啡混合品种的发展需要如此大范围内的如此众多的对象参与，有许多理由。在各种情况下，这些努力都追求更高的果实产量、更大的咖啡豆或者咖啡豆尺寸的均匀性、更好的口感、更耐旱的树木、特殊土壤的更强适应性以及咖啡因的不同含量。但是，几乎没有任何因素能比虫害和疾病这两个咖啡树最大的敌人能带给咖啡树更大的挑战了。

虫害以及其他问题

全世界每年都有无数的虫害和疾病定期侵袭咖啡树，对咖啡作物造成极大的损害。也许最令人惊讶的问题之一便是这个行业在遭受如此巨大的虫害、疾病以及自然灾害后，咖啡产量却仍居世界第二位，仅次于石油。

虫害

据估计，至少有850种昆虫定期在它们喜欢的咖啡种植园中“订桌子吃饭”。有些虫子喜欢柔软的绿叶沙拉，例如各种潜叶虫、切叶蚁、食叶虫、蓟马、数不清的毛毛虫以及大批量为吸收营养而来到绿荫下的白色和棕色的混乱食客，它们留下的黏液所产生的真菌疾病被称为“煤烟”。有很多粉介壳虫和无数的线虫秘密地在咖啡植物的根上“狂欢”，直到树木出现营养问题，比如根蛀茎虫就将根部视为“营养液的水龙头”。格纹椿象虫在树枝上定居，就像一个优雅的吸血鬼，神不知鬼不觉地啜饮咖啡浆果中的营养液；直到果浆流出、斑马纹般的内果皮上染上斑斑黑迹时，人们才发现咖啡浆果的营养已经被吸光了，而咖啡豆则会随之萎缩和发黑。地中海果蝇则是通过把它的卵产在咖啡浆果上而对咖啡树造成伤害——咖啡浆果的果肉将变为年轻蛆虫的“盘中大餐”。而茶黄螨则可能是发现自己爬错了树，但它会将错就地留下来。

迄今为止最严重的咖啡

上图：蚱蜢看上去很无辜，但却是靠吃咖啡树叶生存的。

虫害是可怕的咖啡浆果（broca del cafeto）一只又小又黑的母甲虫钻入咖啡果中，穿过果肉、穿透咖啡豆来产下她的卵。如果豆子没有完全被贪婪的挖掘型幼虫所毁，那么它将会屈服于钻孔带来的二级腐真菌。咖啡浆果蛀虫于1867年在非洲第一次被发现；随后，它们在世界各地的咖啡种植园中出现，造成了数十亿美元的损失。

虫害防治管理的全球趋势是试图降低并希望最终通过引入和捕食咖啡害虫的天敌以及寄生虫来取代使用化学杀虫剂。例如，当前一个由联合国共同基金对大宗商品投资的国际咖啡组织项目，希望通过释放某些捕食钻孔甲虫的黄蜂，来在至少七个咖啡生产成员国中控制咖啡浆果蛀虫的虫害。

病害

不幸的是，咖啡虫害并没有天敌，在很大程度上仍是靠化学控制。尽管杀真菌剂并不像杀虫剂和除草剂那样对生态有害，但所有的化学药剂都是昂贵的。咖啡植物病害的最佳控制方法是谨慎的检疫，但是这并不容易执行，特别是考虑到频繁的国际往来。

最糟糕的咖啡植物病害之一是叶锈病（Hemileia vastratrix）。该病害首度被报道是在1861年的非洲；到了1870年，它已经完全摧毁了盛产茶叶的锡兰的咖啡产业。致命的叶锈病迅速蔓延到世界各大洲的咖啡种植园中，虽然一些国家到目前为止一直幸免。人们认为叶锈病是由孢子附着在旅行者的衣服上从一个国家带到另一个国家进行传播的，特别是通过做咖啡贸易的人。这种病害对于阿拉比卡咖啡树的打击是致命的，而罗布斯塔咖啡树却能抵御它。

土壤中的真菌会导致另一种毁灭咖啡的疾病——维管束真菌病，也称为血管真菌或咖啡枯萎病，对此，罗布斯塔比阿拉比卡更加敏感。事实上，正是这种疾病在19世纪40年代几乎摧毁了象牙

上图：叶锈病。

海岸各原始咖啡种植园中的利比里卡咖啡树，之后象牙海岸成了罗布斯塔的主要种植地和阿布斯塔的开发地。在刚果民主共和国，咖啡产量自 1994 年以来持续下降，就是受了这种疾病和内部部落战争的影响。

另一个影响阿拉比卡咖啡树非常严重的疾病是浆果疾病（由咖啡浆果病原菌导致）。这也被称为布朗枯萎病或红疱。浆果疾病是一种真菌引发的，于 19 世纪 20 年代在肯尼亚首次被发现，能随着它的载体象鼻虫一起攻击咖啡树。溅起的雨水，甚至前作物也可以传播疾病的残留物，疾病袭击咖啡浆果，对绿色的咖啡浆果造成巨大的损害，使其变黑甚至腐烂。杀真菌的喷雾只能在某种程度上控制咖啡浆果疾病，但不能治愈，因此控制这种疾病是杂交研究的主题。

杂交是对付咖啡病虫害比较有效的办法。作为一个品种，容易受到特定的害虫或疾病攻击，而和另一种天然耐病的品种杂交，则有希望抵抗特定的病虫害。尽管杂交可能最终使咖啡疾病消失（到目前为止看到的更多的是风味的消失），但有一类咖啡敌人，所有品种对其都是脆弱的。这就是自然灾害，它困扰着许多咖啡种植地区。

自然灾害

由于种植咖啡所需的特定的气候和土壤，所以种植园有时会位于相对不稳定的火山的斜坡上。不管活跃与否，火山都在地质不稳定地区存在，正如 1999 年 1 月那场可怕的地震，冲击了亚美尼亚的哥伦比亚咖啡种植中心，类似的灾害在 1988 年也出现过。事实上，自 1972 年以来，墨西哥、菲律宾、巴拿马、哥斯达黎加、危地马拉、尼加拉瓜都遭受过地震的破坏。

飓风是热带地区特有的灾害，几乎所有的热带岛屿和狭窄的中美洲地峡国家都遭受过严重的热带风暴。在 1988 年，尼加拉瓜超过 30% 的作物由于飓风米奇而损失，其中只有 10% 是因为泥石流冲毁了树木，剩下的则是因为加工工厂的道路无法通行而导致咖啡浆果腐烂。

潮汐或海啸比飓风更罕见，但是同样具有破坏性。例如，1988 年的巴布亚新几内亚就见证了波浪巨大的力量。

尽管没那么戏剧性，但是某些国家的确严重依赖咖啡作物。还有一些更普遍的灾害，如干旱、饥荒、恶劣

下图：霜冻摧毁了巴西的大片咖啡。

天气（如1998年10月在巴西的圣保罗下得很大的冰雹，这在很大程度上被世界其他地区忽视了，因为它只破坏了大约100,000袋咖啡）。当然了，引起整个世界咖啡价格混乱的最大敌人是霜冻。

霜冻是巴西咖啡作物的克星，但它可以发生在高海拔的、热带的、生长最好咖啡的任何一个国家。仅仅一个晚上的严寒就可以对咖啡作物造成巨大的伤害。一次真正厉害的霜冻能彻底杀死树木。考虑到几年的劳动力和种植园成熟的咖啡树的成本投入，再看到在短短几小时的寒冷天气中一切都化为乌有，必然是令人心碎的。

采收与处理咖啡

咖啡种植园并不仅仅是种植和收获果实。当咖啡浆果成熟时，它们必须马上被摘下来，一棵树的果实同时成熟并不常见。在大多数的阿拉比卡咖啡种植区，成熟的果子将被认真地摘下并放入采摘者的篮子里，其重量决定了采摘者的报酬。在平滑地形和矮树群的区域，一天下来可以采摘100公斤成熟的果子。随着越来越多的咖啡浆果成熟，相同的树将在不同的日子被采摘。

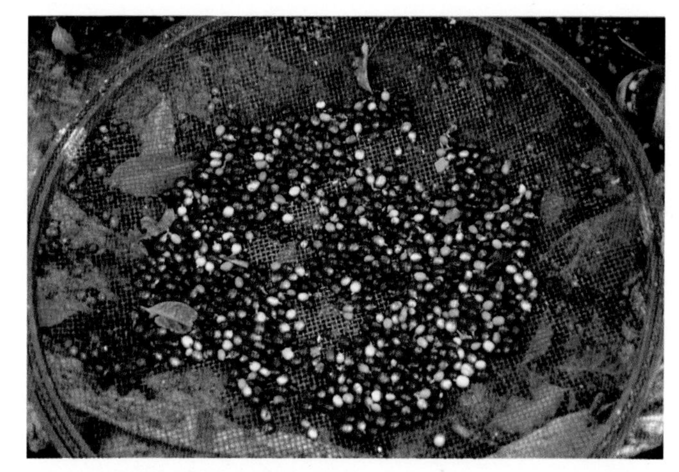

上图：筛选浆果时需要一个很大的筛子，把采摘下来的所有东西都倾倒在上面，然后挑出所要的咖啡浆果。

当大部分咖啡浆果成熟后，收割者将“剥捡”整棵树，通过他或她的手指滑向树枝，使所有的咖啡浆果——不管成熟与否——全部落地。另外，一台大型收割机将会慢慢驶往一排咖啡树下，然后旋转机械臂，将松弛而又成熟的果子打落到地上。收割机主要用于巴西那些树木种植间隔很宽的、巨大且平坦的牧场（不动产）。

落在地上的浆果必须被耙在一起，由工人们通过使用大型的筛子多次“筛选”：树枝、树叶、浆果和灰尘被同时抛到高处，工人就像一名魔术师那样，让重量轻的物料被风吹到一边。手剥和机器收割的主要问题是，许多咖啡浆果还不到完美的成熟时机；未成熟或过熟的咖啡浆果必须被额外分类，否

上图：在爪哇岛的山地地区，人们出发去手工采摘咖啡浆果。人们会利用梯子爬到咖啡树的顶部。

则它们将会降低浆果的等级。所有阿拉比卡咖啡浆果将被分类好几次，然后开始手工筛选。手工筛选的初始任务通常由妇女和儿童来完成。

咖啡浆果

咖啡果之所以被称为浆果（cherry），主要是因为它和樱桃（cherry）的大小、形状和颜色相同。在亮红色的果皮下面是果浆，一种甜甜的、黏稠的黄色物质；果子的中心，更加黏糊糊的黏液围绕着咖啡豆，也就是种子。通常每个浆果中有两颗咖啡豆，我们面对着彼此，就像花生的两瓣。豆子表面有一层非常薄且半透明的膜，被称为银皮。每颗豆子（及其银皮）包裹在一个很硬的、米色的保护壳中，被称为含内果皮，或是佩加米诺（pergamino），它使豆子和黏液分开。如果豆子要作为种子来种植新的咖啡树，就必须保持含内果皮。

处理浆果

收获之后的一步是把咖啡豆从浆果果肉里取出来，通过洗（湿处理）或是未洗（干处理）的方式。干处理是一种分离方式，多用于水或是装备短缺，即或二者皆缺乏的地方。因为大多数罗布斯塔和低质的阿拉比卡咖啡都是干处理的，所以很多人，包括专家，都错误地认为任何经干处理或“自然”的咖啡，一定就是劣质的。其实不然，大多数埃塞俄比亚的上等阿

左图：一位巴西的筛选工人把筛子扔向空中，希望甩掉所有的废物，只留下咖啡浆果。

拉比卡咖啡也都是干处理的，这其中一部分是世界级的咖啡；几乎所有的巴西阿拉比卡都是天然的或者干处理的；还有一些超级光滑、香甜饱满的桑托斯咖啡豆也是干处理的。

干处理 从描述来看，干处理似乎不需要水。但实际上，干处理的第一步便是清洗新采摘的浆果。在这第一步中，还要筛去劣质的浆果，例如有飞蚊症的浆果、因虫害而有缺陷的浆果和过熟的浆果都要在这个阶段被挑选出来。筛选后的浆果一般晒在天井里、席子上或其他一些平台上，然后被手工打磨三个星期。在此期间，应避免任何在夜间凝结的露水或雨水。

干处理在干燥地区较为普遍，最后的阶段会通过热力机来完成。当浆果中的水分含量只有约12%时，它们就被收起来储存在筒仓中，

左图：印度尼西亚的工人正在挑选咖啡浆果。

上图：在肯尼亚，大量的咖啡浆果晒在露天的地上。

或被送进最后的加工轧机中，这些可能是在政府的控制下进行的。

从这个角度来看，清洗的豆子和未清洗的豆子的加工过程是相同的——抛光、筛选和分类，这些过程通常要用到更复杂的设备，包括电子分选机等；然后分级和装袋；最后，装着绿色（仍未经烘焙的）豆子的袋子可能被存储，也可能被出口。

湿处理 湿处理系统要昂贵得多，因为对设备、劳动力、时间和水有更大的需求量。新鲜采摘的咖啡浆果在开始发酵前，会被放入大的水缸中清洗；之后会被水流带入大的水槽中，以便和流水接触，使果皮更加松弛。咖啡浆果在这里失去它们的果皮和一些果肉，但是流水中的豆子仍然有含内果皮和大量黏液，通过各种筛子和水闸，进而根据其尺寸和重量，咖啡豆被加以分类。

最后，豆子被装到了一个发酵罐里，在历时36小时的浸泡后，任何剩余的黏液都被自然酶分解了。发酵是监视和控制，因为它必须只除去黏液而不激出咖啡豆本身的味道。带有含内果皮的咖啡豆一旦脱离了黏液，会被冲洗、排水和晒在天井或阳台下，然后在阳光下晒干。

接下来是干燥的过程。带壳的豆子会被倾斜翻转一到两个礼拜，或者进入低温干燥机，直到它们的水分含量降至11%~12%：最后阶段是至关重要的，因为在干燥过程中咖啡豆会变得脆弱，它们会失去质量；过度干燥也意味着在随后的脱壳中，右图：咖啡豆捣碎后，再根据大小和重量分级。

咖啡豆易遇到不必要的发酵、真菌、细菌等问题。带壳的豆子大约存储一个月，而在受控的环境中可以存放几个月。当出口迫在眉睫时，含内果皮会在脱壳的过程中被顺带去除——不管干处理还是湿处理，这一步都是一样的。

右图：经过浸泡和制浆等几个阶段以后，带皮的咖啡豆就需要经过冲洗和排水了，再大批量平铺在阳台或是网状平台上晒干。

咖啡的分类和分级

咖啡出口国通常会成立或委托一个部门或机构来设立出口标准，监管咖啡贸易，通过质量管理检查人员来评定咖啡品质。很多国家直接设立咖啡委员会来监管，另一些国家则在农业或工商部门下设立协会负责监管。

咖啡的分级

令人遗憾的是，由于每个咖啡生产国的质量分级都有着自身的独特性，所以尚未形成国际通用的分级标准。自袋中取出样本豆，依照所在国家的标准加以评定，然后整袋的咖啡豆便据此标上一个质量评级——好或坏，视评估结果而定。分级特征主要包括：外观（大小、一致性、色泽）；每份样本中的瑕疵豆数量；味道与豆形；咖啡豆是否经过良好且均匀的烘焙处理。由于各国所分等级和所用术语不尽相同，所以品质标准都依其国内咖啡情况而定；若缺乏产地国的分级系统，则很难说明咖啡的真实品质。但有一个参考标准是相通的：所有国家都用标准的筛子衡量咖啡豆的大小，这样买主就不必去猜测生产者所提供的咖啡豆的大小了。

上图：挑选湿处理的咖啡豆是有技巧的。

一种咖啡的命名可能会带有异国风情或地方特色。可能会以处理方式来分类（水洗式或非水洗式），也可能会有一个描述性的名称，或仅为一两个字母，后面还跟着一个数字。在某些咖啡业国有化的国家里，分级制度毫无创意。例如在肯尼亚，一袋咖啡豆可能就叫做水洗AA，再用一个数字来表示品质的级别。但这种听起来普通的咖啡却被大部分专家一致认为是世界上最好的咖啡之一。然而在印度，一种A级种植咖啡——假设为水洗的，因为干处理的咖啡豆被称“浆果”——是最好的咖啡之一，但不与肯尼亚的同属一类。然而，印度最近变成了一个自由市场，所以大家仍在观望它会采用何种分级制度。

大部分加勒比地区和中美洲国家则以海拔来表示品质，如：哥斯达黎加东部地区出产LGA（大西洋低处生长）、MGA（大西洋中处生长）与HGA（大西洋高处生长），而西部斜坡则生产HB（硬豆）、MHB（中级硬豆）、GHB（优级硬豆）与SHB（极硬豆）；咖啡豆硬度越高，生长所处的海拔高度就越高，也就越贵。在哥斯达黎加最好的咖啡种植园中，可以在其咖啡豆袋子上贴标签以及标记种植海拔。哥斯达黎加与尼加拉瓜也均使用具有异国风情的地方名字给咖啡命名。尼加拉瓜同样以像中布宜诺·拉维多（Central Bueno Lavado）（MG）、高处生长的中阿尔图拉（Central Altura）、中埃斯特里克塔曼特阿尔图拉（Central Estrictamente Altura）（SHG）等咖啡名称来表明咖啡的质量等级与种植海拔。危地马拉的咖啡却因为以海拔高度命名而更让人感到某意义模糊不清，修饰词听起来只不过是描述性的，只是表明海拔高度从700米上升至1700

上图：专业的分级师傅利用大小分类器分级咖啡豆。他们正费力地把豆子放在相应的漏洞里。

米；咖啡豆则被分为优等水洗豆、特优水洗豆、上等水洗豆、特等水洗豆以及半硬豆、硬豆、特级硬豆和极硬豆。

国家分级制度 各个国家都用独特的方式来标示不同品质的咖啡。例如在巴西，人们会根据品种、出口港（桑托斯，巴拉那等）给每袋咖啡分类，还会通过瑕疵豆筛选条件分类，例如NY（意思是“用美国人理解的方式计算瑕疵豆”）还会标准3（意思是“平均每300克样豆会有12个瑕疵豆”；石头和小树枝都算瑕疵）。巴西的分级标准还包括豆型、大小、色泽、密度、形状、烘焙潜力、品质试杯、加工方法、采收年度以及批号。

埃塞俄比亚有着真正的供贵族享用的世界级咖啡，但却谦虚低调，只是简单依据加工方式、产地名称以及瑕疵数量分成1~8级。哥伦比亚的分级则更加简单：每个袋子都标示产地名称，然后按大小分类，例如特高级豆是较小版的苏帕摩。

印度尼西亚最近改变了早期荷兰式的分级制度。现在的分级法是：R = 罗布斯塔，A= 阿拉比卡，WP = 水洗法，DP = 日晒法；分为六个等级：1级~2级为高级，3级~4级为中级，5级~6级为低级。等级后的AP指经过抛光去除银皮，L、M和S代表咖啡豆的尺寸大、中、小。例如，“R/ DP Garde 2L”指用日晒法、大粒、高品质的罗布斯塔咖啡豆；“A/ WP Grade 3 /AP”指中品质、抛光去银皮、水洗式的阿拉比卡咖啡豆。

下面的术语表中列出了一些咖啡贸易中用来描述特定咖啡豆及其特性的术语。有时候会有多种解释，这是因为根本没有标准化的术语，因此说明会有所差别，甚至相互矛盾。

分级术语

虽然下列术语的意思在每个国家可能都有些不同，但这些是被普遍接受的定义，可以使你清楚地知道如何把咖啡豆的样本区分出来。

上图：黑豆。

黑豆：受到昆虫蛀食、采收前掉落地面的枯死果实，已分解、过熟或遭金属污染的豆子。

粗豆：豆子大小介于中粒豆与大粒豆之间。

破豆：因过分干燥而易碎的豆子，在脱壳时很容易破碎。

褐豆：在阿拉比卡咖啡豆中，这代表过度成熟的、过度发酵和发酵不足（略带褐色）的，或未朽的、未先洗过的咖啡豆。

变色豆：具有不正常色泽的豆子（阿拉比卡豆：绿色、蓝色；罗布斯塔豆：卡其色、淡褐色、淡黄色）；这表示处理过程不佳，可能会有不良气味。

象耳豆：畸形果实内有一粒大豆子包住部分小豆子；这两粒相连的豆子在烘焙时

上图：过度发酵的咖啡豆。

会分开，但香味不受损。

象豆：马拉戈日皮变异种咖啡豆的俚语，是世界上最大的咖啡豆；通常因其外观、烘焙良好且具有温和的味道而受到青睐；但因获利性差而渐渐消失。注意，不要与畸形的象耳豆混淆。

漂浮豆：未成熟、过度成熟或呈褐色的豆子；水洗时会因密度低而漂浮在水面。

赤褐色豆：没有香味的豆子，会出现红色调；有可能过度成熟、过度发酵（太久未去皮）；具有黄色果实；受到冻害的豆子。

硬豆：很常见的阿拉比卡咖啡豆，对某些出产最佳品质"极硬豆"的国家来讲，这种豆的生产海拔较低；然而，不要与"硬（hard）"的味道混淆。

带壳豆：经干燥处理的咖啡豆在去壳之前，已经去除了包着的干果皮的豆子。

干燥处理的豆子：指水果味太重、味道浓烈、有酸味的豆子。

上图：受到害虫侵蚀的咖啡豆。

天然豆：指经过干燥处理的咖啡豆。

淡色豆：咖啡果实未成熟或遭受旱害，色泽偏黄。烘焙过程中也无法变成理想的深色，其令人不悦的坚果味会感染整批豆子。（见浅淡色豆）

带有含内果皮的豆子：具有保护性的覆盖物（含内果皮）包在豆子外面。含内果皮必须完整咖啡豆才能发芽。也称为带外皮的咖啡豆。

去除含内果皮的豆子：水洗咖啡豆在去壳前就已去除了含内果皮。

圆豆：又称perle,Perla, caracol；一粒小果实内只有一粒小圆豆（畸形）；经分类收集，所以价格也比正常豆要高，即使是同一棵树所产。

干果皮豆：脱壳后仍带有外干果皮，造成样本的瑕疵。

上图：被捣碎的咖啡豆。

去皮机夹断的豆子：去皮过程中受伤的咖啡豆，其外观会降低质量的评定。

浅淡色豆：与淡色豆相似，但不是果实未成熟所造成的，尽管这两个术语有时会通用。

粗糙豆：因干旱而发育不全的咖啡豆。

臭豆：过熟的、过度发酵的或受到昆虫或微生物侵蚀的咖啡豆。挤压时，豆子有强烈的腐臭味、酸味。人眼是察觉不到的，在电子分类机的紫外线灯光下会发亮。会污染整批咖啡豆。

极硬豆：种在最高海拔的高品质阿拉比卡豆，豆子密度可以浓缩风味。

极高海拔豆：与极硬豆在相同情况下的不同分级术语。

级外：最低等级的咖啡豆，不能外销，只能被剩下，就好像工厂的金属屑。

非水洗：日晒处理的咖啡豆。

水洗：水洗处理的咖啡豆。

黄色豆：阿拉比卡豆，过度干燥的咖啡豆呈现出的色泽。

品味咖啡

咖啡的品尝，是一种在品味咖啡时感官上的评价。它评价的内容远远不止咖啡浓度，而是将咖啡的香气、味道和“感觉”全都包括进去了。香气和味道两者是相互依存的，并且在评价咖啡时也是很难区分的。当然，也有些咖啡品尝起来却不像闻起来那样香浓。但是一般来说，味道既可以解释成咖啡的香味也可以解释成咖啡的味道，香味是一种跟随味道的指示。咖啡总共分为四种基本的味道——咸的、甜的、酸的和苦的——大部分特别的味道都被包括在这四种基本味道之中。感官上对咖啡的评价，还包括对咖啡口感的评价，也就是咖啡在口中的厚重感 、丰富度和质感。

咖啡豆向来是按照市场的规定来分档次的，但是在其起源的国家中，咖啡在分档次时候都已经被品尝完了，然后才被出口到其他重要的国家。

评价口味

首先，准备好样品和所需的用具：用于盛咖啡的一模一样的咖啡杯、咖啡样品和测量用量、一只空杯、一个传统银勺（大小形状与汤勺类似）、一杯用来清洗勺子的水、淡味饼干、一个水壶或一个痰桶、一桶热水（温度不到沸点）。

- 一次要至少品尝两杯以上的咖啡，以便相互比较、参考。
- 磨咖啡的机器要中等型号的（用咖啡过滤器磨），如果咖啡已经连续在过滤器里磨过了，就更换一个干净的过滤器，并且要在换样品之前将过滤器擦干净。
- 如果要真正对比咖啡的味道，那么对于所有的咖啡样品，烘焙的程度要尽可能地相同；如果品尝咖啡只是简单地想去选择喜欢的那一杯，那就随心所欲地品尝每一杯咖啡，并且不必顾及咖啡的风格和烘焙程度。咖啡烘焙得越浅，它所呈现出的味道就越独特；如果咖啡烘焙的程度足够深，那么所有的咖啡品尝起来都是一样的味道，并且很容易掩盖咖啡本身的缺点。在咖啡烘焙得比较深的时候，它品尝起来就不会那么酸，但是因为酸性是评价一杯咖啡的质量和价格的主要参考标准，所以让咖啡昂贵的酸度在烘焙器

下图：专业的咖啡品尝者和煮好的咖啡样品。

里消失不免有些可惜。

• 需要称出相同量的干咖啡并放于每个杯子中，加入大约150毫升的水，把8克一勺的干咖啡堆在上面。闻一闻干咖啡，并观察记录下任何有关干咖啡香味的有用信息。一般的建议是把咖啡排成一排，要将口感比较强烈的咖啡（特别是罗布斯塔）放在最后品尝。

• 将等量的、低于沸点的热水倒进每个杯子。不要搅拌它，过几分钟之后，把杯子倾斜过来，闻有大量漂浮物的表面的气味。

• 弄散那些咖啡漂浮物（浮在咖啡杯表面的东西），用尝味道的勺子透过表层的漂浮物放入咖啡杯中，再一次倾斜咖啡杯，近距离地去吸入这杯咖啡的香味。你可以拿起勺子，闻一下表层咖啡漂浮物和杯子底部液体的味道，这个动作有助于尽可能地沉淀表面的漂浮物。

• 用勺子轻轻地撇起任何残留在咖啡表面的漂浮物，并把它们舀到空杯子中。（把尝味道的勺子在清水杯中浸一下，这样会把残留在上面的咖啡漂浮物给洗掉）

• 舀半勺咖啡，把它放在嘴唇边，嘴巴做出吸入的这个动作，这样会有大量的空气进入嘴中，发出声响，这时候尝试着留点空气在口腔的后部。嘴巴会发出嗖嗖的声音，几秒钟之后，把液体吐掉，并做一些对比的相关记录。浸一下勺子，然后继续品尝下一杯咖啡。

• 试着在同样的温度下去品尝所有的咖啡，并且每个杯子要相互紧密地排列。一旦咖啡变得有点凉了，要再一次品尝它们，这样就会发现它们的口味有微妙的变化。

咖啡品尝者的术语

这一部分看起来可能会让人有点气馁，但是请记住那种你心目中的好咖啡的口感、香味和口味。选择一杯你喜爱的咖啡，并细细品味。也可以去感受那些并不是这杯咖啡应有的味道，并且把它和泡得好的咖啡进行对比，看看不同的地方到底在哪里。

酸味 是咖啡比较向往的一种质感，是马上能在嘴边察觉出来的一种味道，表明了咖啡的质感和生长的海拔高度。它可能带点水果味（柑橘味、柠檬味、浆果味等），或者是一种纯粹位于舌尖部分的麻木感（例如哥斯达黎加、肯尼亚、墨西哥咖啡）。

回味及完成阶段 口感仍然留在嘴中，即使你早已放下了咖啡杯。有时候，你会惊喜地发现萦绕口腔的余味与实际的咖啡味道有所不同。

芳香 咖啡有着浓厚的、

上图：咖啡基本的味道是由口感，芳香和口味组成的。

令人神怡的香味（比如说夏威夷、哥伦比亚、牙买加、苏门答腊产咖啡。）。

灰尘 咖啡带着冷冷的壁炉灰的味道（香味）。

涩味 这种口感的特点就是“画出”舌头与味蕾，通常出现在你品味咖啡之后。

苦味 感觉到的最基本口味主要体现在嘴巴靠后的部分，也就是软腭处，通常作为回味咖啡之用，有时候会达到比较极端的程度（如烘焙得很深的浓咖啡）。不要和咖啡的酸味相混淆。

黑加仑鲜果咖啡 口味使人回想起黑加仑或是樱桃；具有一些咖啡的酸味，但是带有比较强烈的色彩。这种口味并不会在柑橘味或者酸味很强的咖啡中品尝到；但也并不是一个贬义词。

浓度 意味着对咖啡质地的感觉或者是液体在嘴中的厚重感。轻盈的口感意味着水分较多（就像成熟的阿拉比卡咖啡）；口感重则意味着浓厚的咖啡，就像苏门答腊、爪哇岛所产的咖啡以及大部分的罗布斯塔咖啡。

清汤咖啡 在一些东非国家的咖啡中的一种非常神怡的咖啡口味，与清汤非常相似，就像肉汤，通常伴随着淡淡的柑橘口味。

黑咖啡 咖啡的口味和香气像碳一样，咖啡豆被烘烤成焦炭状，属过度烘焙。

焦糖味 甜甜的口味使人回想起焦糖，但味道有点区别，更像是棉花糖。

谷味 口味就像未加糖的谷物或者燕麦片，有时候能在烘焙不完全的罗布斯塔咖啡中尝到，无味且不怎么讨人喜欢。

芝士味 十分强烈的一种口味，有点酸的芳香气味，就像凝住的牛奶或者芝士。

化学味或药品味 一种不自然的咖啡味道，会让人想到变质的咖啡。

巧克力味 口味使人想起在多种作物里找到的巧克力（例如澳大利亚、新几内亚和埃塞俄比亚的咖啡）。

柑橘味 具有比较高的酸度，这种口味会使人联想到柑橘水果，代表了品质和高海拔种植。

纯味 一种单纯的咖啡味道，在口中不会扭曲与改变，也没有不同的余味（哥斯达黎加的咖啡是一个很好的例子）。

泥土味 这种咖啡尝起来

右图：烘焙咖啡是咖啡泡制的起点。

就像在咖啡豆中渗入了泥土的味道。

干涩味 酸味的一种特定的形态和口感，但并不是如品酒那样与甜相反。通常伴随着淡咖啡或者是温润的咖啡，比如说墨西哥、埃塞俄比亚和也门的咖啡。

灰烬味 喝起来和闻起来都像灰烬一样，但与泥土的土质味道不相同。

土质味 其香味和气味令人想起潮湿的黑土——有机的、富含菌类的，有点像地窖的味道（可以在爪哇或者苏门答腊"出错"的咖啡中尝到）。

花香味 这种咖啡豆有股非常新鲜的味道，像花朵一样，具有迷人的香气，就像花朵味的香水。

水果味 这种口味通常能在比较好的阿拉比卡咖啡中尝到，能使人想起多种水果：柑橘、樱桃、红醋栗等，总是带有一定程度的酸味，这通常是好的，但也可能表示过度成熟或过度发酵。

野味 不寻常却有趣的味道，通常能在干燥处理的东非咖啡中发现（比如说埃塞俄比亚的季马），会使人想起芝士，但不酸，也不是贬义词。

草味 生涩的芳香气味，就像刚修剪过的草坪，有时候出现在马拉维和卢旺达的咖啡中。

生咖啡 未成熟的水果或植物的芳香气味，就像绿色的树干或者枝叶折断时发出的味道，可以体现烘焙不足。

硬质味 是一种味道，不要与硬豆混淆了。就味道来说，硬表示缺乏甜度与温和。

刺鼻味 强烈的、使人不愉快的、辛辣的或者"锐利的"味道；用来形容里约热内卢的咖啡，它具有类似碘的味道。

皮革味 气味和口味像动物的皮毛、没有加工过的皮革或是新皮鞋的味道。

柠檬味 酸度很高的咖啡，口味带有一种淡淡的柠檬味，比如说肯尼亚的咖啡。

淡味 浓度淡的咖啡，程度从低到中的酸味使人感到舒适。一些墨西哥、洪都拉斯和圣多明哥的咖啡能呈现出这样的特征。

麦芽味 味道非常像发芽的大麦。有时候混有巧克力的味道，而有时候只是单纯的麦芽味。

柔和味 咖啡口感柔和，并带有舒适的低酸度。

金属味 锐利的咖啡味，酸味有点轻微的偏差。例如一些尼加拉瓜咖啡会有这样的过度金属感。

摩卡味 阿拉比卡咖啡的名字是以也门的旧港口命名的，现在也与埃塞俄比亚的哈拉咖啡有着联系。这与巧克力没有任何的关系，虽然摩卡味的咖啡饮料意味着咖啡中带着巧克力的味道。

霉味 口味不合适地显得干燥、发霉，一般不受人喜爱。

中性 温和的咖啡，非常低的酸度（不是贬义的），口感也没有变味；咖啡中的各种滋味能很好地融合在一起（通常形容普通的巴西阿拉比卡咖啡）。

坚果咖啡 很舒适的一种口味，使人想起坚果，通常是花生（一些牙买加的咖啡具有此特征）。

纸味咖啡 味道和香味特别像干燥的纸，也与尘土的味道有些相似。

碳酸咖啡 口味和香味与医药味有点相似，以至于会令人通过嗅觉想起酚类药品。

变味或变质　这是一种变质油腻的咖啡，就像变质的坚果或者橄榄油；让人感到十分恶心，闻到后会不由自主地呕吐。

里约味　这是一种带有碘味、墨味的咖啡，由变质的咖啡豆所散发。在土耳其、希腊和中东地区，非常喜欢煮这种传统的咖啡。

圆润咖啡　整杯咖啡十分均衡，没有一些很突出的特征，这也意味着口感舒适丝滑，一点也不尖锐。

橡胶味　香味和味道使人联想起轮胎、车库，通常可以在罗布斯塔咖啡中尝到。

咸味　四种基本味道类型中的一种，经常会在咖啡中尝到，也用来表示混合咖啡中有菊苣。

烟味　木材烟的香味，在某些咖啡中发现的一种很好的属性，比如说一些来自危地马拉的咖啡，有时候也能在一些印度尼西亚的阿拉比卡咖啡中发现。

平滑的　口感并不尖锐或苦涩，而是可口的，有时候还带有葡萄酒的香味。

柔润的，非常柔和的　咖啡的酸度很低，醇香甜美，口感舒适（可能和意大利葡萄酒的口感很相似）；比如巴西的桑托斯咖啡。

发酸的　发酵过度的，带有难闻的“脏袜子”的味道。

辛辣的　香料的气味和味道，可能有甜味或者辛辣味，在某些咖啡中能尝到，比如说爪哇岛、津巴布韦、危地马拉的一些咖啡，或者形状不规则的也门和埃塞俄比亚的咖啡。

茎秆味　这种口味会使人联想起干的蔬菜或者其他茎秆类植物的味道。

恶臭味　腐臭的味道，表示可能被“腐烂的”咖啡豆污染了。

香甜味　令人愉悦的、香醇的、合适的口味；有时候用来形容低酸度的咖啡，但也可以在高酸度的咖啡中尝到。

薄的　用来表示咖啡的醇度和酸度或者口味不相当的术语。可能是由于兑水不均匀，口感缺乏香味。

烟草味　味道具有未点燃的咀嚼类烟草的特点。

松脂味　闻起来或者尝起来有种化学物质的味道，很像苯酚类物质的味道。

全面的，均匀的　在酸度、醇度可能还有气味上，这杯

左图：更深地烘焙咖啡样品可以掩盖其他你所不想要的特征，这些特征是不属于高品质的咖啡的。

咖啡会给人一种混合在一起的、非常好的口味。

狂野的 用来描述埃塞俄比亚和也门咖啡的术语——它表示独特的、易变的并且让人好奇的；有时候用于辛辣的或是古怪的、刺激的混合味道。

葡萄酒味 结合了轻微的果味，口感很滑腻，有种很真实的葡萄酒味，是一个应该谨慎地使用以表示咖啡酸度的术语；更适合用来指那些有葡萄酒的感觉（不单是味道）的咖啡（一些肯尼亚咖啡的余味；一些埃塞俄比亚哈拉咖啡、也门的或其他很多不同的咖啡中的味道）。

木头味 在某些咖啡中尝到的独特味道，属于那种枯死的（表示咖啡豆被存放太久了）或者新鲜的木材的味道，像新锯下来的木屑，不是很讨人喜欢。

烤面包味 发酵后（未经烘焙的）或者轻微烤了一下的面包的味道。

咖啡生产国

如今，由于快速发展的通讯技术和便利的交通，世界正变得越来越小，任何事物都远在天边，近在眼前。但是，咖啡的产出和贸易似乎仍循着殖民时代的旧路子，这在今时今日就显得不太常见了。这主要是因为各咖啡消费国的口味都各不相同。这些口味是从殖民时期就遗留下来的。有些生长在殖民地的咖啡树是土生土长的，而有些咖啡树则是根据宗主国人民的消费口味特地种植的。

咖啡作为一种特别有商业价值的作物，常常被一些殖民地国家引入并大量种植。例如，大多数法国人爱喝罗布斯塔咖啡。而罗布斯塔咖啡被大量地从西非国家进口至法国，原因就在于当时因为地理条件的关系，在离法国较近的西非国家大量种植了此种咖啡树。

英国东印度公司虽然在

上图：每年全世界的咖啡贸易量超过了 8 千万袋。

右图：一条帮助您熟悉咖啡种类的捷径就是熟悉咖啡的产出国，并把这些产出国分为四个主要区域。本书把咖啡的生产区域主要划分为非洲、中美和加勒比海地区、南美和南太平洋以及东南亚地区。

本地图同时反映了主要的咖啡种类，例如有阿拉比卡咖啡、罗布斯塔咖啡、阿拉比卡咖啡和罗布斯塔的混合种类以及另外一些杂交种类。

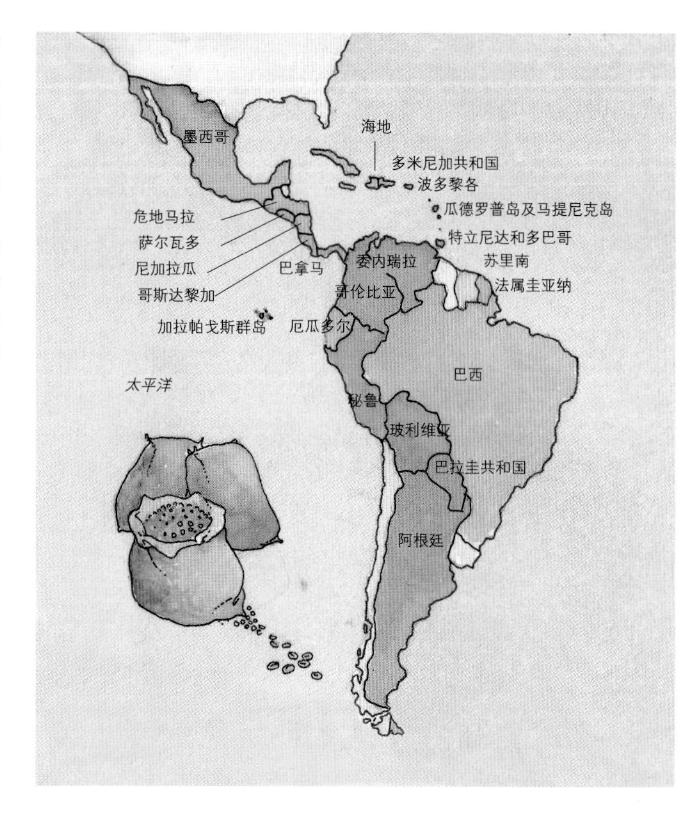

东西方国家之间进行咖啡贸易，但同时也把茶引入了印度和英国，所以在17世纪中叶，英国人更爱喝茶，而不是咖啡。由于18世纪后期一直到第一次世界大战时期，英国的殖民活动主要分布在东非、阿拉伯地区和牙买加，所以英国人消费的咖啡主要来自阿拉伯地区。直至今日，虽然许多英国咖啡企业也进口罗布斯塔咖啡，但是英国人最爱的咖啡仍来自于阿拉伯地区，虽然英国人自己很少承认这一点。

早期的葡萄牙是一个强有力且重要的殖民宗主国。虽然它的许多殖民地早就独立了，但它仍是那些殖民地所产的咖啡的主要输出地。1975年，葡萄牙放弃了对安哥拉和佛得角的统治权。同年，莫桑比克宣布独立，并立即中止了咖啡的种植。而早在1822年，葡萄牙就因为巴西宣布独立而失去了这块殖民地，当然这和拿破仑攻打葡萄牙也有或多或少的关系。

北美大陆是由许多不同的殖民地组成的，并有着“大熔炉”之称。而北美人民喜欢的咖啡种类也相当混杂，包含各种口味。

以下咖啡生产国的咖啡生产数据是本书完成时的即时数据。本文中所指的一袋咖啡是指一袋重达60千克（132磅）的生咖啡，而不管袋子的大小和形状。当然，

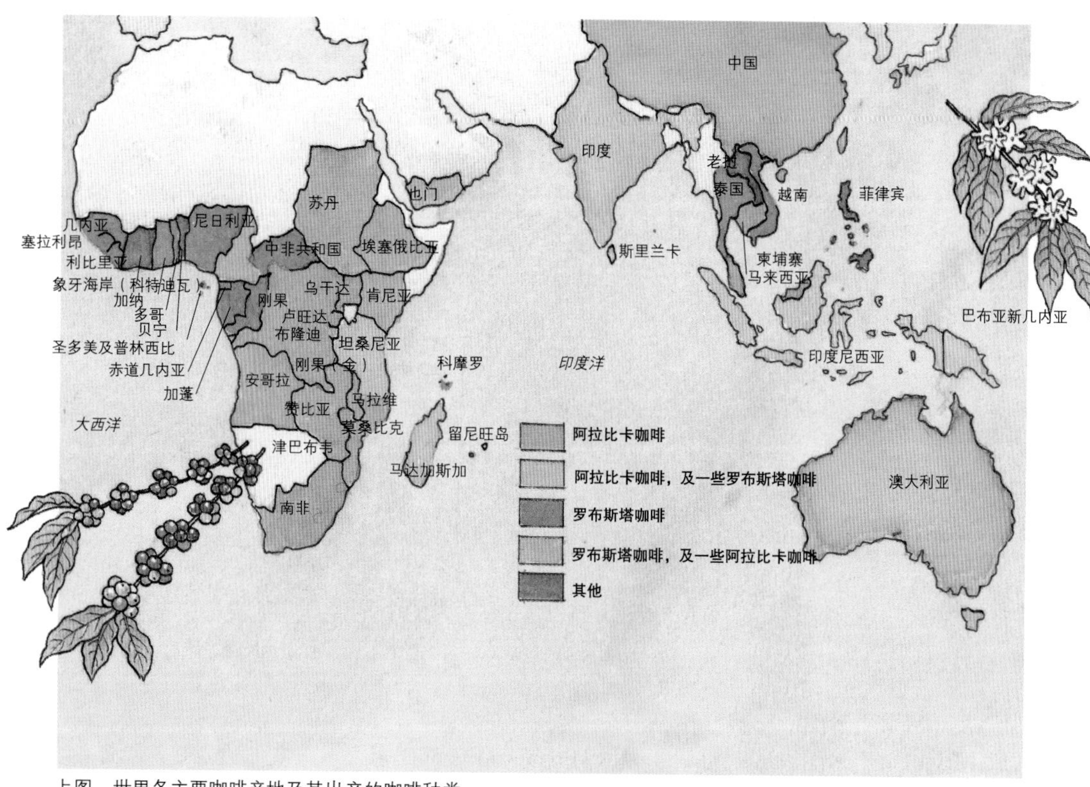

上图：世界各主要咖啡产地及其出产的咖啡种类。

记录的数据和真实的出口数据会有一些出入，毕竟生咖啡在装船海运之前会存放较长一段时间。国际咖啡组织预测 1998/99 年度的咖啡产量是相当可观的，全球总量可达 105,241,000 袋。非国际咖啡组织成员国的数据并未计算入内。

非　洲

作为咖啡的生产地，非洲出产多种最上乘的咖啡。但是，非洲当地严峻的政治、经济和社会形势常常使咖啡的生产和输出受到挑战。

安哥拉

从 18 世纪起，葡萄牙殖民者就开始在现为安哥拉共和国的地方种植咖啡树。虽然罗布斯塔咖啡算不上是名贵品种，但是安哥拉出产的（尤其是安布里什市和安博田市出产的）确实是世界上最好的罗布斯塔咖啡。咖啡豆的筛选非常严格：大小要一致，颜色要相同，而且必须经过干处理。生产罗布斯塔的咖啡树大多生长在靠近刚果河的北部平原上。然而，安哥拉内陆平原的气温比北部的更为温和，1800米（5905英尺）的海拔也相当适合阿拉比卡咖啡的种植。所以在那儿生长的罗布斯塔和阿拉伯咖啡的杂交咖啡品质很高。遗憾的是，由于内战不断，安哥拉的咖啡产量一直不高。在1994年签订停火协议时，咖啡产量已经从1973年的350万袋直线下降到了33,000袋。

贝宁（原达荷美共和国）

从地图上看，贝宁就如一把垂直的钥匙。只有在贝宁的南部——整个国家最湿润的地区，才能种植咖啡。许多南部的农户在巨大的棕榈树之间种上了咖啡树。虽然贝宁的咖啡产量就全世界而言所占比重很小，甚至可以忽略不计，但是它每年出口的咖啡量却超过了生产量，因为许多咖啡从尼日利亚被走私者偷运到了贝宁。

布隆迪

对于这个故步自封的非洲国家来说，咖啡给当地人民带来的财富比任何其他商品都要多得多。布隆迪出产高品质的阿拉比卡咖啡，但这儿的人民却只消费不到产量的百分之一，因为他们更愿意把咖啡分装好出口赚钱。这里出产的咖啡豆有着特别的酸味和饱满的颗粒。但是国内部落纷争不断，给布隆迪未来的咖啡经济蒙上了一层阴影。

上图：布隆迪出产的顶级生咖啡豆。

喀麦隆

喀麦隆以出产罗布斯塔咖啡而闻名，虽然在西部的火山地带出产的蓝山咖啡占到了喀麦隆整个咖啡产量的三分之一。这里出产的阿拉比卡咖啡一般都要经过湿处理，曾经甚至可以和中美地区生产的高品质咖啡豆一较高下。而喀麦隆种植的罗布斯塔咖啡一开始是从刚果（金）引入的，现在除了北部的小部分地区外，喀麦隆的大部分地区都种植了罗布斯塔咖啡。

佛得角群岛

佛得角是一个位于非洲西岸的大西洋岛国，同时拥有迎风群岛和背风群岛。佛得角并不是国际咖啡组织的成员国，所以我们并没有佛得角咖啡产量的数据。而葡萄牙人从15世纪以来一直到1975年佛得角群岛宣布独立，一直对当地进行殖民统治。葡萄牙在1790年开始在佛得角地区引入咖啡种植。但遗憾的是，由于干旱，当地沙漠化严重，咖啡种植逐渐减少。种植区域从原来的火山地带转移到了现在的高山地带，处于海拔500~900米（1500~2700英尺）之间。

这儿没有水力发电设备，也没有灌溉设备，水资源显得稀少而珍贵。幸好，西北信风带来的大雾天气给仅有的一些咖啡树带来了甘霖。而这些咖啡树也同时发挥着防护林的作用，很好地防止了水土流失。收成好的时候，佛得角的干处理咖啡会出口，大部分会出口到葡萄牙。而实际上，佛得角的岛民们大多数都是咖啡消费者，他们自己还需要从安哥拉进口咖啡。

中非共和国

中非共和国曾是法属赤道非洲的一部分。中非共和国一直种植的咖啡大部分都出口到法国。意大利是它的另一个重要贸易伙伴。它出产的罗布斯塔咖啡主要是常规罗布斯塔和纳纳罗布斯塔。纳纳罗布斯塔最早是在中非西部地区的纳纳河的河滩上发现的。在这儿出产的咖啡会根据质量和烘焙方式的不同进行分类。但由于中非四面都是陆地，如何将咖啡运出国是一个大难题。最后，咖啡树易患的维管束真菌病最早是在这儿被发现的。

科摩罗

科摩罗由四个小岛组成，位于莫桑比克和马达加斯加之间。科摩罗伊斯兰联邦共和国几百年来一直是法国的殖民地。时至今日，群岛中的马特越岛仍是法属殖民地，尚未宣布独立。这儿的咖啡大多数属罗布斯塔，和许多香蕉树和椰子树一起生长在马特越岛和莫埃利岛上。科摩罗的咖啡豆一般都以手工干处理的方式进行烘干，质量都不算坏。产量的三分之二左右（大概不会超过 1,000 袋）用于出口，科摩罗的 70 万岛民们则消费剩下的三分之一。

刚果

刚果曾是法属赤道非洲的一部分。它由 9 个省组成，包括一部分大西洋海岸线。赤道在刚果的北部三分之一处穿过，所以刚果的气候是典型的赤道气候。刚果种植的咖啡种类为罗布斯塔，且产量逐年上升。与众不同的是，因为生长在这儿的咖啡豆大小相同，所以这里的咖啡豆不需要根据大小分级，而只需要挑拣出有瑕疵的个体即可。

刚果民主主义共和国（即刚果（金））

刚果民主主义共和国的前身是扎伊尔。这里最主要的咖啡种类是罗布斯塔咖啡。阿拉比卡咖啡虽然产量只占全国产量的 20% 左右，但却是该国出口最多的咖啡品种。咖啡树主要种植在基伍湖省高海拔的山地平原区域。这里的地形独特，地面朝大裂谷渐渐高起，并和坦桑尼亚、布隆迪、卢旺达和乌干达隔水相邻。

这里的大部分阿拉比卡咖啡通过湿处理，呈浅蓝色或是蓝绿色，色泽明亮，鲜有瑕疵。基伍湖省出产的咖啡豆颗粒饱满、酸度适宜，特别是马拉戈日皮咖啡是一种当地特有的、特别软的咖啡豆。

可惜的是，刚果民主主

上图：刚果民主主义共和国出产的基伍湖阿拉比卡咖啡。

上图：经济作物。对许多国家来说，咖啡出口带来了大部分的外汇收入。

义共和国的咖啡作物产量在过去几十年间逐年减少。一些大型的种植园纷纷面临经营不善的问题，而品质最优良的咖啡豆出产地常常发生部落冲突。同时，由于地理位置的原因，运输也存在较多的困难。新的政权正试图重建自由的市场经济，重振咖啡产业。

赤道几内亚

对于这个由5个岛屿和一部分陆地组成的西非国家来说，咖啡是仅次于可可的重要农作物。大部分的咖啡作物属于罗布斯塔和大咖啡树种，但也有小部分阿拉比卡咖啡。1968年，被西班牙殖民了190年之后的赤道几内亚宣布独立。但独立之后，政权一直不稳定，咖啡和可可产量都逐年减少，几乎所有的咖啡都出口到了唯一的贸易伙伴国家——西班牙。

埃塞俄比亚

咖啡最早出产于阿比亚尼亚，也就是古时候的埃塞俄比亚。的确，很多埃塞俄比亚村民今时今日仍是在那些野咖啡树上采摘浆果。虽然埃塞俄比亚是一个非常落后的国家，在内战中失去了许多基础设施，长期的旱灾也使国家经济遭受重创，但即使如此，无论在咖啡的产量还是质量上，埃塞俄比亚都是世界上最重要的咖啡出口国之一，每年出口大量世界上顶级的、

上图：埃塞俄比亚的西达摩2级水洗中度烘焙咖啡。

右图：刚果民主共和国出产的基伍湖阿拉比卡咖啡。

只含有少量咖啡因成分的咖啡豆。埃塞俄比亚最好的咖啡产地是斯达摩（sidamo）、卡菲（kaffa）、哈拉（harrar）和威尔拉（wellega）。每一个地方的咖啡都有野生的和人工栽种的。一般来说，野生的咖啡树产的咖啡更有野味，并不属于大众口味。而大部分的埃塞俄比亚咖啡都透着一股柠檬香，精致、纯正、狂野似酒。从外表上来看，埃塞俄比亚的咖啡豆不仅不起眼，甚至卖相也很差；咖啡豆的处理过程也马马虎虎，充满了随意性。然而，这里的咖啡豆却是世界顶级的，最著名的系列包括凶玛（Djimmah）、金比（ghimbi）、拉卡姆蒂（Lekempti）、哈拉（Harrar）（同时包括长豆和短豆，以浓郁的摩卡风味而出名）、利马咖啡和叶尔尕车法（Yergacheffe）。由于埃塞俄比亚咖啡风味独特，所以它并不适合深度烘焙。事实上，深度烘焙的埃塞俄比亚咖啡就意味着那些咖啡豆是筛选后剩下的次品。

加蓬

作为前法国殖民地，加蓬出产的咖啡大多数出口到了法国，剩下的则出口到了荷兰。有趣的是，加蓬大部分的咖啡都种植在南方，而其咖啡产量则高于自身的种植量，这是因为赤道几内亚从两国接壤处走私了大量咖啡豆到加蓬。毕竟加蓬有着丰富的石油资源，所以相比赤道几内亚显得更繁荣些。

加纳

有着“黄金海岸线”美誉的加纳曾是大英帝国的殖民地。加纳出产的可可产量占到世界可可产量的15%，由于可可种植的成本要比咖啡低一些，在一些不适宜种植咖啡的区域，则种植可可。尽管加纳出产的咖啡是最普通不过的罗布斯塔咖啡，但

上图：加纳出产的罗布斯塔中度烘焙咖啡。

上图：埃塞俄比亚凶玛烘焙咖啡。

是也大量出口到英国、德国和荷兰。

几内亚

1895年，罗布斯塔咖啡由法国殖民者从东京[1]引入几内亚，但是产量很小。几内亚共和国（于1958年独立）的气候和土壤使其种植的咖啡口味偏中性。遗憾的是，如今几内亚国内部落之间的斗争、有争议的立法选举和严重的国际债务对于咖啡种植来说都不是好事。有一些几内亚的咖啡被走私到了它的东部邻国科特迪瓦。

科特迪瓦

科特迪瓦是非洲第二大咖啡种植国。该国33年来只有唯一一位领导人，政治局势稳定（目前，这位领导人刚刚把政权移交到另一位有实权的领导人手中），再加上法国这个前宗主国的财政支持和国防支持，所以咖啡产业所需要的人力资源和稳定的环境在这儿都得到了实现。正是由于科特迪瓦的咖啡质量不俗、产量稳定，所以它受到了许多西方国家的青睐，虽然最大的买家仍旧是法国和意大利（有部分科特迪瓦咖啡是从邻国马里和几内亚走私过来的）。一家位于首都阿比让附近的农业研究中心最近开始研究阿拉布斯塔种咖啡（Coffea Arabusta），据称，这将是有史以来最成功的杂交咖啡品种。

肯尼亚

如果单从质量上而不是从数量上来说，肯尼亚出产世界上最好的湿处理罗布斯塔咖啡。咖啡口味和风味一致，这也许是因为肯尼亚成立了咖啡协会，并对咖啡产业进行着严格的监控。肯尼亚咖啡协会制定有各种咖啡等级的标准，甚至规定了包装袋上的各种标签。那些印着“AA”标签的咖啡有着最好的品质，被视作顶级的咖啡。肯尼亚出产的咖啡以带有水果味而出名，偶尔带着柠檬或柑橘的味道，这是因为它的酸性较高。AA级的肯尼亚咖啡豆外形一致，颗粒都比较小、饱满，呈深蓝绿色。但是出口最多的是AB级的咖啡和肯尼亚特有的一种价格昂贵的珠粒咖啡。

上图：肯尼亚出产的（单颗粒）珠粒咖啡。

利比亚

对于一个1980年出口165,000袋咖啡，而目前只能产出5,000袋咖啡的国家，您有什么想说的吗？虽然利比亚出产的咖啡质量不算上乘，但用作普通饮用是没有问题的。美国是利比亚最主要的咖啡输出国，这对于利比亚当地居民来说意义重大。当地人民曾希望培育出杂交的阿拉布斯塔种咖啡，并建造速溶咖啡工厂。但不幸的是，连年的局部冲突导致了利比亚近些年经济的全面崩盘。

马达加斯加

咖啡是马达加斯加最重要的出口作物，虽然马达加斯加同时也是世界上主要的香草生产国。马达加斯加曾

[1] 此处的东京应是指越南北部一地区的旧称。——编者注

下图：科特迪瓦出产的2级罗布斯塔咖啡

是法属殖民地，直到1960年才宣布独立。经过18年深刻的社会变革，马达加斯加现作为一个多党派国家，正试图努力恢复和西方国家之间的贸易联系。罗布斯塔咖啡大量种植在东部的海岸线边，而阿拉比卡咖啡则种植在马达加斯加中部的平原上。总体而言，大部分品质优良的咖啡出口到了法国。马达加斯加计划发展更多的咖啡种植园，毕竟有超过140万的当地居民也有消费咖啡的习惯。而扩大咖啡种植也可同时防止水土流失，毕竟这里有许多世界上独一无二的动植物。

马拉维

1964年，马拉维（旧时的尼亚萨兰）宣布独立，但之后的30年间，这个国家一直受到班达的独裁统治。现在，虽然马拉维转型成了多党政权，但贫穷仍然充斥着这个国家。当然，和以前相比，其经济状况和教育状况都有所好转，这使需要大量人力资源的咖啡产业得到了振兴。当地的一些小型农场在高山平地上种植咖啡。马拉维面临的最大的难题是干旱，但是马拉维人民很有信心，认为马拉维会在不久的将来成为世界上不可或缺的咖啡出口国。

上图：马拉维出产的中度烘焙咖啡豆。

莫桑比克

葡萄牙殖民者把安哥拉作为咖啡的培植地，却在莫桑比克大量种植茶树。所以，莫桑比克种植有大量阿拉比卡咖啡的同时也种植有许多花草茶。1975年，莫桑比克宣布独立，之后又经历了15年的内战，是世界上最贫穷的国家之一。现在，莫桑比克的国家政权不稳定，几百万人接受着国际援助，这使莫桑比克振兴咖啡产业的希望变得渺茫，即便它拥有种植咖啡适宜的气候和土壤条件，同时还拥有非洲第二大港口。

尼日利亚

尼日利亚的咖啡并不出彩。这儿种植的大多数罗布斯塔咖啡品质较差，虽然大多数还是会出口到英国——它的前宗主国。20世纪70年代兴起的石油产业并没有让这个国家好起来，各地军阀各自为政，也阻碍了国家政府长期的农业振兴计划。

留尼旺

这个距马达加斯加805公里（500英里）的火山岛国的主要农作物是甘蔗。曾经，留尼旺的每一位公民都被强制性地要求种植咖啡，随意毁坏植物就会被判死刑，而咖啡种植会直接影响整个国家的经济。留尼旺的波皇岛

上图：新采摘的浆果中既有成熟的果实，又有不成熟的。

出产的波皇咖啡，是阿拉比卡咖啡最古老的同时也是最好的一个品种。1715 年，两株阿拉比卡咖啡树被人从也门带到了这儿。

卢旺达

德国和比利时的统治者支持卢旺达的图西人政权，而胡图部落则在 1962 年宣布成立独立的政权。这样一来，卢旺达的各种间歇性的部落冲突开始不断发生。这里种植的阿拉比卡咖啡的质量尚可，但是由于当地的土地过于肥沃、雨水丰富、日照时间长，所以咖啡长势迅猛，同时也导致了大部分卢旺达的咖啡豆有一股特别的油腻味。咖啡种植和出口仍旧是卢旺达人民主要的收入来源。虽然这几年卢旺达，蝗灾肆虐，但是咖啡的整体产量依旧在上升。卢旺达咖啡协会计划把原来的 140 个咖啡公社中的 76 个进行重建，为他们提供肥料、杀虫剂和更优质的种子。

圣赫勒拿岛

圣赫勒拿岛，1659 年成为东印度公司的附属国，是至今唯一一个仍然接受英国财政资助的殖民地国家。咖啡于 1732 年由也门被引入圣赫勒拿岛。但不知从何时起，咖啡种植被中断了，曾经种植的咖啡树也慢慢变成了野生的品种。

虽然目前圣赫勒拿岛的经济不足以自给自足，但从 20 世纪 80 年代开始兴起的咖啡烘焙产业还是为国家的经济振兴做出了贡献。圣赫勒拿岛的咖啡都是手工制成的，完全有机，酸性适宜，质量上乘。

圣多美和普林西比岛

虽然圣多美 90% 的财政收入源于可可出口，但其仍在肥沃的火山口地带种植咖啡。这里种植的咖啡品种是比较受欢迎的阿拉比卡咖啡。虽然之前的政权大大地削弱了咖啡的种植，但是改革后的圣多美和普林西比岛希望与西方国家建立更紧密的贸易关系，尤其是与美国和其旧宗主国葡萄牙。我们也许可以期待不久的将来在国际市场上能看到更多这里出产的咖啡。

塞拉利昂

这也是一个在军事冲突和内战中受损严重的国家。直到 1985 年，这个旧时的英国殖民地才开始出口一些罗布斯塔咖啡和一些杂交品种的咖啡。

南非

长久以来，南非一直种植高品质的阿拉比卡咖啡，一般是从肯尼亚引入的波旁咖啡和蓝山咖啡。主要的种植地还是夸祖卢，是除了巴西南部地区以外，为数不多的非热带咖啡种植区之一。人们有很多理由去质疑南非出产的咖啡到底会有多少真正出口。因为南非的人口众多，甚至需要进口一些咖啡来满足国内的消费需求。南非的矿业发达，矿产的出口利润颇高，所以需要大量劳动力资源且利润微薄的咖啡产业就显得并不那么吸引人了。

苏丹

苏丹的海拔较高，这里的野生咖啡树大多是由从埃塞俄比亚飞来的鸟类播种长大的。苏丹政府曾经也雄心勃勃地希望振兴本国的阿拉比卡咖啡事业，但是结果却并不理想。一系列的问题，包括内战、干旱、流行疾病、饥荒和因恐怖主义而受到的来自西方国家的制裁等，都为苏丹的咖啡事业蒙上了阴影。

坦桑尼亚

坦桑尼亚虽然是一个贫困的国家，但是其各方面都

上图：采摘下来的咖啡浆果在湿处理机器中被去除表皮和黏液。

上图：干的咖啡浆果在去壳前必须要用耙子弄平整并晒干。

在平稳发展。经济改革计划降低了通货膨胀率，减少了财政赤字；同时，国际货币基金组织支持的基金会正在帮助坦桑尼亚重振农业。咖啡是坦桑尼亚最重要的农作物。一直以来，阿拉比卡咖啡都由当地的大的种植场统一种植，而罗布斯塔咖啡则是由自由经济者来种植的。今时今日，许多中小农民也掌握了种植阿拉比卡咖啡的技术，并具备了条件，所以也开始了阿拉比卡咖啡的种植。进过湿处理的坦桑尼亚咖啡质量不错，有肯尼亚咖啡的风味，但酸度却并不浓烈，整体感觉也更加温和。当然，质量上也比不上传统的肯尼亚咖啡。当地更传统的波皇咖啡是坦桑尼亚出产的最好的咖啡，风味、气味和大小都很合适。而靠近乞力马扎罗山的摩世是当地主要的咖啡交易中心。许多种植咖啡的农民都会来摩世做咖啡生意。

多哥

多哥的咖啡种植史和其他的非洲国家不同。稳定的政权和高效的行政管理促进了咖啡的种植。多哥出产的大部分咖啡品质一般，但却都是经过精挑细选和干处理的罗布斯塔咖啡。对于多哥这样一个小国来说，咖啡的收成可以算是比较理想的。虽然多哥咖啡的产量较小，但大部分的咖啡还是选择出口。而且，多哥善于细分市场，通常把咖啡分别卖给许多欧下图：坦桑尼亚查加咖啡。

洲国家，包括荷兰和前宗主国法国。

多哥的道路系统发达，首都是一个港口城市，这些条件使得咖啡产业得以成功。虽然多哥鲜有天然资源，但多哥的民众，尤其是首都洛美的妇女们都非常具有事业心。

乌干达

从1986年以来，穆塞韦尼总统的“无党政治”政策帮助乌干达避免了像邻国卢旺达和苏丹那样的种族纷争，这也使成千上万的难民从卢旺达和苏丹涌入乌干达。同时，经济开放政策也吸引了国际援助和私有产业的投资。国家的公路都在维修，而咖啡的产量，尤其是罗布斯塔的产量一直很高。经济专家同时也明白，单一的农作物（茶）占据国家总出口量的93%并不是良好的经济发展趋势，所以乌干达鼓励农民种植咖啡。乌干达的咖啡种植主要分布在与肯尼亚接壤的布吉苏附近，而咖啡的品质也与肯尼亚咖啡相似。事实上，在乌干达推进私有化之前，许多咖啡商为了避免高额的税赋，也会走私咖啡到肯尼亚。

上图：乌干达布吉苏双A级生咖啡。

也门

也门属于阿拉伯国家，同时也是阿拉比卡咖啡最早的发源地。阿拉比卡咖啡就是从也门的港口被传到世界各地的。也门位于红海的东海岸线上，在地理位置上属于亚洲。但也门咖啡的品质和它的邻国埃塞俄比亚的咖啡的品质相类似。

摩卡咖啡 也门咖啡是最正宗的摩卡咖啡。摩卡咖啡的名字来自于也门一个旧港口城市——穆哈。而埃塞俄比亚出产的摩卡咖啡（特别

上图：也门烘焙摩卡31号。

是指哈拉和凶玛）才是仿品。虽然在口味上两者让人难以区分：都是狂野的、香浓似酒的、让人难以捉摸的，有些还带着巧克力般的香浓，但事实上，也门摩卡和埃塞俄比亚摩卡的区别很大。埃

塞俄比亚摩卡的价格便宜，而也门摩卡产量较少且价格昂贵。

赞比亚

和其他一些非洲国家不同，赞比亚面临的最大问题并不在于政治局势或者种族问题上。其面临的最主要的问题是90%的出口收入来源于铜。如果铜的价格下跌，那么赞比亚的储备金就会大幅下跌。这主要是因为赞比亚是一个内陆国家，道路交通也不发达。而赞比亚的耕地并没有被充分利用。可不管怎么说，政府一直致力于经济改革，而咖啡的产量也因此大幅上升。赞比亚咖啡和其他非洲国家出产的阿拉比卡咖啡口味相似。赞比亚咖啡豆的色泽和坦桑尼亚的咖啡豆最像，两国相邻，以种植咖啡的幕清卡（Muchina）山脉为界。

津巴布韦

津巴布韦是一个高海拔的内陆国家，普遍干旱，降雨量不稳定。但津巴布韦东部山脉的气候适合咖啡的种植和生长，出产水洗的阿拉比卡咖啡。津巴布韦最好的咖啡产于小镇奇平格。虽然津巴布韦的咖啡没有肯尼亚的咖啡那么出名，但和肯尼亚的咖啡较类似，都有果味，酸度强，香气扑鼻。津巴布韦的咖啡还多了一点点胡椒味。

和马拉维出产的咖啡一样，津巴布韦也出产上品咖啡，并有专门的渠道进行贸易。津巴布韦政府反复强调将对农场和种植园实施国有化，这会给咖啡产业带来怎样的影响还不得而知。

上图：赞比亚生咖啡豆。

上图：津巴布韦深度烘焙的咖啡豆。

中美洲和加勒比海地区

中美洲的咖啡以其饱满的体型、浓郁的香味而闻名于世。

哥斯达黎加

许多人希望死后能上天堂，但是许多咖啡爱好者表示只愿去哥斯达黎加。这个不起眼的中美洲国家拥有着得天独厚的适合咖啡种植的气候和地理条件：高海拔的平原、温和的气候、适宜的湿度、肥沃的火山土壤、靠近两个大洋的港口和稳定的且以经济建设为中心的政府。当然，哥斯达黎加也面临着一些问题。例如高海拔导致的交通运输困难及运价昂贵；而火山活动的不确定性大，热带风暴也极具威力，随时能摧毁平原上的一切。庆幸的是，哥斯达黎加在著名的米奇飓风中只损失了9万袋咖啡。这一数字比附近的国家少了许多。

上图：一辆传统的哥斯达黎加彩绘车正从平原上装载咖啡浆果。

作为主要的农业作物，哥斯达黎加的咖啡主要是阿

上图：德圣马尔科生咖啡。

拉比卡咖啡。在这儿，罗布斯塔咖啡是个不能言说的“禁忌词”。大多数当地人是咖啡的忠实消费者，事实上，哥斯达黎加消费的咖啡量是意大利的两倍。

品质咖啡 哥斯达黎加最好的咖啡产自首都圣何塞附近和小镇埃雷迪以及阿拉胡埃拉。圣何塞南部的塔拉珠平地出产的咖啡是世界上最好的咖啡之一，具有较高的酸度。工人将咖啡装袋后会在袋上按照出产地不同贴好标签，例如塔拉珠出产的特雷里奥咖啡、倒塔咖啡和圣马科斯咖啡。也有咖啡按照制造商的名字来命名，如福萨尔基公司（位于博艾斯火山边上）。拉美他、风车、亨利·图尔农（咖啡豆呈青绿色），都是在高海拔处种植的咖啡产品。这些种类的咖啡酸度高，属于咖啡中的上品。一些咖啡专家认为，除了纯黑咖啡外，哥斯达黎加的咖啡无论怎么喝都很不错。如果在咖啡中加入一些牛奶或是奶油的话，其酸度就会降低。

哥斯达黎加咖啡豆永远芳香四溢，泡出来的咖啡的味道也非常干净和纯正。哥

右图：哥斯达黎加咖啡豆，经深度烘焙后去除了一些酸味。

斯达黎加咖啡泡出来可能会比较稀，但由于它的口味实在太好，所以这一点也是可以被原谅的。这里的咖啡豆很少会用深度烘焙，除非咖啡的质量低于平均标准或者有瑕疵，因为深度烘焙会降低咖啡的酸性，这样就失去了其独特的风味。

古巴

随着苏联的解体，古巴的外贸和经济都开始衰退。为了吸引国外投资，古巴不得不开发旅游业，这也使得咖啡产业得到了发展，种植的阿拉比卡咖啡的产量也逐年增加。虽然甘蔗才是古巴最主要的农作物，但是咖啡自18世纪中期在古巴种植以来，其品质便一直受到大众的认可。古巴出产的咖啡豆干净、香味浓郁，全部经过了严格的筛选和处理。古巴咖啡的种类名称奇特，其中有一种个头特大的咖啡豆叫做“特大图基诺”。由于古巴的海拔不高，其出产的咖啡酸度不大，所以，最适合的烘焙方式是深度烘焙。

下图：古巴出产的“特大图基诺”咖啡豆。

多米尼加共和国

1697年，海地岛被两个殖民国家法国和西班牙一分为二，西班牙统治者占领了海地岛东部三分之二的领土。从18世纪起，这里就开始种植咖啡，咖啡的名称就是以首都圣多明各命名的。虽然咖啡一直不是多米尼加共和国出产的主要农作物，但是这里种植的阿拉比卡咖啡的品质优异。最优质的咖啡出自西南部的巴拉奥纳地区。这里的咖啡豆酸度适宜、颗粒饱满。巴尼咖啡和欧寇咖啡的酸度较低，生长于中部山脉的山坡上；而奇宝咖啡则是最普通的品种。总而言之，多米尼加出产的奇宝咖啡、欧寇咖啡和巴尼咖啡一般都经过深度烘焙，口味不俗，还带有一些甘甜。

萨尔瓦多

萨尔瓦多是一个贫穷的国家，面积很小，人口密集，也没有任何自然资源。萨尔瓦多处在火山带上，境内有20座火山随时可能爆发；基础设施落后，许多道路、桥梁和电力设施都在长达11年的内战中被摧毁，整个国家只靠咖啡出口和国际援助存活。由于发展别的产业相当困难，萨尔瓦多90%的出口靠的就是阿拉比卡咖啡，虽然咖啡种植也会遇到各种各样的难题，例如虫灾。

1998年10月的米奇飓风及其带来的暴风雨冲走了至少15万袋萨尔瓦多咖啡。更严重的是，洪水退去后，因过于潮湿而产生的真菌污染了更多的咖啡豆。萨尔瓦多咖啡（同时也是其在国际市场上的商品名）因其所处的海拔不同，所以咖啡的品质也有所不同。其中，蓝绿色的SHG咖啡品质最好，酸度适宜、颗粒基本饱满并略带甜味；而匹普尔（Pipil）则是萨尔瓦多出产的一种非常有名的有机咖啡的名称。

下图：萨尔瓦多产的褐色咖啡，根据欧洲标准进行挑选。

瓜德罗普岛咖啡的需求会使这里几乎已经绝迹的咖啡种植再一次繁荣起来。

（法属）瓜德罗普岛

（法属）瓜德罗普岛，一座位于加勒比海向风群岛最北部的小岛，一直处在希望独立和完全依赖于法国经济援助的尴尬境地里。香蕉是瓜德罗普岛的主要农作物，但是由于香蕉的国际价格太不稳定，所以瓜德罗普岛正在慢慢发展蔗糖产业。当然，瓜德罗普岛也种植一部分咖啡。这儿出产的咖啡是世界一流的，菲利普·乔宾曾评价它为“世界上最好的小腿骨”“一旦被爱上，就难以割舍”。当地的气候、土壤、劳动力、资源等条件一应俱全，也许国际顶级咖啡交易对

危地马拉

咖啡是中美洲最重要的农作物。而这里 90% 的人民仍生活在贫困线以下，贫富差距悬殊和土地分配的不合理结构妨碍着其现代化的进程。咖啡一般种植在较大的、较富裕的省或者是一些农场上。而农场的所有者一般都不是当地的印第安人。当然，也有许多印第安人在高海拔的地区种植咖啡。危地马拉并没有引入最高产的

上图：危地马拉安提瓜岛出产的生咖啡豆。

咖啡作物，而是一直种植波旁咖啡。波旁咖啡的产量虽好，但质量平平，而且每公顷（1 公顷等于 1 万平方米）的成本较高。危地马拉政府可为中小型的咖啡种植农民提供一些资助。

咖啡种类 许多咖啡专家认为，危地马拉咖啡是世界上最好的咖啡之一。和哥斯达黎加咖啡不同，危地马拉产的咖啡由于地区的不同而品种不同，整体的口味被评价为“中上，酸度适宜，带点辣味和巧克力味”。首都附近出产的是安提瓜咖啡。安提瓜古城是以西班牙征服者命名的，但

上图：危地马拉韦韦特南戈出口的咖啡豆。

在 1773 年的一场地震中被毁。另外，科班南部还出产另一种酸度不同的咖啡。总之，危地马拉咖啡的种类繁多。韦韦特南戈是危地马拉西部一个较为独立的地区，那儿

的咖啡由于其独特的风味而越来越受到人们的关注。

海地

1697年，海地岛被两个殖民国家法国和西班牙一分为二。法国殖民者得到了海地，即海地岛西部三分之一的土地。海地于1804年宣布独立，但随之而来的是接近200年的内乱。这是世界上最贫穷的国家之一，房屋都是土做的，连窗户都没有。海地的经济非常依赖咖啡的出口，但是这里的咖啡分级和筛选都异常紊乱，有时候按咖啡豆的大小分级；有时又按照产地的海拔高度、质量、有无瑕疵等条件进行分级。这里有许多野生的咖啡树，产出的咖啡豆呈蓝色，质量优异，当地的农民一般会用干处理法处理它们。这些酸度较低的咖啡豆一般都会进行中度或深度烘焙。大多数海地出产的咖啡都不含化学杂质，这是因为一般海地农民用不起价格昂贵的化肥、杀虫剂或是杀菌剂。

洪都拉斯

和其他许多中美洲国家一样，洪都拉斯咖啡以产地的海拔高度分类。洪都拉斯主要出产湿处理的阿拉比卡咖啡，其纯净度高、酸度适宜，就是卖相不佳。虽然算不上是顶级，却也比一般的咖啡要好上一些。洪都拉斯在米奇飓风中失去了超过50万袋咖啡，而且飓风带来的后续影响会导致咖啡的产量继续下跌，这是因为洪都拉斯的交通设施和基础建设都在飓风中受到了破坏。

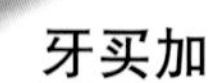

左图：洪都拉斯生咖啡豆。

牙买加

很少有咖啡爱好者会注意到牙买加最重要的出口物是铝土岩。牙买加是世界三大铝土岩出产国之一。事实上，牙买加最著名的蓝山咖啡只有在最东部才有种植。牙买加的咖啡种植区主要有三个地方：圣安德鲁斯、波特兰和圣托马斯。1728年，尼古拉斯·劳斯最早在圣安德鲁斯种植咖啡；波特兰位于蓝山山脉的最北部；而圣托马斯在山脉的南部。牙买加其他地方生产的咖啡虽然没有蓝山咖啡出名，却占了全国咖啡总产量的75%。

一些地区出产的咖啡打着“高山顶级咖啡”和“优质水洗牙买加咖啡”的名号，对蓝山咖啡的名誉也许会有损害（虽然这也许并不是这些咖啡生产者的本意）。事实上，虽然本书统一的咖啡计量单位为“袋”，但蓝山咖啡的出产却是以“桶”为单位的。

所有从牙买加出口的咖啡都要通过咖啡产业委员会的审核。尽管如此，蓝山咖啡的爱好者们喝的咖啡也十分有可能是不正宗的。因为就算是购买了200克的蓝山咖啡豆的消费者（一般来说，很少有人能买得起那么多），也不能亲自监督咖啡的出口过程。蓝山咖啡一般是放置

右图：牙买加蓝山烘焙咖啡豆。

在集装箱内运到国外的。现在，越来越多的国家开始种植蓝山咖啡，而有一些种植区甚至根本就没有山。

荒谬的是，世界上销售的蓝山咖啡的总量早已超过了牙买加蓝山地区生产的总量。正如大卫·克罗基特的座右铭“确信你是正确的就勇往直前”说的那样，你只能从你信赖的供应商那里购买“百分之百纯正”的蓝山咖啡，并对它的质量百分之百地信任。

香气和平衡 虽然牙买加的蓝山咖啡是高品质的咖啡，但是由于地理因素，它也有一些加勒比地区的咖啡所共有的缺陷。虽然一杯上乘的蓝山咖啡有平衡的酸碱度并伴有坚果的香味，色泽明亮、带有甜味，略有酒的余香；但是蓝山咖啡豆的体型却不是特别饱满，所以有些追求完美、在研磨咖啡时要求每一粒咖啡豆都完美无缺的人来说，咖啡的成本和价格就又提高了。近年来由于产量的大幅上升，人们对咖啡的处理工艺就变得有些疏忽了，有瑕疵的咖啡豆也越来越多，蓝山咖啡整体的品质也有所下降，有几年甚至比不上邻国哥斯达黎加、危地马拉甚至是古巴出产的咖啡。

日本在近 30 年来一直是蓝山咖啡最主要的买家，剩下来的少量蓝山咖啡才有机会在国际市场上交易。而近几年来，亚洲经济危机导致日本经济的大衰退，这也许给蓝山咖啡的国际市场交易带来了新的契机，也许会最终改变这一昂贵的咖啡品种的国际交易分布格局。

马提尼克岛

这个位于小安的列斯群岛中部的小岛，被哥伦布称

上图：牙买加出产的蓝山咖啡豆。

上图：咖啡浆果处理的第一个步骤就是滤水。

右图：墨西哥烘焙咖啡。

为“世界上最美丽的国家”。早在18世纪20年代，法国军官加布里埃尔·马蒂厄·德·克利便从法国皇家温室中“偷取”了一株咖啡，并开始在马提尼克岛种植咖啡。这一直被认为是西半球的第一棵咖啡树。在培雷太火山边肥沃的土地上，咖啡树长势良好。很快，成千上万棵咖啡树开始在这片早期殖民地上生根发芽。

100多年来，马提尼克岛的咖啡长势良好，但是后来产量就开始逐年下降，主要原因还是自然灾害频发，例如五年一次的飓风常常摧毁咖啡树。而如今，由于失业率居高不下，马提尼克岛和危地马拉一样，都要接受法国的经济援助。而咖啡种植仿佛已是明日黄花，仅有的若干棵咖啡树零星地散落在岛上。

但是，马提尼克岛具备了咖啡种植的气候、土壤条件和劳动力资源，重振咖啡产业也许指日可待。

墨西哥

墨西哥种植的咖啡的品质一般，大多为阿拉比卡水洗咖啡。和尼加拉瓜一样，墨西哥的咖啡根据产地海拔的不同而分级。虽然咖啡品质总体一般，但是有部分咖啡因为口味飘忽不定、难以捉摸而出名。

在墨西哥湾的韦拉克鲁斯州，科特佩附近的群山中出产著名的阿尔图拉咖啡。这是一种坚硬致密的咖啡豆，带有坚果和巧克力的香味。附近的司科和欧瑞扎巴出产的阿尔图拉咖啡也具有不俗的口碑。瓦哈卡州位于墨西哥西南部，出产若干种咖啡，如瓦哈卡州正羽咖啡、恰帕斯咖啡。而和危地马拉接壤的大片土地上则种植着塔帕丘拉咖啡。

由于口味独特、香气特别，墨西哥出产的咖啡也许并不受到所有人的喜爱，但却极具个性和强烈的神秘感。和许多中美洲国家一样，墨西哥也处于地震频发地带上，而种植咖啡的山地尤其易受到地震的破坏。但是由于墨西哥的国土面积和地理位置，它在某些方面比它的邻国显得更有优势。例如，在飓风米奇中，洪都拉斯、萨尔瓦多、尼加拉瓜、危地马拉和巴拿马都遭受了洪水和暴雨的“洗劫”，但墨西哥遇到的却是长达6个月的干旱。在这场干旱中，墨西哥损失了大约40万袋咖啡。

尼加拉瓜

作为一个十分贫穷的国家，尼加拉瓜在1998年10月的飓风米奇中损失了近30%的咖啡。而咖啡是尼加拉瓜最重要的出口农作物，年产量超过一万袋。幸运的是，20%的咖啡是由于道路被飓风摧毁而无法按时送到指定的地点，所以这算不上是严重的损失。还有10%确实是直

上图：尼加拉瓜 SHG 中度烘焙咖啡。

接的损失：飓风引发了卡西塔火山的泥石流，摧毁了整个马塔加尔帕地区的咖啡种植园。

马达加尔巴（Matagalpa）与吉诺特加（Jinotega）的邻近城镇生产最好的尼加拉瓜咖啡，其中的 SHG 以其大型咖啡豆、微酸、中至高浓度的口感与好气味而闻名。尼加拉瓜象豆（Maragogype）的豆体比一般阿拉比卡咖啡豆至少大三倍，为世界之最，因此得名，虽然它的味道没有像危地马拉的象豆般受到所有人的喜爱。

下图：尼加拉瓜马拉维利亚烘焙咖啡豆。

巴拿马

巴拿马的咖啡主要种植在与和哥斯达黎加接壤的西部地区的巴鲁火山（Baru Volcano）附近。具体的咖啡产地为大卫和波盖特，均位于与哥斯达黎加接壤的齐里基（Chiriqui）省，是巴拿马著名的瑰夏咖啡的产地，以生产高品质的阿拉比卡咖啡而驰名于世。而福坎咖啡（coffee volcan）是这个区域新近产出的顶级咖啡。巴拿马 SHB 咖啡呈深绿色，质量较轻，色泽明亮，酸度不高，味道甘甜。法国和北欧国家是巴拿马咖啡的主要买家。1998 年的飓风米奇摧毁了巴拿马五分之一的咖啡，也就是 4 万 5 千袋。

上图：巴拿马西北部城市波盖特出产的中度烘焙的咖啡豆。

波多黎各

接下来，我们把视线转向加勒比海地区。波多黎各的咖啡贸易正在逐渐复活。一直以来，波多黎各都为梵蒂冈提供咖啡。但由于波多黎各人爱喝咖啡，种植的咖啡数量有时候还不够当地人消费，所以在 1968 年时，波多黎各停止了咖啡的出口。

同时，由于美国的《最低薪酬法案》在波多黎各的某些州也适用，所以波多黎各当地人的生活水准比其他加勒比海国家的人民要高一些，这同时也吸引了不少美国企业在波投资。令人遗憾的是，几乎没有咖啡种植园能支付得起高额的“最低工资”，所以咖啡种植业已是明日黄花。仅有上千名当地农民在自家的土地上偶有种植咖啡，并组成了一个联盟。今时今日，联盟中的“圣科”咖啡（最著名的要数圣科特选咖啡）和拉瑞斯咖啡最被美国消费者所喜爱。顶级咖啡的处理和制作工艺都很讲究，成本并不低廉，但世界各地追求高品质咖啡的买家们还是愿意支付大笔费用来购买称心如意的顶级咖啡。

波多黎各克鲁斯咖啡被称作世界上最有力量的咖啡，因为它的香气浓郁，味道也较浓厚，带有一些甜味，酸度适中。波多黎各克鲁斯咖啡重回国际咖啡市场是一件让人振奋的事。

特立尼达和多巴哥

距离委内瑞拉海岸线14公里（9英里）的特立尼达和多巴哥两个小岛，种植着“少量”的罗布斯塔咖啡。这里种植的咖啡大多数被制成了速溶咖啡。事实上，特立尼达和多巴哥的咖啡年产量已经超过了利比亚、加蓬、赤道几内亚和贝宁这几个非洲国家咖啡产量的总和了。这个“少量”是相对于咖啡对于特立尼达和多巴哥的经济总量来说的。1962年，特立尼达和多巴哥摆脱了英国的统治，然后依仗着丰富的石油资源慢慢发展成了一个富裕的国家。特立尼达和多巴哥连续几年的苏格兰威士忌进口量都位居世界第一，而它的石油生产和炼油产业也蒸蒸日上。

然而近几年来，国际油价的大幅波动使得许多国家开始发展各种其他产业。多巴哥开始发展旅游业，因为那里不仅有美丽的风景，还有许多特有的蝴蝶品种。当然，特立尼达和多巴哥只是表面看起来风光，其实还是有许多国民生活在贫困线以下的。失业、犯罪、吸毒和石油泄漏事件也时有发生。也许有一天，咖啡在这个国家也会慢慢发展成和旅游业一样出名的产业。

上图：长满了浆果的咖啡树。

南美洲

作为世界上最大的咖啡出产国，巴西是南美洲最重要的咖啡国家。但是南美洲还有其他许多国家出口让人眼前一亮的咖啡。

阿根廷

阿根廷种植的咖啡数量非常少，以至于难以统计。南回归线正好穿过阿根廷的北部，所以整个国家可以种植咖啡的地方就只有温暖潮湿的东北部热带地区。1729年，咖啡由耶稣会的教士从巴拉圭的米西奥内斯省引入了阿根廷。由于阿根廷几乎不处在热带地区，所以那儿种植的阿拉比卡咖啡经常受到霜冻的毁灭性打击。

玻利维亚

玻利维亚产的咖啡主要是水洗的阿拉比卡咖啡。虽然咖啡的质量上乘，如用于出口的话必受到欢迎，但是玻利维亚是一个内陆国家，运输是一个亟待解决的问题。玻利维亚的咖啡种植区大约有3万公顷，有些咖啡种植区非常的偏远，在某些特定的季节想把咖啡运送出来是相当艰巨的任务。同时和许多其他的南美洲国家一样，由于可可种植和生产的利润更高，所以很多农民更愿意种植可可。

玻利维亚产的咖啡味道较苦。但是根据近几年的统计和调查发现，玻利维亚咖啡的质量和产量都有提高。因为很多老的咖啡树都已被新种的咖啡树所取代。也许在不久的将来，玻利维亚就能出产更优质的咖啡豆了。

巴西

产量多少能被叫做“多得吓人”？虽然巴西咖啡的产量每年不尽相同，但却几乎占了全球咖啡总产量的三分之一。许多咖啡种植国家大量产出咖啡，自己却消费

上图：这个巴西仓库中的每一袋咖啡豆都至少是60株咖啡树的产量。

得很少。但是巴西不同，巴西人酷爱喝咖啡，每年的咖啡消费量是120万袋。最受欢迎的是巴西的国饮“小咖啡”（Cafezinho），每个巴西人几乎每天都要喝上几杯“小咖啡”。

更有意思的是，巴西人虽然说葡萄牙语，但他们把早餐叫做“早咖啡”，而在葡萄牙语中，早餐被称作“小午餐”。

咖啡的种类 阿拉比卡咖啡和罗布斯塔咖啡在巴西都有种植。但种植最多的还是干处理的阿拉比卡咖啡。赤道和南回归线都从巴西国土上穿过，其中八百万公顷的土地上种植了咖啡。在巴西北部，阳光照射的时间比较长，种植着柯林隆咖啡，这是罗布斯塔咖啡的巴西变种。

巴西南部的咖啡质量比较好。大片的平原上种植着罗布斯塔咖啡，但由于这些平原已快不属于热带区域了，所以霜冻就成了一件麻烦事。每当巴西南部发布霜冻预警，国际咖啡价格就会因为这个不确定因素而暴涨。

巴西的17个州都种植咖啡，但只有四五个州出口咖啡。巴西咖啡分级和筛选的标准有很多，例如有根据出口的港口不同进行划分的：靠近北方的巴伊亚州出产品质普通的干处理阿拉比卡咖啡和少量象豆，从巴伊亚州港口城市萨尔瓦多市出口；圣埃斯皮里图州出口来自维多利亚地区的咖啡豆；米纳

上图：巴西桑托斯生咖啡豆。

上图：巴西众多的大型咖啡种植园中的一个的鸟瞰图。平整的地势显示着这里种植的是罗布斯塔咖啡。

斯吉拉斯（Minas Gerais）州比较大，出产的斯州咖啡是顶级的咖啡品种，一般从里约热内卢的港口和南部的桑托斯港口出口；桑托斯港口同时也出口来自圣保罗的咖啡，以及布邦咖啡树结出的又大又平的“平豆山多士”（Flat Bean Santos）；巴西最南端的港口是巴拉那瓜，巴拉那州生产的咖啡从这儿出口。

上图：分好级、筛选好的咖啡豆正在被装袋，以方便出口。

质量还是数量 巴西产的阿拉比卡咖啡并不能被算作是顶级的或是特级的咖啡。的确，由于巴西咖啡的产地区别很大，很多咖啡专家在精确统计了出口的咖啡的数据之后，认为巴西咖啡的质量最多算是一般，酸度也一般，口味普通。其中很关键的一个原因就是巴西地域辽阔。在大型的咖啡种植园里，采摘浆果用人工根本就行不通。很多咖啡浆果都是被随意拽下来的，甚至是用机器采摘的。这样一来，许多浆果没有熟就被摘下，而许多腐烂了的也混在其中，导致咖啡豆的质量参差不齐。然而，就算是再小心翼翼，在筛选咖啡豆的时候也不可能十全十美。巴西所处的海拔高度不高，而没有了海拔也就没有了酸度，正因为如此，大多数巴西咖啡的品质比较平庸。

上图：巴西斯州中度烘焙咖啡豆。

当然，任何事都有例外。那些把巴西咖啡从世界顶级咖啡里除名的人肯定没有品尝过桑托斯咖啡。虽然桑托斯咖啡很稀有，也很难买到，但确实存在。

巴西南部的一些地区种植咖啡追求高品质，并在很多年的种植试验之后也确实成功培育出了高品质的咖啡：顺滑、酸度适中、香醇。最好的巴西咖啡是波本咖啡，豆子颗粒较小且圆，酸度适宜，且带有一些甜味。当波本咖啡树渐渐老去后，只会结出又大又平的豆子，称作“平豆山多士”（Flat Bean Santos），价格低廉，不受咖啡爱好者青睐。

关于咖啡的品质的检验标准也不统一。在检验和分级的过程中会有一些专业的术语，例如浓郁型、烂咖啡、清淡型等。当然，还有一些更模糊不清的界定法，例如“柔和型咖啡”和“里约味咖啡”（因为这种咖啡产自里约热内卢）。

如果一种巴西咖啡被形容为是“硬质的”，那它的品质也许不错，因为它是和“柔和性咖啡”相反的。而“里约味咖啡”就更好解释了，这是一种带有中东风味的咖啡，并带有一些巴西当地的特色。“里约味咖啡”有一种刺激性的药味，闻起来有点像墨水。导致这种情况的原因是，

上图：巴西出口很多咖啡，但质量一般。

咖啡在种植的过程中感染了某些当地的微生物。虽然许多国家不喜欢“里约味咖啡”，但是也仍有不少国家对其推崇备至，例如土耳其、希腊、塞浦路斯、丹麦和一些中东国家。中东国家的民众喝咖啡时偏爱把咖啡和糖一起煮，这也使得“里约味咖啡”的药味显得没有那么重了。

巴西咖啡曾几何时占全球咖啡总产量的60%，并且是混合咖啡的标准“增量剂”。这主要是因为巴西咖啡看上去不起眼、数量丰富且外形不错。更有趣的是，国际咖啡组织的数据显示，在1998年，巴西出口的咖啡每磅的单位价格是110.95美元，和世界咖啡平均价110.05美元非常接近。这意味着在调制一种平均价格的混合咖啡时，要考虑比巴西咖啡更便宜的“增量剂”，这样才能抵消为了提高咖啡风味品质而添加的另一种高级咖啡的价格。

哥伦比亚

哥伦比亚肥沃的火山灰土壤非常适合咖啡种植，但遗憾的是，哥伦比亚的地质状况一直不稳定。1999年，

大规模的地震摧毁了哥伦比亚主要的咖啡种植区，但是大部分的咖啡树居然奇迹般地存活了下来。65%的农业基础设施在这次地震中被损坏，这也会影响咖啡的质量。不管最后的结果如何，哥伦比亚仍是世界第二大咖啡生产国。哥伦比亚最大的竞争对手是越南，越南主要种植罗布斯塔咖啡，产量逐年增长，但一直没有哥伦比亚种植得多。

咖啡种植区域 哥伦比亚的科迪勒拉山系区域从南到北都种植着咖啡，在海拔800米到1900米（2624英尺到6233英尺）的山上种植着阿拉比卡咖啡。由于气候较湿润，所以种植时不需要灌溉设备和防水覆盖物。

上图：哥伦比亚苏帕摩中度烘焙咖啡豆。

无论从质量还是数量上来讲，科迪勒拉山系中部地区都是最理想的咖啡种植区。

上图：哥伦比亚特高级（Excelso）深度烘焙咖啡。

尤其这里还出产哥伦比亚最好的麦德林咖啡，体型饱满、口味独特且酸度适中。哥伦比亚中部城市出产的马尼萨莱斯咖啡、亚美尼亚咖啡（酸度小，带有酒味，芳香宜人）和麦德林咖啡是哥伦比亚最主要的咖啡。这三个地方的首字母缩写组成的代号就是MAM。

另一种特别受欢迎的中美洲咖啡来自利巴诺，其特点就是咖啡豆特别硕大而又饱满。波帕扬（popayan）和圣奥古斯丁（San Agustin）是中部的另外两种咖啡品牌，来自纳里尼奥（Narino）地区，靠近厄瓜多尔边境。纳里尼奥（Narino）出产的咖啡出口到梵蒂冈（波多黎各宣称梵蒂冈也进口自己的咖啡）。据称，世界上最大的咖啡连锁店星巴克也从纳里尼奥进口咖啡。

哥伦比亚东部区域也种植了大量咖啡。其中有两个品种比较出名：波哥大咖啡，产于首都附近，酸度较低；布卡拉曼哥（Bucamaranga）咖啡产于东科迪勒拉山系的北部地区，酸度低，带有醇香。

咖啡的风味和芳香 很多年份很久的阿拉比卡咖啡树已被新的、更有生产力的咖啡树所取代。例如，变种哥伦比亚（variedad Colombia）的成本就很低。变种哥伦比亚咖啡树首先在哥伦比亚种植，但是现在也在很多其他国家种植。许多咖啡专家对它产出的咖啡豆的品质感到失望，尤其是和波本咖啡树相比。波本咖啡树产的咖啡豆冲泡后如果添加一些牛奶或者奶油，味道简直是无与

上图：哥伦比亚圣奥古斯丁（San Agustin）中度烘焙咖啡豆。

伦比。哥伦比亚咖啡的酸性和肯尼亚咖啡、哥斯达黎加咖啡差不多，但是总体而言，

上图：哥伦比亚咖啡豆手工采摘的现场：这一切都在山上进行，所以其实这份工作很辛苦。

像哥伦比亚咖啡豆那样大小的豆子能做出口味不俗的咖啡已经很不容易了。

相对于其他南美国家来说，哥伦比亚有一个优势。它可以自由选择从太平洋或是大西洋出口咖啡。从太平洋出口时有港口布埃纳文图拉（buenaventura），从大西洋出口则有港口卡塔赫纳（Cartagena）、巴兰基亚（Barranquilla）和圣玛尔塔（Santa Marta）。便捷的交通运输和哥伦比亚政府的促进政策保证了哥伦比亚咖啡在北美市场和欧洲市场上的畅销。

哥伦比亚的速溶咖啡出口量居世界第一。1998/99 年度的出口量更是达到了惊人的 65 万 9 千袋，其中大多数是冻干的速溶咖啡。

厄瓜多尔

和巴西一样，厄瓜多尔也同时种植阿拉比卡咖啡和罗布斯塔咖啡。其中，罗布斯塔咖啡是干处理的，而阿拉比卡咖啡则干处理和湿处理都有。由于天气潮湿，厄瓜多尔的阿拉比卡咖啡颗粒较大，含有一些药味和木屑的味道，但非常好闻。咖啡树和当地的香蕉树、可可树种植在一起。

法属几内亚

法属几内亚是南美洲最后一块“殖民地”，是法国的海外领土。这里曾经是臭名昭著的（罪犯的）流放地，自然环境好，到处都是赤道丛林和物种丰富的热带雨林。罗布斯塔咖啡只在私人的庄园里才有种植。法属几内亚也有和咖啡有关的光辉历史，在 18 世纪初期，这儿曾是连接外部世界和巴西的枢纽。

加拉帕戈斯群岛

世界顶级咖啡的爱好者都特别想去高海拔的圣克里斯托瓦尔（San Cristobal）的咖啡产地朝圣。这个小岛在被厄瓜多尔国有化之前，咖啡产业曾经欣欣向荣。但加拉帕戈斯群岛被国有化之后，农业在这儿被禁止了。小岛上也不能使用任何的化学肥料了所以这里出产的有机咖啡被认为品质顶尖。咖啡专家也看好加拉帕戈斯群岛未来的咖啡产量，认为家庭式咖啡农场的产量还是有上升的可能性的。

圭亚那

荷兰殖民者最早在圭亚那建立了三块殖民地：伯比斯（Berbice）、圭亚那（Demerara）和埃塞奎博（ Essequibo ）。1814 年，荷兰人把这三块殖民地转手给了英国殖民者，成为英属圭亚那。1966 年，圭亚那宣布独立。圭亚那主要出产矾土、黄金、大米、蔗糖和钻石，同时也种植少量咖啡树，但其咖啡的品质很差，一般只能自产自销。还有一些咖啡则先出口到美国，经过各种处理和包装后再进口到圭亚那。

巴拉圭

巴拉圭一直希望提高阿拉比卡咖啡的产量，因为其是典型的内陆国家，并且没有任何矿产资源，所以必须大力发展农业。同时，巴拉圭向巴西大量出口电力，被认为是巴西的“站立的电源”，据传，巴拉圭 25% 的国家预算来源于此，所以巴拉圭的经济状况很大程度上是由邻国的经济状况决定的。巴拉圭的咖啡大部分是干处理的阿拉比卡咖啡，种植在高海拔的东部边境地区，其品质则与巴拉那河附近种植的阿拉比卡咖啡出奇相似。而所有的咖啡豆必须首先被运到巴西、阿根廷或是智利，才能出口到另外的国家。

秘鲁

咖啡是秘鲁最主要的农作物。咖啡种植是安第斯山脉上众多贫穷农民的生活来源。的的喀喀湖上的蓬托、库斯科、乌鲁班巴（Urubamba）、婵茶玛悠（Chanchamayo）和南部的皮乌拉省、圣马丁（San Martin）、卡哈马卡（Cajamarca）和兰巴耶克大区都出产品质不错的咖啡。这里的咖啡树都是有机的，树木的质量也在不断提高。总体而言，秘鲁咖啡豆是混合咖啡的最佳选择，其味道甜美、中性，而且偶尔也会产出高质量的秘鲁咖啡。

上图：秘鲁出口大部分的水洗咖啡，而干处理的咖啡一般都为自销。

苏里南

自 1667 年起，苏里南就是荷兰的殖民地。它本该是英国的殖民地，但是英国人用它和新阿姆斯特丹（纽约）做了交换。1975 年，苏里南宣布独立。咖啡曾是通过荷属圭亚那（苏里南共和国在 1714 年时的旧称）来到南美洲的。如今的苏里南种植了很小一部分利比里卡（llberica）咖啡，大部分出口到挪威。

委内瑞拉

委内瑞拉最好的咖啡是种植在安第斯山脉上的马拉开波（maracaibos）咖啡。马拉开波同时也是委内瑞拉西北部的一个港口城市。另外，塔奇拉（Tachira）（一个西部州）、美利达（merida）地

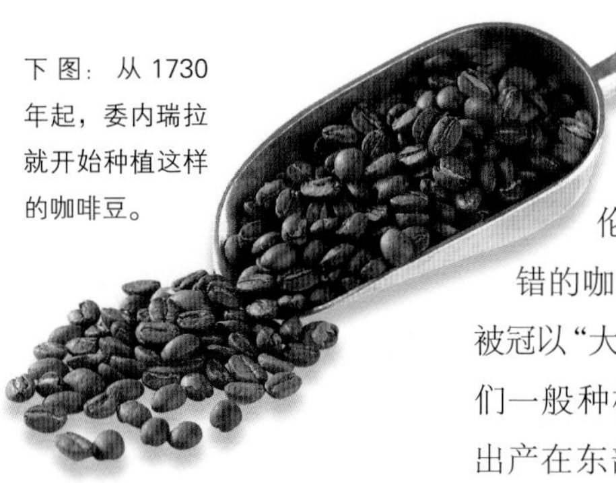
下图：从1730年起，委内瑞拉就开始种植这样的咖啡豆。

区、特鲁希略（Trujillo）和库库塔（Cucuta，在西部的偏远地区，常常被认为是在哥伦比亚）也都出产不错的咖啡。其余的咖啡都被冠以"大庄园"咖啡之称（它们一般种植在大庄园里）。出产在东部山脉的咖啡则被称作加拉加斯（Caracas），和委内瑞拉的首都同名。

由于20世纪70年代的国有化运动，委内瑞拉的咖啡产业曾一度萎靡。而现在，由于顶级咖啡贸易日渐红火，所以委内瑞拉的咖啡产业又有所好转，"大庄园"咖啡又一次成为了混合咖啡的"稳定剂"之一。和许多其他南美国家产的咖啡不同，委内瑞拉的咖啡豆很轻，虽然看上去并不小。委内瑞拉出产的咖啡豆带有一些酒味，酸度适中，有独特的芳香和气味。

南太平洋和东南亚地区

南太平洋和东南亚地区有最多的雄心勃勃的咖啡制造国。

澳大利亚

澳大利亚40%的土地位于南回归线以南，所以大部分的土地并不适合种植咖啡。这里的降水虽然充足，但是很不稳定。而具有适合种植高品质的阿拉比卡咖啡所需要的海拔高度的土地更是少得可怜。即便如此，昆士兰地区也从20世纪70年代起开始试验性地种植阿拉比卡咖啡，而其中的森伯里咖啡更是在20世纪80年代的国际咖啡市场上一举成名。从著名的蓝山咖啡的变种——新几内亚锡格里咖啡嫁接而来的森伯里咖啡得到了许多咖啡专家的好评，至少其价格保证了它不会面临和其他澳大利亚产咖啡相同的悲惨命运。澳大利亚人消耗的咖啡数量远远超过了其种植的数量，而且当地人更偏爱本国出产的咖啡的风味。所以，许多澳大利亚咖啡会与进口咖啡混合，制造出迷幻的咖啡风味。进口最多的是来自巴布亚新几内亚的咖啡。

柬埔寨

柬埔寨从40年前开始种植咖啡，很快咖啡种植就遍布了五个省份，其中大部分是罗布斯塔咖啡，当然还有少量的阿拉比卡咖啡。近些年来，柬埔寨局势不稳定，外人也就更难了解柬埔寨的咖啡种植现状了。但是我们仍相信，柬埔寨会和越南一样，在波折过后再一次崛起。

中国

中国西南地区的云南省也种植阿拉比卡咖啡。云南有较多的山脉，海拔较高，而且北回归线正好从这里穿过。这里的夏天气温虽然很高，但是降水丰富；而冬天温和干燥，气温一般在8~20℃（46~68°F）之间。中国政府从未公布过具体的咖啡产量；而且许多负债国家，例如坦桑尼亚，都是用咖啡来向中国偿还债务，所以无法保证从中国出口的咖啡就是中国出产的。国际咖啡组织提倡和鼓励更多的中国人消费咖啡，而中国也有许多地方都适合种植咖啡。

斐济

一直以来，斐济都种植少量的罗布斯塔咖啡，用湿处理的方法加工，大部分出口到新西兰。斐济同时也进口一些咖啡。

威图乐途岛（vitu levu）主要由山脉组成，包括了维多利亚山（1324米，4344英尺）和另外一些高山。斐济正在试图发展多元化经济，也许咖啡产业未来会在这里有更好的发展。

左图：澳大利亚产的森伯里生咖啡豆。

法属波利尼西亚

这块法国的海外领地实际上由130个岛屿组成。130个岛屿散落在太平洋上，总大小有整个欧洲那么大。许多小岛上种植着波本阿拉比卡咖啡。收获的咖啡豆在各个岛上分别被处理，然后再运到首都帕皮提和塔希提岛去壳和分级。法属波利尼西亚群岛的咖啡自产自销。大豆咖啡的口味温和，不酸，香气扑鼻，总体品质好；塔希提岛阿拉比卡咖啡是一个商业品牌，只在塔希提岛上种植。

夏威夷群岛

自1818年起，夏威夷群岛就开始种植咖啡。而今，考艾岛和夏威夷岛两个岛都种植咖啡。而莫纳罗亚火山边上种植的科纳咖啡（Kona Coffee）是美国国土上出产的唯一一种咖啡。咖啡专家对科纳咖啡的褒贬不一，有些人认为科纳咖啡的品质可以与蓝山咖啡相媲美。这里的气候环境和土壤条件得天独厚，但是有这样条件的地方很有限；而且咖啡的制作过程很严谨，最后经过挑选和处理出来的咖啡豆基本毫无瑕疵。毕竟咖啡是一种天然的作物，结的浆果还是会有好坏之分的。夏威夷的科纳咖啡数量稀少，价格昂贵。有许多混合咖啡也以科纳咖啡的名义出售，却只有大约5%的科纳咖啡含量（这类混合咖啡的质量也是一流的，只是价格不会太昂贵，一般大部分用南美洲产的咖啡混合）。夏威夷的咖啡产业的人工成本对比其余国家来说高得吓人，毕竟和它竞争劳动力的是夏

上图：夏威夷出产的科纳中度烘焙咖啡豆。

上图：夏威夷考艾岛上的平坦地带的一个咖啡种植区。

威夷高利润的旅游产业。

咖啡的风味和气味 夏威夷产的科纳咖啡和牙买加产的蓝山咖啡在很多方面都不同，虽然它们有一些相似的地方。两者的酸度适中，咖啡豆的颗粒大小适中、气味迷人，都带有坚果味道。一些咖啡专家认为，科纳咖啡带有一些牙买加咖啡没有的辣味和肉桂的香味；但也有专家表示，科纳咖啡根本没有什么辣味和肉桂味。

单从产量上来看，地球上没有任何一种咖啡树比科纳咖啡树产出的浆果更多了。体验科纳咖啡最好的方式当然是在夏威夷当地品尝了，毕竟最原汁原味，而游客们也愿意付“高价”品尝科纳咖啡。由于除去了运输成本等费用，科纳咖啡在当地的价格虽然不贵，但是仍大大高于成本。

印度

印度经济正在经历深刻变革。印度政府试图从过去的国家保护主义过渡到完全的市场经济。过去，印度咖啡产业一直国有化，农民们也没有积极性去提高咖啡的产量或者质量。全国各地的咖啡被集中到一起，印度咖啡协会用统一的标准对所有的咖啡进行分级，把它们简单地分为A级和B级等。1998年12月16日，印度议会通过法案，允许咖啡种植者在市场上自由贩卖咖啡。我们可以想象，过去欣欣向荣的咖啡产业将在印度再度繁荣起来，尤其是占了40%比重的阿拉比卡咖啡。

上图：印度A级中度烘焙咖啡。

咖啡种植区域 印度西南部的三个省是阿拉比卡咖啡种植的主要区域。迈索尔咖啡是阿拉比卡咖啡的一种，主要种植在卡纳塔克邦。迈索尔咖啡豆体形不错，酸度较低，略带有甜味。当然，迈索尔咖啡中的肯特品种与经典的波本咖啡相比，少了点特色，略显平庸。泰米尔纳德邦出产质量上乘的阿拉比卡咖啡。泰米尔纳德邦西部的高地尼尔吉里（Nilgiri）地区也种植着咖啡。

上图：印度出产的迈索尔生咖啡豆。

从命名和味道上来讲，印度最有意思的阿拉比卡咖啡要属未水洗的季风马拉巴（Monsooned Malabar）。马拉巴海岸位于喀拉拉邦。旧时，人们需要扬帆出海运送咖啡到欧洲。由于路途遥远，

上图：印度季风马拉巴中度烘焙咖啡。

上图：苏门答腊岛林东区出产的2级烘焙咖啡。

咖啡在途中经过海风吹打和日晒而形成了独特的风味，咖啡豆的颜色也从原来的绿色变成了黄色。欧洲人对于这种咖啡简直欲罢不能，久而久之，虽然人们已经不走海路来运输咖啡了，但开始尝试“人工”制造这样的咖啡。每年的5月和6月，人们便把咖啡豆暴露在从西南方向吹来的马拉巴季风中暴晒6个星期，以此方式来制作季风马拉巴咖啡。

虽然季风马拉巴咖啡的背后有着这样的故事，但它的风味和苏拉威西岛、爪哇岛和苏门答腊岛产的咖啡并没有什么太大的区别。而后三地产的咖啡更便宜，产量也更多。

印度尼西亚

在印度尼西亚共有500万人从事与咖啡有关的行业。而印度尼西亚和越南一直在谁是世界第三大咖啡出产国的问题上争论不休。印度尼西亚90%的咖啡是普通的罗布斯塔咖啡，而剩下的阿拉比卡咖啡则一点也不“普通”。印度尼西亚是世界上最大的群岛，国土的最大距离达到了5000公里（3107英里）。它的13,677个岛分别属于3个时区。而和罗布斯塔咖啡相比，阿拉比卡咖啡一直更具有个性。出产于不同地方的阿拉比卡咖啡的口味各不相同，有些古怪，有些则让人惊喜。如果要对印尼群岛的阿拉比卡咖啡做一个总结的话，那就是口感丰满、酸度低，香浓，后味足。而各个岛的咖啡在这个基础上更具有自己的特色。

苏门答腊岛 在印尼群岛中，三个大岛和一两个小岛出产了几乎全部的咖啡，包括阿拉比卡和罗布斯塔。苏门答腊岛是印尼西部最大的岛，种植着印尼大约68%的咖啡。大部分的阿拉比卡咖啡就被叫做苏门答腊咖啡或者蓝色苏门答腊咖啡。而这儿的大部分咖啡树都是新种的，种植在处于原始状态的有机的火山灰土壤上。那里的土壤非常肥沃，而种出来的咖啡部分是水洗的，咖啡豆颗粒大而坚硬。

上图：苏门答腊岛出产的曼特宁2级生咖啡豆。

苏门答腊出产的一种水洗咖啡“咖幼山脉”（Gayo Mountain）属于顶级咖啡。它带有一点甜味、一点辣味，还有一点药味，这种咖啡因产地而得名。苏门答腊北部林东区也出产咖啡，但没有西北部曼特宁出产的曼特宁（Mandheling）咖啡的品质那么好。

曼特宁是世界上等咖啡之一，众多的咖啡专家认为它是重口味咖啡消费者的最爱，拥有精巧浓郁的口味，较苦且不拥有酸性，具备地

上图：印度尼西亚出产的水洗爪哇生咖啡豆。

道香醇的咖啡原味。而巴东港附近的安科拉（Ankola）出产的安科拉咖啡虽然没有曼特宁咖啡豆那样的体型，但仍被内行认为是世界上最好的未水洗的咖啡之一。

爪哇岛 爪哇岛种植的咖啡约占印尼咖啡总产量的12%。荷兰殖民者在这儿种植咖啡，使这里成为伊斯兰世界外第一个种植咖啡的地方。可是经过300年的种植，这里的土地变得越来越贫瘠。而19世纪爆发的叶锈病使得大部分阿拉比卡品种的咖啡树都死亡了，只留下了少量最普通的阿拉比卡咖啡树。最近，爪哇岛种植的都是最高产，最常见的阿拉比卡咖啡树，这使得爪哇岛产的咖啡的口味比从前下降了不少。埃斯塔特爪哇（Estate Java）是岛上一种湿处理的咖啡，酸度大，体型小，比这里普通的阿拉比卡咖啡更香醇、顺滑，并带有一种特有的的蘑菇味。爪哇岛有五个国有咖啡种植园，包括珍彼特（Jampit），布拉万（Blawan）和潘库尔（Pankur）。

上图：印尼苏拉威西岛出产的卡洛西·托拿加烘焙咖啡豆。

苏拉威西岛 苏拉威西岛是印尼的第三大咖啡种植岛，产值占印尼咖啡总产值的9%。荷兰殖民时期，苏拉威西岛曾被叫做西里伯斯岛，而今大多数当地产的咖啡就叫做西里伯斯咖啡，通过乌戎潘当港运送出国。托拿加（Toraja）西南部出产的未水洗的卡洛西（Kalossi）咖啡是印度尼西亚咖啡中真正的贵族。卡洛西咖啡豆看起来个头较大，只是质感稍微没那么醇厚，酸度和明亮度也略高，同时具备了印尼咖啡特有的野菇味及细致的药草味。又由于其酸度较高，所以还略带一点儿果味。

总体而言，印尼咖啡中最出名、最有特色的要数印尼陈年咖啡（Aged coffee）了。陈年咖啡的牌子有“旧政府”“老褐色”和“旧爪哇”等，或者直接标注陈年咖啡贩卖。这些陈年咖啡来自各个岛，包括苏拉威西岛、爪哇岛和苏门答腊岛。和世界上其他地方的处理方法不同，印尼陈年咖啡的“老化”过程比较特别，需要在潮湿、温暖的环境中进行，这样才能降低咖啡的酸度、提高甜度，使味道更顺滑。很多咖啡专家同时也认为印尼陈年咖啡让人过目不忘，如天鹅绒般柔软、温暖。事实上，很多印尼人提倡在饭后喝上一杯陈年黑咖啡，以取代酒品。毕竟，陈年咖啡，尤其是西里伯斯陈年咖啡的味道和酒的味道极为相似，只是没有酒精含量而已，并且价格也是一模一样的。

上图：印度尼西亚爪哇岛出产的“老褐色”（old brown）生咖啡豆。

其他一些咖啡种植区域 印尼的另外一些阿拉比卡咖啡种植岛屿包括巴厘岛和弗洛雷斯（Flores）岛。

特别的是，印尼出产一种几乎是世界上最昂贵的咖啡——麝香猫咖啡，也叫猫屎咖啡。印尼的这种麝香猫喜欢吃咖啡浆果，而坚硬的咖啡豆因为无法消化而会跟随粪便被排出来。在经过消化道的期间，咖啡豆发酵产生了一种独特而复杂的香味，不少老饕喜欢这种具有特殊香气的咖啡。因其产量极少，所以售价极贵。

老挝

近几年来，老挝人民民主共和国逐渐开放了市场，引入了一些国外投资和国际援助，以鼓励当地农民减少罂粟的种植。目前，老挝最重要的农业资源即为木材和咖啡。虽然目前缺少关于该地区咖啡种植的类型、数量和品质的数据，但是一直以来，我们知道老挝的天气、土壤环境和地势都适合咖啡种植。老挝咖啡的品种包括阿拉比卡、罗布斯塔和伊斯尔莎（Excelsa）。20世纪70年代以来，老挝的咖啡产量开始下降，目前仅满足自产自销。

马来西亚

虽然马来西亚也出产阿拉比卡、罗布斯塔和伊斯尔莎咖啡，但是最主要的咖啡作物是种植在马来半岛西部的

左图：猫屎咖啡，是用印尼椰子猫（一种麝香猫）的粪便作为原料生产的，故名“猫屎咖啡”。猫屎咖啡通过处理、水洗然后出售。猫屎咖啡产量非常少，因此特别昂贵。

利比里卡。利比里卡的产量很高，但是口味极差。马来半岛的金马仑高原（Cameron Highland）上高海拔的地方也种植着一部分的阿拉比卡咖啡。由于马来西亚人口众多，所以其种植的咖啡一般都能在国内消费掉。同时，马来西亚非常看重经济的发展，由于咖啡种植的利润没有另外一些作物高，所以马来西亚并不特别鼓励咖啡种植。利润较高的产业包括棕榈油、橡胶、木材和油气等。

新喀里多尼亚

新喀里多尼亚由许多小岛组成，位于澳大利亚东北部1497公里（930英里）处。新喀里多尼亚目前仍是法国的海外领地，向风的海岸线上出产世界上最好的罗布斯塔咖啡。而小岛的西部地区种植着极少量的阿拉比卡咖啡。新喀里多尼亚的罗布斯塔咖啡叫努美阿，和别的地方的罗布斯塔咖啡不同，努美阿的口感相当精致而顺滑。这里的咖啡一般不出口，因为当地人喜欢把最好的咖啡留着自己喝。新喀里多尼亚的镍资源丰富，出口的镍矿占世界总量的25%，所以当地人比较富有，自然喝得起高品质的咖啡了。

上图：新几内亚Y级烘焙咖啡。

巴布亚新几内亚

对于许多咖啡爱好者来说，巴布亚新几内亚很晚才开始引入咖啡种植是多么幸

运的一件事。否则，19 世纪横扫东南亚和大洋洲的叶锈病也会摧毁巴布亚新几内亚的所有阿拉比卡咖啡树。那些经历了叶锈病的国家放弃了阿拉比卡的种植，转而种植一些有更强抗病力的、但口味一般的咖啡树。而巴布亚新几内亚则逃过了此劫。

巴布亚新几内亚的大部分咖啡由当地人，特别是偏远地区高山地带的农民所种植、筛选和处理。咖啡对于许多巴布亚新几内亚人来说是重要的收入来源，使成百上千人有了生计。在每一年开始种植咖啡的时候，巴布亚新几内亚政府都会鼓励农民种植咖啡，并宣布当年咖啡收购的最低价格，以防市场价格变动过大。

顶级咖啡 巴布亚新几内亚的咖啡是蓝山咖啡的一个变种，但是它的水洗阿拉比卡咖啡与世界上其他地方出产的咖啡差别非常大。虽然巴布亚新几内亚的咖啡豆和印度尼西亚的咖啡豆一样体型饱满，带有甜味；但其酸性也较大，和中美洲的咖啡类似。简而言之，巴布亚新几内亚咖啡一般不与其他咖啡混合，因为它的味道重，不论和哪些咖啡混合都会盖过别的咖啡的味道。

过去，巴布亚新几内亚咖啡的挑选和分级非常混乱，但是现在变得越来越标准和严谨。AA 级的新几内亚咖啡非常少见；大约 60% 的属于普通 Y 级。比较优质的品牌有阿罗纳（Arona）、霍加皮（okapa）和锡格里（Sigri）。

菲律宾

菲律宾是世界第二大群岛，具备了大量种植咖啡的所有条件。事实上，菲律宾种植了四种主要的商业咖啡：阿拉比卡、罗布斯塔、伊斯尔莎和利比里卡，并且不断尝试各种杂交。棉兰老岛南部种植了少量的优质阿拉比卡咖啡，其咖啡豆体型饱满，略带有一些辣味。

菲律宾曾是世界第四大咖啡生产国，但 19 世纪席卷了东南亚的叶锈病彻底摧毁了菲律宾的咖啡生产。由于这里出产的阿拉比卡咖啡酸度较小，香气很浓，所以一般会选择重度烘焙，适合餐后饮用或是做浓缩咖啡用。

上图：菲律宾产的阿拉比卡生咖啡豆。

上图：越南产的罗布斯塔中度烘焙咖啡豆。

斯里兰卡

在斯里兰卡，信佛教的僧伽罗人和信印度教的泰米尔人共同生活和斗争了 14 个世纪。斯里兰卡是世界上最大的茶叶出口国，但也曾种植了不少高品质的阿拉比卡咖啡，直到 1870 年的叶锈病导致了大量的咖啡树死亡。尽管后来咖啡种植被茶叶种植所取代，但是英国殖民者还是把罗布斯塔引入了斯里兰卡。大部分斯里兰卡咖啡的质量一般或者较差，以僧伽罗这个品牌出售。

泰国

泰国的咖啡产量是年产

一万袋，其中大部分是罗布斯塔咖啡，生长在马来半岛。有少量的阿拉比卡咖啡生长在北部和西北部的高地上。近来，出于各种原因，泰国政府开始积极鼓励农民进行咖啡种植。首先，咖啡产量增加可以满足全国588万人的消费需求，同时也可以增加就业，毕竟泰国有成千上万的无业人员，还有来自老挝和柬埔寨的难民。咖啡产业如果兴起，可以在一定程度上促进泰国的财产和人口的重新分配。泰国首都曼谷是世界上最拥挤的城市之一。如果可以在一些偏远地区开发咖啡种植，就可以分流一些劳动力资源，减轻曼谷的压力。政府同时也希望咖啡可以取代罂粟在金三角的作用和地位。但是和其他作物一样，咖啡种植业也面临着一个重要的问题：缺水。泰国全国都严重缺水，并且缺少相关的基础设施。水土流失引发了洪水和干旱，而大量的水资源在建造山地高尔夫球场时被消耗掉了。当然，建造高尔夫球场是为了促进旅游业，但却让缺水问题更加严重。

瓦努阿图

瓦努阿图，旧称新赫布里底群岛，丁1980摆脱了法国和英国的联合统治，之后宣布独立。虽然咖啡也早早地被欧洲人引入，但瓦努阿图最主要的作物却是椰子核和可可。今时今日，由于椰子核和可可的产量逐年减少，瓦努阿图政府也正在尝试种植更多其他品种的作物以供出口。瓦努阿图有几百株野生的罗布斯塔咖啡树，除了采摘浆果的时候，一般没有人去料理这些树。这些少量的咖啡豆进过手工干处理后出口到欧洲。每袋咖啡豆大概有60千克重（132磅），并且不经过任何筛选和分级。尽管如此，所有出口的瓦努阿图咖啡豆都被认为体型相当、味道尚好。

越南

没有任何的悬念，首先把咖啡引入越南的是法国殖民者。但是当时种植的大部分阿拉比卡咖啡后来都死亡了，于是越南人又重新种上了口碑平平的罗布斯塔咖啡。唯一不平凡的是越南罗布斯塔咖啡的产量。越南独立战争之后，大部分法属的咖啡种植园被国有化。1980年，越南的咖啡产量排名世界第42位。1982年，越南总共出口了67,000袋咖啡。

1988年，由于预见到将与苏联政府决裂，越南政府开始大力鼓励农民私有化咖啡种植园。1993年，越南出

上图：虽然哥伦比亚的咖啡产量比越南高出一倍多，但是越南的咖啡产量从世界排名第42位进步到第3位，进步飞速。

口了 3 百万袋罗布斯塔。而到了 1997 年产量又翻倍了，当年出口了 6,893 百万袋咖啡，成为世界第三大咖啡生产国，仅次于巴西和哥伦比亚，比印度尼西亚还高一点儿。除了飞速增长的咖啡产量外，越南的大米产量也有了惊人的飞跃，仅排在美国和泰国之后，列世界第三位。难怪人们总是把越南称作是下一只亚洲“大老虎”。

烘 焙

在咖啡制作的所有步骤中，最快和最关键的一步就是烘焙。烘焙咖啡可是一项技术活，如果一不小心或者是没有经验，那么耗费了大量时间、金钱和劳动力的咖啡豆就会被毁于一旦。咖啡烘焙是一门艺术，而和所有真正的艺术家一样，咖啡工人必须要经过几年的劳动和积累，才能成为熟练的烘焙大师。咖啡烘焙只能通过实际操作来获得经验，而成百上千次的试炼就意味着大量咖啡豆的损耗。

上图：这是由相同的乌干达布吉苏阿拉比卡生咖啡豆烘焙出来的咖啡豆。可以看到由于烘焙过程不同，它们不仅在颜色上不同，在大小和形状上也不同。

说烘焙是技术活的原因是，每一批咖啡豆都是不一样的。在工厂中，每一批咖啡豆都会挑出一部分作为样品首先烘焙，以找出大规模烘焙时可能会遇到的问题。具体操作时，114 千克（250 磅）的咖啡豆会一起烘焙。一般人们希望烘焙出来的咖啡豆色泽明亮，而不是暗沉的。如果咖啡豆的颜色很暗，那就意味着之前的处理不够好。而一袋优质的咖啡豆经烘焙后颜色会显得很一致。如果咖啡豆的颜色很杂，特别是有淡白色的咖啡豆混入其中的话，那就意味着咖啡的采摘、挑选、发酵和干燥的过程有不细致的地方。畸形的、破损的和个头过大的咖啡豆都会使一整袋的咖啡豆看上去参差不齐，这是因为个头大小不同的咖啡豆在烘焙过后会呈现出不同的颜色。

烘焙过后的咖啡豆会发生许多物理变化，其中最显著的变化就是咖啡豆膨胀了，比烘焙前要大上三分之一。这是因为碳水化合物分解产生的二氧化碳使得咖啡豆不得不膨胀。其次，咖啡豆在去除果肉、干燥、储藏和运输过程中没有去掉的一些水分在烘焙过程中被最终去除。一般来说，烘焙前的咖啡豆的水分含量为 23%，烘焙过后一般为 15%。如果咖啡豆的水分含量低于 15%，那么就会失

上图：等待烘焙的各种咖啡样品。

去味道，并且一碰就会变成粉末状。另外一个显著的变化就是烘焙过后，咖啡豆的颜色会发生改变。

烘焙过程

烘焙咖啡豆意味着复杂的化学变化。烘焙后，咖啡豆的味道发生了变化，这是由于热解的原因。据估计，咖啡豆含有超过2000种化学物质，这些化学物质在烘焙过程中可能会被分解或改变，成为“挥发性的香气化合物”。各种氨基酸、油脂、蛋白质、维生素、糖、淀粉和咖啡因等物质都会发生改变，一些物质变多了，而另一些物质则消失了。在某些情况下，如果延长烘焙时间，一些物质会首先变多，而最终会被分解变成别的物质。

轻度烘焙很少使用在商业咖啡上，因为它会显示所有咖啡豆中固有的缺陷。而深度烘焙则会掩盖许多咖啡豆的缺陷。例如，如果一种酸性较大的昂贵的阿拉比卡咖啡，本来也具有特有的品质，那么最好还是别进行深度烘焙。烘焙的程度越深，咖啡的味道就越统一，因为真正的深度烘焙会使所有特别的味道都消失不见。深度烘焙会让咖啡豆变得更甜但不会太甜；如果再增加烘焙力度，就会使咖啡变苦。同时，咖啡烘焙得颜色越深，失去的酸度越多，而咖啡的高酸度正是人们所追求的。

咖啡焙烘器在大小和功能方面会有不同，但烘焙过程和变化大体相同。在烘焙之前，焙烘器就应该事先加热，使所有表面受热均匀，然后再放入生咖啡豆。很多咖啡焙烘器配有转筒，通常内部加装了弯曲的金属条，以不断滚动咖啡豆。咖啡豆在烘焙过程中必须不断被翻滚，这样才能使它们受热均匀，且不燃烧起来。事实上，如果一个焙烘器在工作过程中停止了旋转，那就会有爆炸和起火的危险。（俗话说：“如果你的焙烘器没有起过火，那你根本算不上真正会烘焙！”）

微调

具体的烘焙过程讲究平衡。根据咖啡豆的状况和期望的效果，一般会把烘焙的温度定在200~240℃（392~464°F）之间，允许有约20℃（68°F）的上下调节误差。许多焙炒机配有排风设备。例如有排风扇的咖啡焙炒机就可以使咖啡豆烘焙得更快。随着烘焙过程的进行（若在常规的焙炒机中的话，总共需要约8至14分钟），

上图：家庭作坊中使用明火进行咖啡烘焙。

豆子会吸收越来越多的热量，并首先变成黄绿色，然后是黄金色，最后是棕色（除了最小型的那种咖啡烘焙炉，它允许在烘焙过程中取出咖啡豆，然后再放回去）。豆子开始会发出响声的时候是最关键的时候，因为它们可能在几秒钟的时间内就被烧焦。咖啡豆越干燥，就越容易发出“砰砰”的响声。罗布斯塔咖啡比较干燥，需要的烘焙时间就较短。相比罗布斯塔咖啡，湿度较高的阿拉比卡咖啡如果想要达到同等的烘焙程度，就需要更长的烘焙时间。

同一种咖啡豆，如果烘焙的程度不同，那么颜色也不同，味道更会不同。更复杂的是，相同的咖啡豆在较短的时间内用较高的温度烘焙，和在较长的时间内用较低的温度烘焙，即使最后的颜色相同，味道也会有所不同。最极端的就是在最短的时间内用最高温烘焙和用尽可能长的时间来进行低温烘焙。这样烘焙出来的咖啡豆的外表颜色一致，但内部可能还是生的，还是谷物。另外一种极端情况就是使咖啡豆烘焙过度而导致咖啡豆干枯、脆弱，甚至被烧毁。

烘焙过程的最后环节也是最疯狂的一个部分。当咖啡豆变成最佳颜色的时候，需要立即从焙烘器中取出，否则颜色会变暗，哪怕是有冷却设备，如旋转气冷式托盘，也不管用。甚至带有烘焙自动停止功能的大型商业用专业机器也不能阻止咖啡豆变黑。咖啡豆在烘焙后会释放油脂。有时，就算人们一百个不愿意，但只要一不当心，没有及时地把豆子从焙炒机中取出来，那么在过后的冷却环节中，咖啡豆还是会溢出不少油脂。

咖啡豆焙炒机的种类

咖啡豆焙炒机分各种大小和类型。首先有工厂用的焙炒机，配有先进的淬火装置和自动计时器，可以同时烘焙数百磅的咖啡豆；而最小的“专业”焙炒机只能同时烘焙不超过几百克的咖啡豆。一些公司使用“高产量”的焙炒机，这种焙炒机在20世纪70年代在发达国家流行，使相对少量咖啡豆在精确的时间内（也许两分钟左右），因热空气而变得膨胀，而不是放在金属的烘焙器械内因热传递而膨胀。之所以把这样的方式称为“高产量”，是因为豆子的表面区域膨胀得更大，在研磨时会产生更多的咖啡粉。但是这种方式并不受专家的青睐，因为和传统的咖啡豆焙炒机相比，以这种方式烘焙出来的咖啡口味不佳。

对于家庭用户来说，现在也有了可放在桌子上的便捷式焙炒机，但是这种焙炒机很少见，并且价格昂贵。很多人觉得用煎锅和煤气灶（炉子上的）烘焙少量的咖啡豆是一件很有趣的事情。（不推荐用烤箱烘焙咖啡，因为使用烤箱烘焙时中途无法移动豆子，这会使豆子受热不均匀。）想要正确地烘焙咖啡豆，首先要准备好加热了的铸铁锅或是煎锅，然后添加一层咖啡豆，慢慢提高温度，并用木铲搅拌。在一些中东国家，人们在烘焙过程中还会往咖啡豆中添加一些香料，如丁香、肉桂、豆蔻、姜或茴香，以便之后与咖啡豆一起研磨。另外一些国家在烘焙过程中也会根据所需的味道，添加少量的黄油或糖。

当咖啡豆烘焙到所需的颜色时，必须立即冷却。可以把它们放置在事先准备好的冷却容器中，或者是放在一个温度非常低的平面上。用烘焙过后的咖啡豆立即调制咖啡是非常不明智的，因为这时候调制出来的咖啡会带有生涩味和酸味。如果想调制出理想的、温和的咖啡口味，那么必须要给咖啡豆一些时间冷却和“放气”，所需的时间至少要 12 个小时。

上图：在烘焙完毕后检查烘焙好的咖啡豆。

上图：烘焙好的咖啡豆从焙炒机中被倒入冷却盘中。

烘焙的程度

在咖啡爱好者的术语里，对烘焙的程度并没有标准化的定义。“轻度烘焙”“中度烘焙”和“深度烘焙”是最常用的烘焙术语，但实际上很少会有轻度烘焙的咖啡，但有许多不同程度的烘焙都被称为“中度烘焙”和“深度烘焙”。（还应该注意的是，土耳其咖啡不是深度烘焙的。）结合各种观点，我们得出以下关于各种烘焙程度的知识：

轻度烘焙 这种烘焙方式仅适合用于高质量的咖啡或是高海拔地区出产的阿拉比卡咖啡。在高酸性的咖啡中加入牛奶或奶油饮用是早餐的理想选择。美国人把轻度烘焙叫做“肉桂烘焙法”，是因为这样烘焙出来的咖啡豆颜色和肉桂皮的颜色相似。轻度烘焙的咖啡具有酸度，并且质量较轻。有时也称为“半城市烘焙”或“新英格兰烘焙”。

中度烘焙 如果咖啡烘焙得颜色略深，则被叫做“美国式烘焙”，或者是“城市烘焙”。当然，中度烘焙也被称为“常规烘焙”或者“棕色烘焙”；这是根据咖啡豆的颜色来命名的（一般表面无油脂）。

维也纳烘焙 这个术语仅在美国通用，意思是颜色略深于中度烘焙的烘焙。咖啡豆呈深褐色并带有斑点，表面有点油；同时也被称作“法国式烘焙”，或“完整的城市烘焙法”。

深度烘焙 也叫做“西班牙烘焙”或“古巴烘焙”。咖啡豆表面可能会有一些油，呈“深棕色”，偶尔也被叫做“法国式烘焙”。

大陆式烘焙 也可以称为“双烤”或者“高度烘焙”。在美国，这也被叫做“法式烘焙”“新奥尔良式烘焙”和“欧洲式烘焙”。烘焙出的咖啡豆的颜色接近黑巧克力色。

意大利式烘焙 在美国，这种烘焙方式叫做“特浓”（也许这不正确）。这样烘焙出来的咖啡豆几近黑色，非常油腻，主要的味道已不是咖啡味，而是烧烤的味道。世上没有任何咖啡豆应该享受这样的待遇，因为意大利式烘焙会使咖啡豆烧得很黑，并且口味不好。

虽然上面的烘焙术语已成为标准，但对于咖啡应该或不应该以及如何烘焙并没有统一的标准。在美国，烘焙有变得越来越深度的趋势。这可能是因为美国人偏爱特浓咖啡和浓咖啡饮料，并认为这代表了时尚和优雅。事实上，在许多其他国家，烘焙咖啡的目的是为了使咖啡的味道更加平衡、口感更好，即使这意味着需要牺牲掉咖啡的一些独特的、不同寻常的味道。我们必须牢记，深度烘焙最初旨在掩盖劣质咖啡的缺陷，并使劣质的罗布斯塔混合咖啡的口味更佳。真正的高雅是以开放的心态去品尝每一种咖啡，并欣赏每一种咖啡的优点。

上图：咖啡让人着迷的一个原因是不同咖啡的差别有时只能在最佳烘焙后才能体会到。即便某种咖啡的口味非常特别，如果未经最佳烘焙，那这种口味也会变得使人难以察觉。

（咖啡豆的）混合

不管是通过什么方式烘焙、调制，在一天的什么时间饮用，一杯完美的咖啡都应该具有好的香味、好的颜色（添加牛奶或奶油的话）、良好的质地和口味。在每年消耗掉的数百万袋咖啡中，很少有咖啡是完全符合以上条件的“理想型”。大多数“完美”的咖啡都是混合性咖啡。就算是那些“独善其身”的咖啡，也并不能保证咖啡各个方面的完美和均衡；相反，每一种咖啡都有其过人之处，可用以弥补另一种咖啡的不足。

上图：鲜有咖啡可以兼有特别好的气味、颜色、外形和味道。只有混合咖啡才能做到面面俱到。

平衡咖啡的口味

每一种咖啡在混合时都应该做好自己，突出自己的优势。深度烘焙可以隐藏低劣的罗布斯塔咖啡和其他一些咖啡中的味道。这些咖啡可能酸度较低，但通常有良好的外形。相反，许多高海拔地区出产的阿拉比卡咖啡味道独特，口味可以盖过其他低酸性的咖啡，但是它们外形较小、浓度很低。深度烘焙不适用于这些水洗阿拉比卡咖啡，否则会降低咖啡中的酸性，其“昂贵奢侈”的独特味道也会消失不见。而另外的一些咖啡任何人都很喜欢，因为它们没有特别好或者特别坏的品质。这些中性的咖啡尤其适合混合，因为它们的口味并不突出，外形也不起眼。

混合咖啡没有任何的规则或是禁忌，但宗旨就是各种咖啡优势互补，而不是混合那些相似的咖啡。如果想要泡出一杯中规中矩的、适合一天中任何时候饮用的普通的咖啡，可以首先加入大约35%的高海拔地区出产的阿拉比卡咖啡，用以提供主要味道；然后加入15%的深度烘焙罗布斯塔或者是低酸度的外形不错的咖啡。最后是50%的中性的、价格适中的咖啡，一般为巴西桑托斯或者是更便宜、更低质的中美洲咖啡。混合咖啡时，改变各种咖啡的比例会大大改变咖啡最后的口味；有时候还可以适当降低各类比例，并允许添加少量另外的咖啡，例如添加未水洗过的阿拉比卡咖啡以增加甜味，因为大多数“自然”阿拉比卡以带有甜味著称。

在制定咖啡的混合百分比时，人们必须首先在心中认定期望咖啡达到的品味和风格。例如，是希望混合出“水果味”的咖啡，还是“温和”的早餐咖啡，还是高甜度的餐后咖啡，又或是低咖啡因混合咖啡，或是含大量咖啡因的罗布斯塔“提神”咖啡，甚至只是为咖啡鸡尾酒调制一个底味。如果需要长期调制某一种混合咖啡，那么就必须考虑所需的每种特定咖啡的可用性和可购性。

经典组合

一些特定的混合咖啡相当成功和受欢迎，因此这些年来它们已经成为了标准。摩卡（来自也门的或者更合理地说是来自埃塞俄比亚）和印度迈索尔成就了最著名的咖啡“联姻”。爪哇岛的摩卡也许会有点朴实无华，但仍然带有酒味和野性。巴西摩卡由于和“土耳其”咖啡的味道相类似而受到中东地区民众的喜爱，它带有特别的或者说是臭名昭著的“里约的风味”。好的巴西桑托斯咖啡可以中和罗布斯塔咖啡中的酸性，使咖啡整体的味道变得平滑；而添加一些肯尼亚咖啡或高海拔地区出产的中美洲咖啡则能使混合咖啡口味变轻；添加海地或秘鲁咖啡价格不贵且口味好；混合入哥伦比亚咖啡或者是陈年咖啡可以增加混合咖啡的甜味和香气。

美国的“新奥尔良式混合咖啡”和英国“法国式咖啡”都是经典的咖啡组合。咖啡烘焙中也有“新奥尔良式”和“法国式”，但我们不要把它们混淆了。这两种混合咖啡都融合了咖啡和菊苣植物的根，正如英国的“维也纳咖啡”混合了无花果，或是在烘焙过程中就加入了无花果。在这些性价比较高的混合中，维也纳式是最便宜的，也是英国超市中能买到的最实惠的混合咖啡。

储　藏

无论咖啡的种植、加工、混合、烘焙、研磨和调制过程多么小心翼翼，其最终的质量还是取决于一个整体因素：新鲜。把咖啡豆研磨成咖啡粉没有任何其他的实际好处，只是为了获得最新鲜的味道。烘焙咖啡时，大量二氧化碳在豆子中聚集。如果烘焙后直接将咖啡豆放入咖啡罐或者软包装袋中，几个小时后咖啡豆中的二氧化碳就会逃出，有可能使罐头爆裂或者使软包装袋膨胀成一个“气球”。所以，很多咖啡烘焙师在包装咖啡豆时都要先让咖啡冷却几个小时。但是在冷却的同时，咖啡会失去新鲜度，失去挥发性的香气，并吸入一些空气中的氧气。

鉴于咖啡包装的实用性（一般有真空包装罐、长方形包装、单向真空包装袋或充气包装，所有的包装都旨在排除空气和保持咖啡的新鲜，但是没有任何咖啡会是百分之百新鲜的。），咖啡烘焙好之后，并不需要急着在几分钟内研磨和调制，因为咖啡在排除自己“身体”里的气体之前，口味并不好。

事实上，烘焙好的咖啡豆保持新鲜的时间比研磨好的咖啡粉要长得多，这是因为研磨好的咖啡粉有更多的细胞表面暴露在空气中。假设烘焙公司和零售商刚刚烘焙好了豆子，并努力使它们保持新鲜，那么下一个关键问题就是如何将它们存储在家里并保持新鲜。

咖啡专家们对如何存储咖啡（特别是咖啡豆）这个问题有着不同的见解。咖啡容易吸收各种气味，如果放久了，在调制以后就会变得有所吸收的气味。因此，一些人建议不要把咖啡放在冰箱里；另外一些人则主张用密闭容器储藏咖啡，并抽空容器中的氧气。但问题是，咖啡豆内部的氧气怎么办呢？有一个办法是将很多咖啡豆存储在非常高的罐子里，只是这样一来，罐子最底下的咖啡豆也许就永远都用不了了。

甚至还有人反对冰冻咖啡豆。他们认为咖啡豆在冻结以后味道是不一样的。当然，冻结深度烘焙的咖啡豆绝对不是一个好主意，因为深度烘焙的咖啡豆表面带有油脂。而油在凝结后再解冻，并不会恢复到和原来一模一样。

上图：工厂生产的特浓咖啡饼。

保持咖啡新鲜最理想的解决方案是频繁地购买，每一次仅购买少量咖啡。例如，在意大利，许多人会一周几次地从当地的咖啡馆购买大约100~200g(3.5~7盎司)的咖啡。他们可以选择混合各种烘焙咖啡豆，而咖啡师则负责现场研磨，然后把咖啡放置在一个有润滑脂内衬的纸袋内。同样，很少去商店的人仍然可以最大程度地保持咖啡的新鲜度。他们可以购买几个较小的密封咖啡包而不是一到两个大咖啡包，因为未开封的小包装密封咖啡可保持新鲜长达几个月。

保持咖啡豆和咖啡粉新鲜的几点小窍门

- 不要把干咖啡从一个容器倒入另一个容器，因为这样会使咖啡直接暴露在空气中。

- 放置咖啡的容器中尽量少有空气。
- 如果要把咖啡放在冰箱里的话，要尽量把容器盖严实；如果容器是包装袋，就把袋子收紧，并绑上牛皮筋或者夹上夹子，放置在封闭的冷藏间里。
- 如果咖啡豆要长时间存放，就应该包装好放入冷冻间中；但已经研磨好的咖啡粉不建议放置在冷冻间内。
- 可以把少量的咖啡豆放在可再次密封的塑料袋中，并用手挤出袋中的空气，以最大限度地保持新鲜。

喝咖啡的艺术

THE ART OF COFFEE DRINKING

许多咖啡爱好者对调制咖啡有着和对品尝咖啡同样的狂热。对一些人来说，咖啡调制是一个历史悠久的传统节目，如果用同样的设备调制出比前人更美味的咖啡的话，那么对于咖啡爱好者来说更是一件得意的事。而另外一些人则热衷于鼓捣一些制作咖啡的新潮器具。咖啡调制和咖啡器具常常有创新，有些是实用性的，有些是外观上的，还有的两者兼顾。接下来的部分将向大家介绍咖啡挑选、研磨和调制的过程和所用到的各种设备，而这一切都是制作一杯完美的咖啡所必不可少的。

家庭式研磨

采购家用式咖啡研磨机时，选择可能不是很多，但是价格却相差很大。必须要牢记于心的一点是，要根据特定的研磨方法来选择研磨机，因为研磨的程度主要是由研磨方法决定的。

手磨机

数百年来，在家里饮用的咖啡需要研磨的话只能使用手磨机，并且每次只能研磨少量的咖啡。现在也有咖啡手磨机，但是咖啡的存储容量非常小，而且需要的时间非常久，甚至之前磨的咖啡粉都喝完了，而下一份咖啡豆还没有研磨好。不过，手磨机的优势在于咖啡粉的颗粒大小均匀。手磨机可研磨各种档次的咖啡豆，“粗糙的”、“中等的”或“很好的”咖啡豆都可以。但是它不能用作研磨特浓咖啡。虽然手磨式咖啡研磨机价格不贵，但是它却非常耗时。

下图：几百年来，手磨机的功能并没有特别大的改动。

手磨机使用方法

1. 摇动手柄，旋开盖子，倒入咖啡豆。

2. 研磨咖啡。而咖啡粉会掉到底下的容器内。不管是劣质的、中等的还是好咖啡豆，研磨出来的咖啡粉颗粒大小都会一致。

土耳其研磨机

手动式研磨机中的王子必须是土耳其研磨机。今天，在土耳其和其他中东国家，这种又高又沉重的、铜铸的或钢铸的研磨机仍有不少家

下图：土耳其研磨机。

土耳其研磨机使用方法

1. 打开顶盖，拿下手柄，并把咖啡豆倒入上面的圆筒内。调整筒内的螺钉到理想的位置。

2. 调整好后，盖上顶盖，把手柄装好，摇动手柄研磨咖啡，最后取出下面的圆筒，倒出研磨好的咖啡粉。

庭在使用。顶上的部分是可以卸下的，可以看得到咖啡豆放置的地方；顶部的手柄用于研磨。这种研磨机可以上下分离，中间用螺钉联接。可以分离的下部用于接住研磨好的咖啡粉。中东地区出产的咖啡粉的细腻程度和滑石粉差不多，除了土耳其研磨机外，没有其他种类的家庭式研磨机可以做到这一点。调制出一杯真正的中东咖啡的难点不在于研磨；相反，重点是正确地混合咖啡并用合适的程度烘焙（所以购买一些品牌咖啡再回家自己研磨是比较合适的，好的品牌有从尼科西亚进口的人民牌咖啡或从伊斯坦布尔进口的土耳其咖啡）。

电动研磨机

市场上有众多的咖啡研磨机，大多数都自带可放置咖啡粉的空间。一般一次研磨的咖啡粉够 1 天或 2 天饮用。市场上的电动咖啡研磨机可分为两种设计——一种是装有螺旋桨式刀片的，另一种是古老的有两层金属圆盘的。

刀片或螺旋桨式研磨机刀片式研磨机或螺旋桨式研磨机是最常见的一种家庭咖啡研磨机。这种研磨机一般是作为搅拌机配件或其他食物处理器的配件在购买时赠送的。它几乎没有什么优点，完全无用。第一个问题是，通过这类研磨机研磨的咖啡粉颗粒大小不一，这意味着最后的咖啡口感也将会变得非常不均匀。如果较大的咖啡块太过粗糙，无法被

电动磨刀式研磨机使用注意事项

在添加咖啡豆、取出咖啡粉和清洗装置的时候，应特别注意一定要拔掉电源。

下图：电动研磨机。

水渗透，那一整块咖啡就都浪费了。一些研磨得较好的咖啡颗粒会在水中迅速饱和，产生苦味，还有些颗粒，则会堵塞过滤装置。

如果使用的是磨刀式研磨机，那每一次最好只研磨少量的咖啡豆，并在研磨时上下摇晃，以使螺旋桨研磨到所有的豆子。同时，只在短时间内运行机器也能避免机器和咖啡豆过热。磨刀式研磨机的使用相对容易，清洁也比较方便，尤其是咖啡研磨过程中留下来的油比较容易洗掉。在清洗时，应拔掉电源，用湿布或海绵擦洗机身和叶片。磨刀式研磨机的塑料盖子是可洗的，但必须彻底地冲洗干净，以免留下清洁剂的味道，否则下一次研磨出来的咖啡豆的口味就不好了。

锯齿式研磨机 到目前为止，最好的家用式咖啡研磨机就要算锯齿式研磨机了，这是最接近商业用研磨机的一种家用研磨机。咖啡豆在两片金属光盘间进行磨削，这样研磨出来的颗粒非常均匀——这对于小型研磨机来说是非常不容易的。不同品牌的锯齿式研磨机之间价格差异很大，但即使是最便宜的锯齿式研磨机的功能也很突出。事实上，如果你只想泡出一杯好喝的咖啡，那么花同样的钱买一台锯齿式研磨机比买昂贵的咖啡壶的性价比要高得多。

两种电动锯齿式研磨机。右边的一台配有剂量分配装置。

锯齿式研磨机操作时噪声较大，过程比较缓慢，但方便且易上手，只要根据所需咖啡数量按下按钮即可。有些制造商的说明可能不完全准确。但一旦有了操作经验，知道了该如何研磨出所需要的咖啡粉，那么下一次再研磨的时候就容易多了。虽然都是可调节的，但不同品牌的锯齿式研磨机有各自最佳的特点。例如，有些研磨机装有计时器，可定时研磨。

每次研磨咖啡不要超过一两天的食用量。在研磨之前，要确保金属盘之间没有上一次研磨的残留物，如果与其他咖啡混合的话，口味就变了。在正式研磨之前，先用几颗咖啡豆试着研磨一下，也可去除金属盘之前留下的异味。

如果需要在家研磨浓缩咖啡，那么锯齿式研磨机是再好不过的选择了，因为它们就是为研磨浓缩咖啡而研发的。锯齿式研磨机快速精确，但比一般的研磨机要昂贵许多。即便如此，它们也并不需要从银行贷款来购买。虽然整体价格可能会让人望而生畏，但它确实物有所值——配有剂量分配装置，这使得所需要的咖啡可以直接进入过滤装置，使过滤环节变得无限简单，让人不至于手忙脚乱。一般来说，调制浓缩咖啡最关键的是购买适当的设备。而好的研磨设备和调制装置在制作咖啡的过程中一样重要。

研磨的程度

对于商业咖啡的研磨，不同的品牌之间研磨的方式和程度都不同。咖啡公司制定和控制咖啡研磨的程度，他们利用网格筛子检测咖啡粉是否合格，一般从最粗网眼的筛子开始筛选。咖啡颗粒在哪一层筛子开始停止下降，以及筛子上剩余的咖啡粉的多少，不仅仅显示了研磨的基本程度，同时也显示了颗粒大小的均匀性。例如，如果咖啡生产企业想要检测其中度研磨的咖啡是否达标，它可以利用一个过滤器，并预测很大一部分咖啡粉会停留在9号网格筛子上。如果有太多的颗粒穿过筛子，或者没有任何的咖啡粉从9号网格筛子上落下来，那公司就会知道研磨过程出现了错误，需要重新调试研磨机。

同时，豆子研磨的好坏也和烘焙的程度有关。例如深度烘焙的咖啡豆更容易损失水分，更脆弱，从而更容易变成各种大小的块状和粉末。所以，根据不同的烘焙程度，可能需要对研磨机做一些调整。

确定适合调制的研磨程度的一个很好的方法是，获得一些商业用的咖啡粉，再把这些咖啡粉放在拇指和食指之间摩擦，就很容易得出研磨的程度了。商业研磨的程度一般约定俗成地分为土

中度研磨

耳其式研磨、浓缩咖啡研磨、精度过滤研磨和中度研磨。在商业咖啡中一般没有比中度研磨更粗糙的研磨方式，因为它们通常只能调制很少的咖啡，不太经济实惠。相同数量的豆子如果不用合适的研磨程度研磨，而是很粗糙地研磨，那么产生的咖啡粉会更少，能提取使用的也更少，调制出来的咖啡口味也不好。

近年来，某些咖啡公司为了获得更大的市场份额，生产“全方位研磨”的咖啡粉，承诺消费者这种咖啡粉既可以再过滤，也可以直接冲泡。这一种研磨方式（不符合物理定律）可使咖啡粉同时满足咖啡过滤器和咖啡机的要求。但采用这种研磨方式研磨出的咖啡可能导致咖啡调制的错误，同时还可能混淆视线，使人们更想不明白为什么咖啡需要有不同程度的研磨了。

全方位研磨机可以研磨出中等或者是上等的咖啡，可以直接把咖啡粉放入那不勒斯翻盖咖啡壶和虹吸壶内。这两种咖啡泡制器具的萃取率很高，而因为其独特的设计使全方位研磨出来的略大粒子不容易掉进咖啡液体。

对于咖啡完美主义者的一个建议是：在意大利，如果当天的空气湿度较高，而咖啡师想制作一杯完美无瑕的咖啡的话，那么他应该适当调整研磨的程度，比平时研磨得更粗糙些才好。

土耳其式研磨

浓缩咖啡研磨

精度过滤研磨

全方位研磨

调制咖啡前的注意事项

如果咖啡爱好者想要调制出最好的咖啡，或者说至少是一杯不错的咖啡的话，他应该在购置咖啡设备前考虑好几个问题。首先必须考虑的一点是，他想调制出哪种味道的咖啡，可以是醇厚的浓缩咖啡或者是高海拔阿拉比卡混合咖啡（其酸度可以用奶油来中合）。也许一杯香醇的咖啡必须要向人们提供愉悦和刺激。而自由尝试各种各样的咖啡新配方和烘焙方式则是很重要的。

第二，一天中何时饮用咖啡以及咖啡调制的方法都是需要考虑的。在早餐时，时间较紧张，大剂量的咖啡和咖啡因含量高的咖啡是最受欢迎的；而晚饭后饮用的咖啡最看重的会是咖啡的口味，这可以确保饭后轻松愉快的谈话并清除口腔内所有挥之不去的饭菜的味道。而在一个安静的、属于自己思考的时刻或者寻求放松时，可以选择慢慢品味浓郁的、天鹅绒般的黑色咖啡，使思绪漂到另一个时间和地点。

咖啡的量和效果也应该被考虑在内。是一下子喝光少量的咖啡还是需要连续来上几杯？咖啡的口感也很重要，如果咖啡非常顺滑，那么口感就会更好。当然也有人喜欢粗糙的口感。不管是浓咖啡还是淡咖啡，是口感醇正的咖啡还是略粗糙的咖啡，是早上喝的还是晚上喝的咖啡，所有的咖啡都有对应的制作方法。

确保咖啡最终的味道

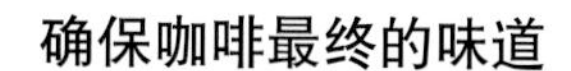

咖啡调制的方法一旦确定了，我们就可以回答“是否研磨？如果研磨的话，用哪　种方式研磨？”的问题了。另一个常见的问题是，“在咖啡完全成品之后，味道能和刚调制出来的时候一

左图：在任何场合任何情况下，咖啡都能保持半个小时以上，当然必须要通过保温瓶保存，风格从高雅到粗犷，可谓是应有尽有。

样吗？”这也许是最容易回答的一个问题。因为人们发现，把热咖啡存放在预热的真空瓶里味道会很好，且远远超过了任何其他保温方法。当然没有什么会永恒，新鲜度也很可能会逐渐下降。但这样存放的咖啡不会反复加热、冷却和再加热。而如果把咖啡放在电炉上的（咖啡壶）玻璃水瓶中的话，就会出现反复加热的情况。

咖啡调制的原理

咖啡是干咖啡粉和水混合的产物，这种混合能够用多种方法来完成——从使用十分简单和最小数量的设备到使用复杂的咖啡机器，甚至能花费上千美元。了解一些关于煮咖啡的事实能够帮助你解决一些问题，比如说关于煮咖啡的方法。

提炼咖啡的口味

一颗咖啡豆是一个特别复杂的整体，由上百种物质构成，其中许多的物质是可溶于水的，这些差不多1/3的水溶混合物能够在一般萃取过程中被去除。但是煮咖啡的目的，并不是去提炼粗磨的咖啡中大量的元素，因为并不是所有的东西都是咖啡爱好者所想要的。

咖啡专家们一般都认为咖啡综合的品质是由颜色、香味、味道和浓稠度组成的。当18%~22%的咖啡粉溶入水中时，咖啡的风味呈最佳状态。当超过22%的被提炼物质渗入水中时，就会造成过度提炼，咖啡的口味就会变得粗糙，因为咖啡粉中的残渣和无关紧要的物质都溶在了水中，使味道变得较为苦涩。

第二个技术考虑是即使只有最好的味道从咖啡中被提炼出来，这杯咖啡的味道还将取决于使用了多少量的水。大部分咖啡专家都认为，当一杯咖啡由98.4%~98.7%的水和1.3%~1.6%的“可溶性固体”混合时，风味才是最好的。这里的“可溶性固体”是指当这杯咖啡被蒸馏以后，所剩下的全部物质。上述水和咖啡的搭配比例操作起来比较容易。欧洲的咖啡爱好者一般每1升/33液量盎司/4杯水会搭配50~70克/2~3盎司咖啡。大部分人煮咖啡时每升水搭配55克咖啡粉，而北美人的咖啡口味普遍较淡。

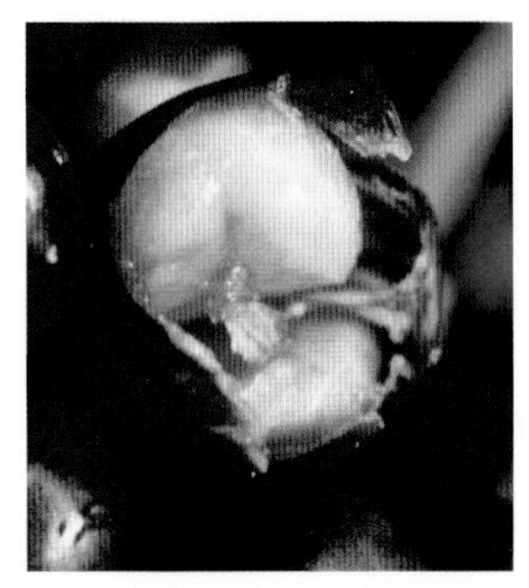
上图：每颗咖啡浆果中有两颗咖啡豆——被全世界关注的东西。

最漂亮和最昂贵的咖啡机并不总是能做出最让人满意的一杯咖啡来。当你在选择煮咖啡的设备时，必须要考虑到该设备的设计是否符合咖啡中各种物质的正确存在比例，另外也要考虑到各

调制咖啡的关键因素

正确调制一杯咖啡需要注意很多因素的平衡。不同的因素会导致咖啡口味的不同。所以在调制咖啡时需要注意以下几点：

1. 咖啡粉的研磨程度；
2. 咖啡和水的比例；
3. 水的品质；
4. 水的温度；
5. 水和咖啡的接触时间。

种各样的安全因素。

水质条件

人们在买咖啡的时候通常会选择一个特定的地方，而那个地方有他们喜欢的高档咖啡杯。他们把咖啡买回家，然后正确地煮咖啡，却好奇为什么咖啡品尝起来不一样。一杯咖啡中水的含量要超过98%，因此使用的水的质地和味道至少与使用的咖啡一样重要，只有一模一样的水才会重新产生一模一样的味道。咖啡专家倾向于同意煮咖啡最好的是轻微硬质的水，因为少许的矿物质会提升咖啡的口味，所以老的习惯就是加一点盐来“调出口味”。但是，如果煮咖啡的水非常硬，钙和镁离子完全融合于水分子和咖啡颗粒之间，干扰了咖啡的萃取过程，结果就是煮出来的咖啡几乎没什么味道。

当我们考虑调制咖啡的水对咖啡的影响时，我们会很自然地假设：如果使用软水会怎么样呢？最软的水就是蒸馏过的或是电离过的水，这种水其实是没有任何味道的，并且没有人会用它来煮咖啡。因此，我们可以假设，如果用蒸馏水来冲咖啡的话，同样会无味，并且需要一小撮盐来提味。这样是错误的！因为蒸馏水中没有任何东西来干扰萃取的过程，所以咖啡如果是用无味的蒸馏水来制作的话，是有非常强烈的

正确研磨的重要性

咖啡粉研磨得越细，其表面接触水的面积就会越大，从而会更快溶解到水中。调制一杯精细研磨的咖啡时，咖啡粉和水的充分接触所需要的时间会比较短。

相反，粗糙研磨的咖啡粉需要更长的溶解时间，而且咖啡杯内更容易留下残渣。不管是电动的还是手动的，一个好的咖啡研磨机研磨出来的咖啡粉的颗粒应大小均匀，并且更方便溶解。

咖啡味的。如果用蒸馏水煮咖啡的话，就算使用的是廉价的混合咖啡，味道也会很浓。所以，如果要用软质的水来煮咖啡的话，咖啡粉的添加量就要相应地减少，或把中等研磨改为粗磨，或缩短冲泡时间。总之，就是要确保不过度萃取。传统习惯是在咖啡中加一小撮盐，但当使用的是软水时，这不仅不会“提味”，还会中和咖啡中的一些强烈的味道。

用氯消毒过的或者是经过其他化学方式处理过的水、被旧管道污染过的水，有锈味的或者其他味道的水都会影响到咖啡的口味。放置于水壶中或厨房水管中的过滤设备可以去除令人反感的味道。

一般来说，专家们都认为新鲜的凉水大概有更高的含氧量，能做出上好的咖啡。但令人困惑的是，正是氧气造成了磨碎的咖啡变质，而真空烧瓶可以保护咖啡液体不被氧气破坏。所以，使用含氧量较高的新鲜凉水有利于做出好咖啡这一观点是缺乏令人信服的科学解释的。（这需要进行一次味道测试：尝试着用变质的温水和新鲜的凉水煮同样的咖啡，然后观察它们的区别。）记住，大多数带电的咖啡机都有恒温调节器，会自动加热放入其中的凉水。如果在制作过程中使用了热水，那么这家伙可能会运作得不那么理想。

水温

任何温度的水都可以萃取咖啡，但是热水比冷水要萃取得快。不要用沸水冲泡咖啡，虽然这样速度快，但却破坏了美味。咖啡的最佳准备温度范围是 92~96 摄氏度（197~205 华氏度）。相反地，如果用冷一点的水，将会萃取出泡沫。当咖啡被故意煮沸时，正如土耳其式萃取一样，其甜味剂会抵消任何苦味。

接触时间

当咖啡粉和水结合的时候，水需要一定的时间来融合咖啡粉和提取各种可溶性固体，其中一些则需要比其他物质更长的时间溶入水中。在最初几分钟，“混合”的风味化合物在液体中不断变化。如果接触时间是有限的，那么水必须渗透咖啡微粒并提取风味化合物；如果接触时间很长，粗粒的提取速度就会变慢。因此，在特定的酿造方法中，比如冷水滴在非常缓慢的几个小时之中通过咖啡粉，结果得到的咖啡却很苦，这是可以预料的。

比较水的品质

比较水的品质非常简单，你可以自己来做这样的测试：分别用蒸馏水和自来水冲泡咖啡，区别它们的口味；还可以在蒸馏水中加入盐冲泡咖啡，以验证是否像人们说的“盐分可以让咖啡的风味更好”。

制作咖啡的提示

1. 当首次使用咖啡制作设备时，要按照制造商的说明。用一个咖啡勺，并要一直使用以便测量。

2. 如果每次使用的咖啡的数量是相同的，那么只需注意咖啡和水的量。如果首次制作的咖啡的味道较淡或过浓（其实所有的咖啡味道是因人而异的），那么下次就要注意调整咖啡、水或者冲调的时间。

3. 许多咖啡机会标出制作几杯咖啡需要多少水，但不管使用的是什么尺寸的杯子，都很难做到完美。如果在不确定咖啡和水的比例，那么就使用更多的咖啡。因为如果味道太重了，那么稀释一下就好了。如果咖啡太淡，也就是干咖啡太少的话，就没办法了。

4. 必须记住，咖啡粉将会吸收一些水，所以冲泡好的咖啡永远达不到冲泡所用的水量。600 克咖啡将吸收 1.2 公升的水，这意味着 1 克干咖啡会吸收 2 毫升的水。

5. 尽可能不要重复加热咖啡或多次使用同一份的咖啡粉。

6. 冲泡少量咖啡（一两杯）时，要尽可能地多加咖啡粉，而不是多加水。每公

上图：一台好的浓缩咖啡机的关键在于：制造商对机器压力的微调、咖啡烘焙和混合的技术以及咖啡师的仔细磨制和冲调。

一些重要的单位转换

干量

28 克 =1 盎司

440 克 =1 磅

5.7 克咖啡 =1 汤匙

2.5 克咖啡 =1 茶匙

55 克咖啡 =10 汤匙 /2/3 杯

液体度量

50 毫升 =2 液量英两 =0.25 杯

1 升 =33 液量英两 =4 杯

600 毫升 =20 液量英两 =2.5 杯

1 杯浓缩咖啡（空）=2.5 液量英两

1 杯浓缩咖啡（液态状）=1.5 液量英两（44 毫升）

下图：调制咖啡的工具再简单不过了：勺子、量斗、长柄深锅和咖啡。重点是要熟悉这些工具，知道用哪种工具调制何种咖啡的口味最好。不管使用何种调制方法，都要对所需的咖啡和水的量充分了解、对调制好的咖啡的口味有所了解，这样才能使调制的过程更加流畅顺利。

升的水大约泡 50 克咖啡，大约每品脱水需要一盎司咖啡粉。这样的萃取过程并不十分充分，但却是很好的开始，可以帮你更快地找到适合自己的咖啡口味。

咖啡和健康

咖啡因（$C_8H_{10}N_4O_2$）是一种白色的、略苦的生物碱，有时也被称为“茶素”。它是咖啡中含有的天然成分，占咖啡豆重量的 2%~3%。平均每杯咖啡中有 60~90 毫克的咖啡因。罗布斯塔咖啡中的咖啡因含量远高于阿拉比卡咖啡。除了咖啡，咖啡因还存在于 60 余种其他植物中，例如茶、可可、瓜拉那（一种植物）和可乐；在另外一些制品，如巧克力和可乐软饮料中也含有咖啡因。

因为咖啡因会使中枢神经系统变得兴奋，并对脑部产生刺激，所以咖啡因通常可以缓解头痛。许多药品中都含有咖啡因，尤其是那些治疗头痛和感冒的药；同时它还是一种利尿剂。

测试证明，咖啡因能够使神经警觉、注意力更集中。但是，认为浓咖啡可以抵消酒精的作用的说法是一个谬论。咖啡并不能让一个真正醉酒的人变得清醒。所以，用咖啡醒酒并不是一个好主意。而且，随之而来的宿醉也会因为大剂量的咖啡因而变得更加复杂。

过量的咖啡

一般来说，过多的咖啡因会导致心悸、手部不自觉地颤抖或是焦虑和失眠。然而，“过多”对于不同的咖啡消费者来说，是有巨大差别的。对某些人来说，一杯咖啡就会造成以上不良反应；而另一些人每天能喝上十杯咖啡，却没有任何不良反应。咖啡是世界上被研究得最多的物质之一，但科学的和医学的不同观点仍然分歧严重。我们有充分的理由相信，如果咖啡爱好者根据个人的咖啡因承受度消费咖啡，那么可以完全放心地喝上几年“安全”的咖啡，而不用担心任何不良反应。

咖啡是一种酸性饮料，尤其是高海拔地区出产的阿拉比卡咖啡。许多人发现喝完咖啡后胃部不适，从而错误地认为是咖啡因含量较高的缘故，其实是因为咖啡的酸度高。脱咖啡因的咖啡也并不会降低它的酸度，所以喝无咖啡因的咖啡并不能降低胃部不适的风险。中和了酸性的咖啡很难找到，只有在北美和英国或是法国和德国的一些咖啡馆中才有。并且，它们可能并不特别美味，因为高海拔地区出产的阿拉比卡咖啡和另外一些混合咖啡的独特口味就是来自于其酸性。

咖啡和医疗研究

研究表明，怀孕会大大增加女性体内的咖啡因代谢时间，同时咖啡因可能会被转移到胎儿体内，所以建议

上图：对于很多人来说，去咖啡因的咖啡和常规咖啡之间的区别很小，并不易察觉。市场调研发现，去咖啡因的咖啡饮品越来越受到欢迎，而咖啡公司对咖啡豆品质的要求也越来越高。

孕妇的咖啡摄入量要比普通人至少减少 50%，喝咖啡的频率也应该降低。如果担心不良的影响，那么在怀孕期间应该禁止一切咖啡因饮品和食物。

多年来，许多全面和详尽的研究都在尝试搞清楚咖啡消费量与癌症或心脏病之间的关系，但都没有任何成果。同时也没有咖啡因导致高血压的证据。一项研究探索了咖啡和高胆固醇（其可能导致心血管疾病）之间的联系。研究发现，只有在某些受试者大量饮用过度沸腾的咖啡时，其胆固醇含量才会增加。因此，过滤煮沸的咖啡似乎可以消除胆固醇油脂。其他一些实验研究也表明，沸腾的咖啡中导致胆固醇含量增加的物质并不是咖啡因，而是其他物质，因为同样的去咖啡因的咖啡（一直煮，没有过滤）似乎也会导致高胆固醇。当然，对于担心咖啡因摄入量的咖啡消费者来说，或者对于只想深夜享受咖啡的味道而不想因此失去睡眠的人来说，去咖啡因的咖啡，甚至只是含咖啡的饮料，都是不错的选择。

去咖啡因的咖啡

无可厚非的说，虽然去咖啡因的咖啡在 20 世纪初期就有了，但大多数口味极差。转折发生在 1980 年左右，其中一个很大的原因是，20 世纪 80 年代中期，大量毫无根据的有关咖啡因对健康有副作用的传言让人们对去咖啡因的咖啡产生了前所未有的兴趣。去咖啡因的咖啡的味道很快得到了极大改善，超市内的所有主要咖啡品牌都开始生产去咖啡因的产品。Coffex SA 公司在 1979 年申请的专利“瑞士水处理去咖啡因法”要几年后才能公开，许多公司目前生产的不含咖啡因的咖啡豆并不是用此方法处理的。那么为什么去咖啡因的咖啡口味开始变好了呢？答案是突然有了需求市场。多年来，只有那些特别注重健康的咖啡爱好者才喝去咖啡因的咖啡，所以咖啡公司并没有费心地去为这样一个少数人的市场花力气，也没有使用上好的咖啡豆制作出咖啡因的咖啡。到了大约 1987 年，去咖啡因的咖啡已占据了美国咖啡市场的约 25% 的份额，而咖啡公司为了抢占

上图：如果不看包装的话，大部分的人并不能品尝出这是一杯去咖啡因的咖啡。

市场和巨额的经济利益，开始使用更高质量的咖啡豆来制作去咖啡因产品。去咖啡因咖啡的口味随着其市场的不断扩大而变得越来越好。

因为咖啡因除了轻微的苦涩外几乎无味，所以去除咖啡因并不会影响咖啡的味道，除非是在脱咖啡因的过程中不小心破坏了咖啡中和味道有关的物质。所有去咖啡因的目的都是只去除咖啡因，而不是去除咖啡的味道。最终决定咖啡味道的还是咖啡豆本身的质量。

两个世纪以来，人们一直都知道，尽管烘焙过程不会破坏咖啡中的咖啡因，就算是240℃（475° F）的高温也无法分解咖啡因，但是咖啡因可溶于液体。不管是生（未经烘焙的）咖啡豆还是烘焙好的咖啡豆，其中的咖啡因均可以溶于任何液体中。咖啡因在某些液体中溶解得比在另外一些液体中更快。

去咖啡因的过程

最古老的去咖啡因的方法是哈格咖啡（Kaffee hag）使用的方法，即把咖啡豆加压到临界的、类似液体的状态，并注入二氧化碳以去除咖啡因。因为所需的设备非常昂贵，所以许多公司并不采用这种方法去咖啡因。

应用最广泛的去咖啡因法是把加热的咖啡豆浸泡在化学溶剂（通常为二氯甲烷）中。这种处理是有针对性的，因为几乎没有味道的、大约占咖啡豆3%的咖啡因会完全融入到二氯甲烷溶剂中，而咖啡豆却不会因此变味。把处理后的咖啡豆冲洗干净，再经晒干和烘焙，在高温中几乎所有残余的溶剂就都被蒸发掉了。1995年，欧洲叫停了这种去咖啡因法，因为二氯甲烷气体，特别是气溶胶形式的二氯甲烷会破坏臭氧层。美国食品和药物管理局则规定，咖啡中的二氯甲烷残留物含量不得超过一百万分之十。大多数咖啡生产商并不担心违规，在因为实际生产过程中，二氯甲烷的残留物不会超过一百万分之一。

最昂贵同时也是耗时最长的去咖啡因法就是已申请专利的瑞士水处理法。它仅仅使用咖啡豆、热水和碳过滤器便能去除咖啡因。令人遗憾的是，一些挥发性的风味化合物也会和咖啡因一起被去除。

虽然咖啡爱好者和专家都坚信去咖啡因的过程破坏了咖啡的味道，但其实大部分人都很难区分普通咖啡和去咖啡因咖啡。在英国国际咖啡组织的一项长达几个星期的实验中，几组经验丰富的品尝师专门去品尝3种不同的咖啡。这3种咖啡所用

好的咖啡豆就能做出好咖啡，不管是否去咖啡因。

的咖啡豆是来自同一个种植园中的同一批产品。样品被分为三杯，其中一杯是用溶剂去咖啡因法制作的咖啡，一杯是用水处理法去咖啡因的咖啡，第三杯是普通咖啡。测试进行了一次又一次，咖啡样品也不止一组，而包括有分别从肯尼亚、哥伦比亚和巴西带回来的咖啡。结果表明，就算是品尝师也几乎无法区分3杯咖啡的不同。当有些品尝者认为他们可以区分出不同时，就会被要求说出哪杯最好喝，他们往往喜欢去咖啡因口味的，而不是“普通版本”的咖啡。

那些既喜欢咖啡的味道，但又担心咖啡因的不良作用的人应该认识到，当今有一些品质优异得令人难以置信的去咖啡因的咖啡，尤其在专业的咖啡商店里就更多了。因此，遮住咖啡袋的商标，藏好咖啡盒子，开始享受生活的奢侈品——一杯上好的咖啡吧！

咖啡调制设备

由于咖啡和水的混合方式有限，所以人们对于咖啡调制时可以影响其风味的因素的多样性感到惊喜。最开始，把咖啡和水混合到一起这种想法就是天才之作了。当然，最开始制作咖啡时就是把咖啡放在沸水中煮，而且煮的不是咖啡豆，而是咖啡浆果。（这和人们最早吃水果的方式有些相似。）

后来，土耳其咖啡调制法成为了最常见的咖啡调制方法，虽然欧洲人并不屑于用此法调制咖啡。毫无疑问的是，欧洲人也用煮沸的水调制咖啡，但所用的器具与伊斯兰人在此后600年间所使用的器具并不相同。欧洲人以及全世界欧洲殖民地的咖啡爱好者不停地改进咖啡器具，这也让人好奇不已。世界各地的博物馆中都陈列着奇怪的碎片，如烧杯和悬挂在火焰上的试管、陶瓷机车、复杂的迫使水位上升的缸、可缓缓流出咖啡的咖啡机器，以及和某种水刑刑具相似的滴咖啡的机器。接下来介绍的一些调制咖啡的工具也许不像上述那些那么有创意，却更实用，可以制作出一杯令人满意的咖啡。

上图：咖啡开始在也门普及后不久，我们今天使用的土耳其咖啡调制法就开始流行了。

咖啡煮具

调制土耳其咖啡困难的地方在于用什么混合咖啡。传统的中东混合咖啡口味独特，这主要是因为它是由里约风味的巴西咖啡豆和埃塞俄比亚咖啡豆混合而成的。人们总是错误地认为土耳其咖啡是深度烘焙的，但研磨成粉的咖啡豆是呈棕红色的，而不是黑色。

传统的泡咖啡的器具叫咖啡煮具（ibrik），或者叫作希腊煮具。一般来说，这是一个小的、长柄的铜质镶边的盘状物，开口很小。咖啡煮具大小种类不一，但在器具的底部通常会刻有一个数字，标明每次可泡制的咖啡的杯数。

如果没有咖啡煮具，也可以用煮牛奶的锅代替，其缺点就是咖啡会没那么容易煮沸。这也是唯一一种需要打破“不要煮沸咖啡”这一常规的咖啡泡制方法。其实只要在咖啡中加入糖，那么沸腾后的苦味对咖啡整体风味的影响就会比较小。在泡制过程中还可以加入一些香料，这会改变咖啡的风味。

土耳其咖啡端上桌时，一般会配有一杯水和一些土耳其点心；土耳其咖啡中不添加奶油或者牛奶。

使用咖啡煮具制作咖啡

1. 土耳其咖啡的配方非常简单：首先需要的就是咖啡煮具。如果咖啡煮具的容量是两人份的，那么就用勺子舀两勺土耳其咖啡放入器具中。（土耳其咖啡的颗粒大小均匀，不容易粘在汤勺上。）

2. 往器具中加入两勺糖。（糖并不像咖啡那么好盛，但是也需要两勺，因为大多数西方人喜好偏甜。）

3. 最后，咖啡杯倒两杯清水到器具中。这时候还可以根据不同的喜好加入小豆蔻、肉桂粉或是茴香一起泡制。

4. 把器具放在小火上加热直至沸腾；在混合物快要扑出器具边缘时，迅速关火；均匀搅拌混合物并再次加热；再次沸腾后关火，不要搅拌。

5. 把咖啡分别倒入两个咖啡杯中。切记，泡沫也要均匀分配。

小提示：如果想使风味更浓郁、咖啡和糖混合得更均匀的话，可以让咖啡沸腾3次。

下图：器具的底部通常刻有一个数字，注明每次可泡制的咖啡的杯数。

“露天”式（Al Fresco）咖啡泡制法

在没有合适的煮咖啡器具的情况下，“露天”式咖啡泡制法就比较适用了。这种方法适用于所有混合咖啡和以任何方法烘焙的咖啡豆。通常泡制55克（10汤勺）的咖啡需要1升（33英两或4杯）的水。

上图：“露天”式咖啡泡制法只需要一个长柄深锅、一个量斗和一个过滤器。

“露天”式咖啡泡制法

1. 用量斗量出需要的冷水；如果没有量斗，就用咖啡杯代替（需要泡制多少杯咖啡就倒入多少杯冷水；可以适当多倒一些水）；然后加热长柄深锅。

2. 取出适量研磨好的咖啡粉。在水快要沸腾的时候，迅速把咖啡粉倒入水中。

3. 关掉热源，均匀搅拌咖啡。放置4分钟后，把咖啡倒入咖啡杯中即可享用。

由于“露天”式咖啡泡制法适用的场景一般都是在野外，所以可能不会有研磨得特别好的咖啡。（研磨得好的咖啡一般只是中度研磨；如果是家庭式研磨的话，就会稍微再粗糙一些。）如果咖啡研磨得较好，可适当缩短泡制的时间，但一般不要低于3分钟。在咖啡的底部通常会有一些沉淀物。

咖啡罐（咖啡瓶）

和上一种泡制方法一样，用咖啡罐或咖啡瓶泡制咖啡也非常简单，需要的器具也较少。这种方法适用于所有混合咖啡和以任何方法烘焙的咖啡豆。最好使用中度研磨的咖啡粉或是稍微粗糙一些的咖啡粉。

上图：陶制的咖啡罐最适合这种冲泡方式。

用咖啡罐或者咖啡瓶泡制咖啡的步骤

1. 在咖啡罐中加入适量热水，同时准备好同样多的热水。把水从咖啡罐中倒出（咖啡罐的容量可以用量筒量出）；擦干咖啡罐并放入适量咖啡粉。一般来说，泡制 55 克（10 汤勺）的咖啡需要 1 升（33 英两或 4 杯）的水。

2. 把接近沸腾的水倒入咖啡罐中，搅拌均匀；一般应使用木制调羹搅拌。在把咖啡倒入咖啡杯之前，要先静置 4 分钟左右。

小提示：请勿将咖啡罐一直保持在高温状态；泡制好的咖啡如果不马上喝，应先倒入保温瓶中。

滤压壶（法式按压咖啡壶）

在滤压壶中泡制咖啡，和在咖啡罐中泡制咖啡的步骤一模一样。事实上，用滤压壶比用咖啡罐更方便，因为它自带过滤器。在多次使用之后，用滤压壶泡制咖啡也更容易掌握所需水量；缺点是滤压壶不容易清洗。

最适合使用滤压壶冲泡的咖啡粉是中度研磨的咖啡粉。如果咖啡粉研磨得非常细，那么泡制时间就不能超过 3 分钟，而且倒入咖啡粉的过程会比较困难。当然，如果咖啡粉研磨得比较好，就不会产生沉淀物。

滤压壶（法式按压咖啡壶）的大小不一，还配有许多各式各样的保温罩。滤压壶本身一般是不具有保温功能的，但其配套的保温罩则可以适当地起到保温作用。泡制好的咖啡如果不马上喝，应先倒入保温瓶中。

滤压壶（法式按压咖啡壶）的样式和大小多种多样，价格也相差很多。比较贵的滤压壶质量通常比较好，所配的过滤装置也可以使用得比较久；一些便宜的咖啡壶的过滤器较容易被磨损，咖啡粉也容易掉到壶中，而且单独的过滤装置也比较难买到。

保养方法

滤压壶比咖啡罐更难清洗，因为咖啡粉可能会残留在过滤筛子上或者是滤压壶的底部。每一次泡制完咖啡都必须彻底清洗滤压壶，这是因为咖啡豆中含有油脂，若不及时清洗就会变质，下一次泡制咖啡时就会有异味。另外，在按活塞的时候，要确保完全按住了，而不是只按住了活塞的一个角。这样滤压壶才能用得久。

滤压壶的使用方法

1. 在滤压壶中注入热水，使壶变热（另外再备一些热水）。把滤压壶中的热水倒入量杯，并计算出所需的咖啡粉数量。一般来说，泡制55克（10汤勺）的咖啡粉需要1升（33英两或4杯）的水。

2. 擦干壶身并放入干的咖啡粉，并加入准备好的快要沸腾的热水。

3. 用大汤勺均匀搅拌咖啡；咖啡越新鲜就越容易溶解；继续搅拌，直到咖啡全部溶解。

4. 在滤压壶中放入过滤装置，静置4分钟。在调制好咖啡以后打开盖子，一手扶住盖子，并把咖啡倒出。泡制好的咖啡要尽快饮用。

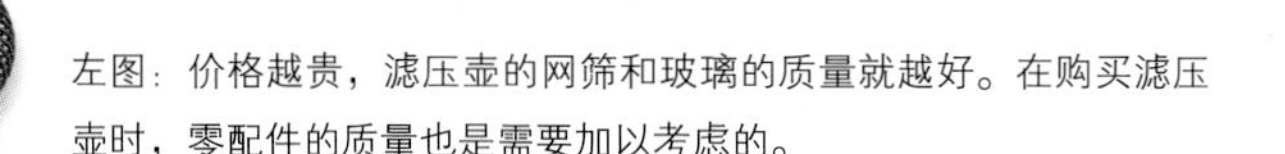

左图：价格越贵，滤压壶的网筛和玻璃的质量就越好。在购买滤压壶时，零配件的质量也是需要加以考虑的。

那不勒斯翻转咖啡壶（The Neapolitan）

意大利人声称他们发明了那不勒斯翻转咖啡壶，就像他们一直声称自己最早制造了浓缩咖啡机一样。但实际上，那不勒斯翻转咖啡壶是法国人发明的，最早也被叫为“滴滤咖啡壶”。这确实是一种滴滤式咖啡壶，热水在过滤后滴到研磨好的咖啡上。用那不勒斯翻转咖啡壶冲泡少量咖啡是非常理想的方式。

事实上，这种形状奇怪的咖啡壶比较少见，不锈钢材质的就更少见了，所以人们不会去计较它一次可以制作两杯还是3杯咖啡。在购置了那不勒斯翻转咖啡壶后，只要其把手不断，就可以一直使用。因为它没有任何玻璃制造的部分，也没有需要替换的配件（例如垫圈等）。它没有线圈，所以不会烧坏。

左图：那不勒斯翻转咖啡壶古怪而特别，用它来泡咖啡，别有一番风味。

如何选择好的那不勒斯翻转咖啡壶

在挑选那不勒斯翻转咖啡壶时，壶身要选择不锈钢材质的，而把手要选择木质的或者是塑料的，以方便翻转。过滤筛盒上的孔洞因生产商不同而大小不一。但一般来说，孔越小，操作起来就越方便。因为孔越小，咖啡残渣就越不容易掉落入咖啡中。当然，咖啡研磨得越精细越好。

充分了解那不勒斯翻转咖啡泡制法

掌握这种方法最重要的一点是选择合适的咖啡粉，最合适的就是精细研磨的咖啡粉。那不勒斯翻转咖啡壶是由两个圆筒状的壶所构成，一个叠在另一个上面，其中一个壶有壶嘴，两壶中间有一个上下皆有孔洞的过滤筛盒，孔的大小不一，其大小取决于制造商所在的国家。一般来说，那不勒斯翻转咖啡壶更适合泡制中度研磨或者是精细研磨的咖啡。如果是直接购买的咖啡粉，那一般要选“全方位研磨”（omnigrint）的咖啡粉。

选择合适温度的水也不容易。如果加热过久，水就会从装置当中喷出来。如果将水加热后再装入那不勒斯 翻转咖啡壶（北美洲有时称其为滴滤式咖啡壶），就应特别注意不要烫伤自己。因此特别推荐非金属手柄的型号。

有时候，在滴滤式咖啡制作完成之后，一些水蒸气会从两个壶连接的地方冒出。即使有这样的现象发生，那也只会持续一两秒。泡完咖啡之后，要先将咖啡壶冷却，然后再拆开来清洗。两个圆筒状的壶在温度较高时会连接得很牢，比较难拆开。当冷却下来以后，因为热胀冷缩，咖啡壶就变得更容易拆洗了，而且这时候拆洗也不容易被烫伤。

那不勒斯翻转咖啡壶的使用步骤

1. 第一次使用那不勒斯翻转咖啡壶时，要先测量好容器的大小。制作咖啡时，在一个容器中放满水，然后在咖啡容器中放入研磨好的咖啡粉，看咖啡粉是否能穿过底部的小孔。如果能够穿过，说明咖啡粉研磨得过于精细了，不能使用。此时千万不要吝啬，不要舍不得倒掉咖啡粉，因为这种壶一次只够泡制两到三杯咖啡。如果咖啡粉过少，会立马在水中溶解。这样，咖啡和水的融合时间就太少了，无法泡制出完美的咖啡。

2. 将咖啡粉放在壶腔开口处，拧紧过滤器；在另一壶腔内加入所需水量，不得高于小孔。合上带有咖啡粉过滤器的壶腔，并将两部分拧紧。不同生产商制造的咖啡壶的接合情况不同，但是都是可以完美拧紧的。

3. 把咖啡壶放置在炉子上，用小火或者中火把水烧开。通过观察很难看出壶中的水是否已经沸腾了。（当然，当有水蒸气从下壶的壶口冒出时，表示加热已经完成了。）

4. 取下翻转壶，等待几秒钟后把水壶翻转 180 度。应注意不要触碰壶身，以免烫伤自己，并把咖啡壶放置在隔热片上。水会花上几分钟来通过过滤器，然后在下部的壶腔中便能收集到咖啡液。

5. 如果咖啡壶的喷口很低，那么冲泡好的咖啡不需要搅拌就能直接饮用（泡制的第一杯咖啡会比较浓郁因为里边会掺有咖啡粉末）；而如果咖啡壶的喷口比较高，那么在冲泡咖啡时，可以先将上壶拆掉，搅拌咖啡后再饮用。

小提示： 虽然那不勒斯翻转咖啡壶需要用热源加热，却不能以一直在热源上加热的方式来保温，这样会破坏咖啡的风味。

右图：那不勒斯翻转咖啡壶最合适的咖啡粉是“全方位研磨”的咖啡粉。

咖啡过滤装置

手动过滤装置和单杯咖啡机

长久以来，人们更倾向于往咖啡中倒入水冲泡咖啡，而不是直接把咖啡浸在水中。虽然从某种意义上来说，渗滤也是一种过滤形式，但大多数人都认为，咖啡术语当中的过滤，指的是一种滴滤原理。

滴滤式咖啡会更干净且更纯净，但不可否认的是，其浓度不够。同时，泡制咖啡的过程中不需要秒表，因为只要研磨的程度对了，重力就可以解决一切问题。因为泡制过程中水和咖啡粉接触的时间有限，所以要选择研磨程度合适的咖啡粉。注意不要使用研磨得过于精细的咖啡粉，同时也不要一次使用太多咖啡粉，否则会堵塞过滤装置，导致过滤不顺畅。

大约40年前，人们发明了电动过滤装置，这意味着咖啡爱好者再也不需要在过滤装置前等待咖啡过滤了。当然，手动过滤装置价格便宜，保养和清洁都很容易，所需的空间较小，操作起来也更容易。其唯一的缺点在某种意义上也算优点：手动过滤装置没有可加热咖啡的加热板。唯一需要的装置是一个咖啡壶，一张过滤纸和一套过滤装置。（金属过滤器或合成过滤器则不需要过滤纸）。另外，还需要装咖啡用的容器（如果想喝热咖啡，就用保温杯）；如果需要搅拌咖啡，那么就再配一个咖啡勺。

左图和上图：手动咖啡装置的大小和形状有许多种。

塑料的过滤锥或过滤篮的大小有许多种。重要的一点是要根据泡制咖啡的杯数来确定所需咖啡壶的大小。如果泡好的咖啡容量还不到咖啡壶容量的一半，那么看上去就不美观了。楔形的过滤锥更适合泡制小分量的咖啡（一般是1到3杯），因为它更容易把咖啡粉集中到一起，便于咖啡粉快速地和水充分

使用手动过滤装置制作滴滤式咖啡

1. 首先在咖啡壶容器内注入热水，这可以帮助我们预计所需咖啡的量。一般来说，每 1 升（33 液量英两或 4 杯水，需要 55 克（10 汤匙）的咖啡。如果不好估计，就尽量用更多的咖啡。因为滴滤式咖啡在泡制完成之后，其味道很容易被热水冲淡。

2. 再加热的同时，把过滤纸和过滤篮放在咖啡杯上，并放适量咖啡在过滤装置上。

3. 适当调整过滤纸上的咖啡，使溶解过程更加顺利。

4. 当水沸腾后，数 10 秒钟让水温降到 95℃（203°F）。

5. 在过滤装置中倒入少量水，湿润其表面；同时让咖啡粉变得紧实。

6. 慢慢地把剩余的热水倒入，倒的时候装置内的各个地方都要照顾到。如果有咖啡粉是干燥的，那么滴滤过程就会中止。然后搅拌过滤装置中的混合物。

7. 当水和咖啡粉充分融合、滴滤过程结束之后，把过滤装置移走，搅拌咖啡杯中的咖啡即可享用。如果不是马上饮用，也可以放到保温杯中保存。

下图：单杯装的手动过滤咖啡。

接触。平底的过滤篮更适合大分量的咖啡泡制。

便携式过滤装置

长久以来，咖啡公司一直在生产和制造带有便携式过滤装置咖啡。便携式咖啡过滤装置的容量都是预先设定好的，所附带的过滤纸也可以在任何咖啡杯或是马克杯上使用。大部分的咖啡公司会推出同一种咖啡的常规品种和去咖啡因品种。有些公司规定，买 10 杯以上的过滤咖啡会赠送杯套，但这些杯套也是一次性的。这听上去好像是巨大的资源和包装浪费。而另一些公司每卖出一大袋咖啡便赠送两个塑料过滤装置，或是每 10 袋真空包装的咖啡粉会配有过滤片。同时，不带过滤片的一大包咖啡会以比较便宜的价格出售。因为大部分的家庭早就已经有了过滤器，所以并不需要在购买咖啡时购买过滤装置。

便携式咖啡过滤装置使

用非常方便，只需要再加上一个装有热水的咖啡壶和一个用来喝咖啡的杯子即可。配套的咖啡的品质很好，研磨程度合适，包装也很精美。操作时只需要把热水倒入过滤装置中，再把过滤杯放在咖啡杯上即可。清洁也非常方便。如果需要同时泡制两杯咖啡，而其中一人需要去咖啡因的咖啡或是茶，而另一个人需要普通咖啡，那么一杯高保温的热水也可以同时泡制两份饮品。

但是，这种咖啡有两个缺陷。首先，带过滤装置的咖啡比同样的不带过滤装置的咖啡价格高出不少。但是由于使用方便，除了热水之外不再需要任何别的器具，所以这种咖啡也拥有大量的消费者。

它的另一个缺点是针对顶级咖啡来说的：这种方便的产品使消费者对于咖啡成分的了解逐渐变少。当然，如果咖啡公司在包装上注明混合咖啡中各种咖啡的名称、由来和产地的话，那么这个问题也并不特别严重。

全自动过滤装置

全自动过滤机的品牌众多，质量参差不齐，价格也相差很大，在选购过滤机时，需要考虑的有以下几条：

第一个要考虑的因素就是机器的容量，这对于一台过滤机来说很重要。过滤筒的容量和调制篮的容量都是要考虑的. 如果使用的咖啡量太少，不到过滤机额定容量的 50%，那泡制咖啡时还没等咖啡的香味飘出来，沸水便会立即与咖啡融合。如此一来，咖啡就会变得淡而无味。相反地，如果咖啡放得过多，

右图：使用永久过滤片更环保，可以减少一次性纸衬片的购买，同时还可以使咖啡的味道更浓郁（咖啡中会混合一些沉淀物）。

咖啡聚在一起会很厚，水难以穿透，因而导致咖啡被过度萃取。除此之外，如果使用了设计不当的过滤机，由于机器的顶部没有留有多余的空隙，咖啡或水或两者的混合物便会从机器的缝隙中渗出来。研磨好的咖啡的香味要比咖啡豆浓 2 倍左右，尤其是新鲜烘焙的现磨咖啡。

购买过滤器时另一个要考虑的因素就是是否购买带有永久过滤器的机器。永久过滤器一般带有涂有金丝的金属网（有一些是合成网），或者是带有纸衬片的滤网。而滤网中的一次性纸衬片可以过滤出比永久过滤器更纯净的咖啡。但麻烦的是，有时候想泡咖啡了，一次性纸衬片却用完了。而使用永久过滤器需要注意的地方就是要保持清洁，因为咖啡残渣很容易留在金属网上，进而污染下一杯咖啡，使萃取不均匀。所以在使用永久过滤器时，还要配备一把硬毛刷。

动力的重要性 购买过滤装置时最需要考虑的因素是过滤机的动力，因为过滤机收到的最多的投诉就是制作的咖啡不够热。机器泡制咖啡的时间不得超过 6 分钟，而且必须用热水泡制。和咖啡粉接触的水温不能低于 92℃（198°F）。机器的功率则是越大越好。

很多过滤装置附加有一些特别的功能，例如定时功能。这样一来，早上喝的咖啡就可以在清晨泡制好。当然，只要与具有定时功能的电源连接，多种过滤机都能定时泡制出咖啡。另一个附加功能是，有些过滤机可以在泡制的过程中取咖啡，这功能比较人性化，但是泡制的第一杯咖啡往往既浓又苦、味道不佳。最好的办法是附加一个隔热真空容器，可以盛放泡制好的所有咖啡，而不是让咖啡直接落入放置在热板上的普通咖啡壶中。

一般维护与保养

全自动过滤装置需要定期除垢，防止因污垢在内部管道上堆积而导致的泡制时间变长、过度萃取或者水流不顺畅等问题。而钙垢会缩短机器的使用寿命。如果机器中的水垢不是特别多，可以用不掺水的醋来清洗，其除垢效果和商店里购买的清洁剂的除垢效果相同。

1. 保持咖啡机清洁是非常重要的，因为咖啡中含有油脂，若不及时清理掉，油脂可能会发臭。因此，在每次使用之后，都要彻底清洗并擦干咖啡壶。

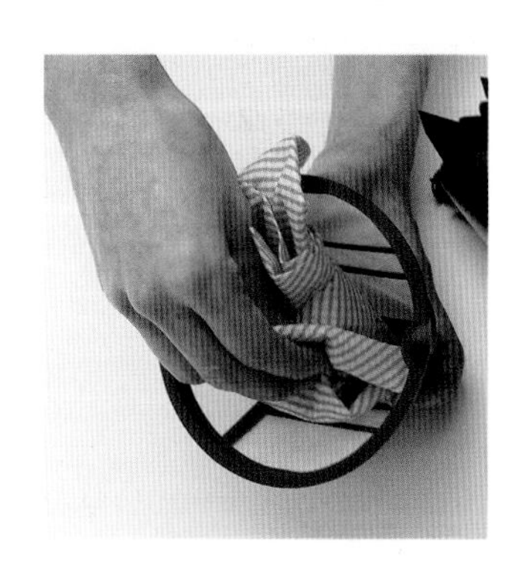

2. 不要让咖啡残渣堵塞喷头，否则会影响下一次调制出的咖啡的味道，并且会导致萃取不匀。应定期用软布擦洗喷头。同时，如果能把热板上的咖啡残留物也清洗干净，那么机器的效率也会更高一些。

家用电动过滤装置的使用方法

建议最好根据制造商的说明书来操作，不同型号的过滤机操作方法不同。大部分的过滤装置侧面都标有标量，以告诉消费者制作多少杯咖啡需要多少水。但这里标注的杯子的大小和实际使用的杯子的大小往往有出入。所以在使用一个新的咖啡机时，要多试几次来确定所需要的水量。如果不确定需要制作多少杯咖啡，或是不确定所需咖啡粉的数量，那就尽量多使用一些咖啡粉。因为把浓咖啡加水稀释成较淡的咖啡的步骤比较容易。

1. 开启咖啡机，加入冷水和一些经过精细研磨的咖啡。咖啡和水的比例是每 55 克（10 汤匙）咖啡需要水 1 升（33 液量盎司或 4 杯）。不推荐为了加快泡制过程而在机器中加入热水，因为咖啡机带有自动调温器，可以自动加温冷水。不管倒入的是冷水还是热水，对于泡制时间的影响很小。

2. 如果机器运作良好，那么泡制过程会从水噗出开始（水温一般显示为 92~96℃即 198~205°F）。在泡制过程中要注意观察咖啡粉是否都已被水浸湿以及是否混合均匀。如果咖啡摆放不匀，要注意搅拌，使之与水充分混合。

3. 泡制结束之后，搅拌咖啡壶中的咖啡即可饮用。热板可以让咖啡保温，一般保持在 80~85℃即 176~185℉。但是不要让咖啡壶在热板上放置超过半个小时 .

如果泡制好的咖啡暂时不喝，可以把咖啡倒入保温瓶中保温。有一些咖啡机配有带漏斗盖子的咖啡壶。但到目前为止，咖啡过滤机最有用的附加功能是热水瓶：可以在泡制咖啡的同时保温。

小提示：绝对不要重复使用咖啡粉！在泡制过一次之后，咖啡中的风味已经完全被萃取出来了，而余下的咖啡渣就只剩下苦味了。

手动及电动咖啡渗滤壶

很多年来，“现代”的咖啡泡制方法就是使用咖啡渗滤壶，即把咖啡渗滤壶放在灶台上加热。咖啡渗滤壶就是一个咖啡壶，其中有一个中心管、一个有穿孔金属板的泡制篮，并有盖子。咖啡壶的盖子上通常会有一个带孔的玻璃把手，当壶中的液体沸腾时，咖啡会从顶上的小孔中冒出来。

目前，市场上的咖啡渗滤壶都是电动的，但制作咖啡的原理没有变：咖啡壶底部的冷水烧开后，穿过空心管通到咖啡壶的上部，再透过穿孔的金属板，和咖啡粉混合，最终以液态咖啡的形式回落到咖啡壶的底部。

和许多咖啡内行的看法不同，咖啡渗滤壶冲泡出来的咖啡口味纯正，但这仅限于一次泡制。事实上，若开水反复通过中心管，再反复滤过磨好的咖啡粉，泡制出的咖啡味道苦涩、浓重且带有酸味。名牌电动咖啡渗滤壶在泡制好一次咖啡后，会自动降低温度以避免这种情况的发生。也可以在第一次泡制好咖啡后，取出泡制篮。即便如此，一些第一杯冲泡的咖啡还是会再次通过中心管、滤过咖啡粉，以致整壶咖啡前功尽弃。咖啡渗滤壶基本属于滴滤式，最适合泡制中度研磨的咖啡粉，从而可以更好地避免灾难式的过度萃取。当然，咖啡和水的比例仍是每55克（10汤匙）咖啡需要1升（33液量盎司或4杯）水。

虽然咖啡渗滤壶可以让咖啡保温，但如果不是马上饮用咖啡，还是最好使用保

右图：现在市场上常见的电动咖啡渗滤壶，其操作原理仍和本世纪初发明的手动咖啡渗滤壶相同。

温杯保存冲泡好的咖啡。

一般维护与保养

清洁咖啡渗滤壶并非简单的事，因为咖啡渗滤壶的某些部分不能入水，但是所有的部分又都必须清洗。咖啡液中看不见的油脂如果不及时清洗，就会影响下一次的冲泡。任何接触到咖啡粉和咖啡液的地方都必须要用温和的清洁剂清洗干净，同时也要注意用清水把清洁剂冲洗掉，否则会留下清洁剂的味道。

咖啡渗滤壶操作方法

1. 在咖啡壶内倒入冷水（稍微多加一些，因为咖啡会吸收不少水）。但水也不能过多，要注意水沸腾时不能高过咖啡篮的底部。

2. 将中度研磨的咖啡粉放入咖啡篮，并把咖啡篮挪到中间，盖上穿孔的金属片。

康纳真空装置

康纳真空装置是由苏格兰海军工程师罗伯特·内皮尔（Robert Napier）在1840年发明的。今天，它的另一个更让人耳熟能详的名字叫康纳（Cona）。康纳是虹吸式咖啡壶的主要制造商，也是一本很棒的杂志的名称。虹吸式咖啡壶是利用水加热后产生的蒸气，造成热胀冷缩原理，将下壶的热水推至上壶，等下壶冷却并产生负压后，再把上壶中的水吸回来。康纳公司不仅制造咖啡壶（和零配件）并配有详尽的操作方法，还提供了两种加热方式：使用酒精灯或使用电线圈。除了供热装置之外，康纳真空装置还包括一个咖啡壶、一个玻璃碗、一个漏斗、一个塞子和一个支架；泡制咖啡时，还需要一个大勺子。最适合康纳真空装置的咖啡是中度研磨和精细研磨的咖啡粉；而如果选用商业用咖啡，最好是"全方位研磨"（omnigrint）的咖啡粉。当然，咖啡和水的比例仍是每55克（10汤匙）咖啡需要1升（33液量盎司或4杯）水。但装置最适合按最大容量使用，所以如果不知道某一款咖啡机的型号，就很难估算出最合适的咖啡粉和水的量。

一般维护与保养

用虹吸壶调制咖啡不仅是一种咖啡制作方法，更是一场视觉的盛宴；同时也是人们谈天说地时的一个有趣的话题；最重要的是，这样的的确确可以制作出好喝的咖啡。它的缺点就是操作相对麻烦些，而且慢；又因为是玻璃制品，所以不好保存，寿命短，尤其是漏斗部分。这就意味着在使用和清洁康纳真空装置时都要格外小心谨慎，避免打破一些零部件（当然，康纳公司也单独出售这些零部件）。

康纳真空装置操作方法

1. 用水壶加热热水，并倒入下壶中（另一种方法是把冷水直接倒入下壶加热，但这样耗费的时间较久。因为不管是酒精灯，还是电线圈，加热冷水都很慢）。

2. 把漏斗塞塞入漏斗中，把玻璃碗放到咖啡壶上面，用漏斗连接。

3. 点燃酒精灯或打开电源。计算好咖啡粉的数量，并放入上壶中。将酒精灯点燃，把上壶斜插进去，让橡胶边缘抵住下壶的壶嘴。

4. 在下壶的水开始沸腾以后，水开始沿着漏斗往上爬。当大多数水从下壶流到上壶以后，熄灭酒精灯或者关闭电源（不及时移除热源会延长泡制的时间，因为咖啡壶内的水的冷却时间会变长）。

5. 待水完全进入上壶以后，咖啡粉开始变湿，搅拌上壶中的混合物，确保所有的咖啡粉都完全溶解了（下壶中还是会有部分水没有被吸上来，因为吸管并不能彻底伸到底部）。

6. 当下壶内的温度大幅下降后，上壶的水被快速地“拉”回至下壶，而咖啡渣则被留在上壶。

7. 小心地把上壶和吸管分离，放到配套提供的小托盘内。

8. 立即饮用咖啡。如果不立即饮用，则把咖啡倒入保温瓶内保存。

下图：康纳真空装置也许是迄今为止最夺人眼球的家用咖啡机了。康纳真空装置适合放在桌上制作咖啡，因为它不仅能做出好喝的咖啡，而且制作过程也相当赏心悦目。

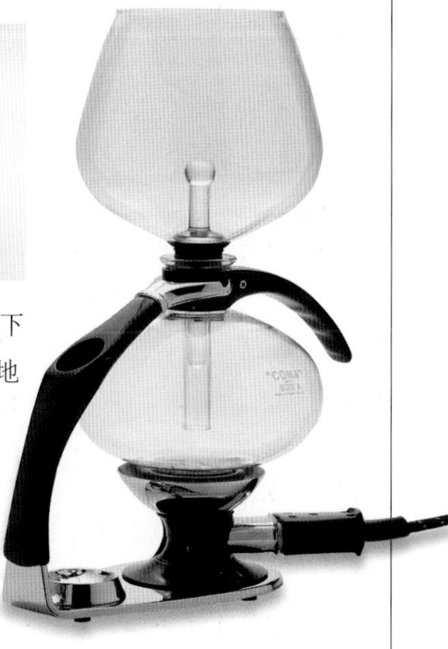

浓缩咖啡小知识

关于浓缩咖啡最简单且最精确的定义就是“用深度烘焙的混合咖啡豆，研磨成极细的咖啡粉，经过高温热水和强压急速萃取的浓烈咖啡”。这种液体也被称为“Espresso”。使用蒸气来推动泡咖啡的水这一想法，是由一位法国人斯伯纳鲍特（Louis Bernard Rabaut）在1882年提出的。另一个名叫Edward Loysel de Santais的法国人，利用同样的原理发明了可以一次烹调大量咖啡的机器。此机器在1855年的巴黎世博会上首次亮相。20世纪初，意大利的咖啡产业有了突破性的发展。有人发现，借着蒸气压力可以同时烹调出数杯单独的咖啡，而非一大壶，因其速度快而产生了浓缩咖啡“Espresso”这个名字。

下图：手动的浓缩咖啡壶有多种形状和规格，适合单人、双人或多人使用。

这些改良在1902年米兰工程师Luigi Bezzera的专利机器上达到顶峰。另一座完美商业用咖啡机器的里程碑，是Giovanni Achille Gaggia在1948年树立的。他使用弹簧推动的活塞，来增加对烹煮用水的压力，这样就不需把水加热到可把咖啡煮沸的高温了。最后，这种弹簧推动的活塞还是败给了电动泵。今时今日，咖啡师（意大利叫做“barista”）只要按下一个按钮，就可以利用9bar（bar，一种物理学中的压力单位）压力来得到一杯纯正的咖啡。

咖啡油（Crema）

因为某些限制，浓缩咖啡在某些方面仍然不能与商业咖啡相比。例如用一些家用咖啡机制作的咖啡并没有咖啡油——浓缩咖啡是否成功的最重要的标志。咖啡油就是一层厚厚的、漂浮在咖啡表面的呈棕红色的油脂沫，只有在合适的研磨程度、新鲜的咖啡、准确的水温和压力兼备的条件下才会出现。

使用手动咖啡机和电动

上图：家用的牛奶发泡设备各式各样。

咖啡机制作的浓缩咖啡有明显的区别。让人欣慰的是，90%以上的意大利家庭仍旧在使用最简单的咖啡壶泡制咖啡，这样做是无论如何也不会出现咖啡油的。一般意大利早餐咖啡会混合牛奶冲泡，（牛奶一般用锅在热源上煮）。在慢悠悠地吃过午饭之后，意大利人会用同样的咖啡壶泡制一杯简单的黑咖啡（很多意大利人把这样的黑咖啡也叫做 espresso）。这杯咖啡的咖啡因含量较高，从而能帮助人们消化（在意大利，晚上喝的咖啡一般不自己泡制，而是在饭馆点）。

制作卡布奇诺

家用咖啡机价格昂贵，却不能保证制作出类似商业咖啡机制作的浓缩咖啡。但任何一台小型的电动咖啡机都能制造出卡布奇诺咖啡所需要的奶泡。至于可以连续做几杯卡布奇诺，则取决于咖啡机的动力大小，更取决于咖啡机的价格。

如果家用的咖啡机或者咖啡壶不具备起泡的功能，那也不用担心。一般购买咖啡机时都会附送牛奶起泡装置，而且单独的起泡装置也可以购买到。其中，有一些牛奶发泡机是电动的，而另一些则需要放到炉灶上加热。

手动浓缩咖啡机

手动浓缩咖啡机的种类有很多，大小不一，材质不同，制造商不同，价格也相差很多。但其实大部分手动浓缩咖啡机的操作步骤都很类似。由于手动浓缩咖啡机每次使用都要注意其制作咖啡的量，所以购买时要特别注意浓缩咖啡机的大小。要记住，最小型的手动浓缩咖啡机由于体积过小，所以并不能被很平稳地放置在标准的灶台上。所以如果购置这种咖啡机，还需要同时购置连接架。

在过去的60年间，最受欢迎、最经久不衰的手动浓缩咖啡机是摩卡壶（Moka Express）。但遗憾的是，摩卡壶一般是铝制的，会和酸性的咖啡发生化学反应，产生臭气。而且，由于铝制咖啡壶的导热性能过好，所以常常会把咖啡煮焦。比铝制浓缩咖啡机更安全、同时也更贵的是不锈钢材质的手动浓缩咖啡机。虽然其价格昂贵，但泡制出来的咖啡却不一定美味。有一些不锈钢手动浓缩咖啡机看上去不错，但在实际使用时却暴露了许多缺

上图：可放在炉灶上使用的手动浓缩咖啡机。

陷。例如，把手导热，在泡制过程中烫得不能碰；有些盖子也很烫；而有一些盖子则没有柄，不方便拿。这些都是人们在选购手动浓缩咖啡机时需要注意的问题。

安全卫生注意事项

使用手动浓缩咖啡机的几条安全卫生注意事项如下：

1. 在不使用时，不要把手动浓缩咖啡机放在热的炉灶上。

2. 加热手动浓缩咖啡机时，要在底部加入水。

3. 每一次使用完毕，都要彻底清洗手动浓缩咖啡机。

4. 定期检查橡皮垫是否需要更换。

5. 使用完手动浓缩咖啡机后，要确保其内部完全干燥后再放置保存。

手动浓缩咖啡机操作步骤

1. 在底部容器中加入水，一直加到水和安全阀平行为止。

2. 在过滤漏斗中加入研磨好的深度烘焙咖啡，用勺子压平，尽量去掉咖啡缝隙中的空气。

3. 研磨好的咖啡必须始终和咖啡壶的顶部处于同一水平线。

4. 用手去掉所有多余的咖啡粉末，并把装有咖啡的过滤漏斗放到装有水的容器的上面。

5. 牢牢固定住两个容器，要注意保持底部的容器摆放平整，这样就不会使咖啡溶解过快了。

6. 用小火或者中火加热。水沸腾之后，水蒸气会通过漏斗到达咖啡所在的容器中。

7. 关小火（如果火过大，水就会迅速与咖啡混合，这样冲泡出来的咖啡会变酸且很淡）。

8. 当大部分的水与咖啡融合后，水泡声会变得断断续续的，这时候一定要关闭火源，并把咖啡机从火源上移开。等水泡声变小后即可饮用咖啡。

家用电动咖啡机

在琳琅满目的商品中，挑选一台合适的家用电动咖啡机并不是一件容易的事。咖啡机的品牌众多，价格也参差不齐。如果不考虑价格因素的话，就会发现很少有制造商用咖啡机的厂家生产性能相同的家用咖啡机。况且，也只有那些狂热的咖啡爱好者才可能愿意花几百英镑购买这样的咖啡机。

在中端咖啡机市场中，泵机（非活塞式）是最容易操作的咖啡机，但也需要经过长时间使用才能掌握操作

电动咖啡机的操作步骤

1. 一般来说，要按照说明书上的操作方式来操作电动咖啡机。而大多数电动咖啡机的操作方式都包含以下几点：首先要挑选正确研磨和烘焙的咖啡豆，再在容器中倒入足够多的水，然后打开电源。

2. 提示灯亮起后，表明咖啡机可以开始工作了；然后确定泡制咖啡的杯数，并放上合适的过滤装置。试着冲泡，有水流出表示咖啡机可正常工作，同时也能加热过滤装置。

3. 取出过滤装置，把水倒掉，放上研磨好的咖啡粉。每制作一杯咖啡大概需要 6 克（1 汤匙）咖啡粉。

4. 用配套的捣棒把容器中的咖啡粉压平。

5. 清理掉过滤装置边缘部位的咖啡粉。把过滤装置放到漏水装置下（过滤装置的把手一般在左侧），抬高过滤装置，使其与漏水装置充分连接。

6. 固定好之后，把过滤装

置的把手从左边移到右边并拉紧。

7. 把咖啡杯放到过滤装置下，按下“泡制”开关（有些咖啡机会有“过滤”开关），然后再把装置的把手从右边拧到左边，打开阀口。

8. 当咖啡杯中的咖啡大概有 40ml（1.5 液量盎司）时，关闭“泡制”开关。

要点。不管怎么说，电动咖啡机使用起来总是会显得有些麻烦，所以在咖啡机上附加一些装置也是不错的选择。例如，有些咖啡机配有可盛咖啡残渣的容器。另外，在购买咖啡机时，要考虑咖啡机的重量和大小。例如，如果用于过滤的装置整体很轻，那么也许整个咖啡机所用的金属质量都不好。新发明的一种全自动咖啡机确实比普通的咖啡机要轻很多，但缺点就是动力不足，而这恰恰是咖啡机最重要的一项性能。最后，选择一台热水贮槽加压的咖啡机是明智的，虽然它的噪声稍微大了点。

有一些咖啡机只能制作特定的某种咖啡，所需的咖啡粉都已经事先准备好了，这大大简化了咖啡冲泡的过程，虽然烘焙、混合和研磨咖啡豆的过程仍旧很复杂、麻烦。这种咖啡机非常昂贵，而且每次需要消耗大量的咖啡。同时，没有任何一名真正的浓缩咖啡爱好者会放弃尝试各种口味，而满足于每天品尝同一种味道的咖啡。

咖啡机的另一项最新改良是装配了阀门和过滤装置，如此一来，就算是最便宜的咖啡机也可以用来制作浓缩咖啡了，且制作好的咖啡会含有咖啡油（Crema）。咖啡油是浓缩咖啡制作恰当的标志。这样看来，是否配有阀门和过滤装置也是购置咖啡机时需要考虑的一个因素。而过去，由于制作浓缩咖啡时无法做出咖啡油，所以家用咖啡机常被认为品质较差，远远比不上商用咖啡机。

下图：在选购前可以花一些时间比较不同类型的电动咖啡机，因为不同的咖啡机功能不同。记住咖啡机的功能和外观都是选购时要考虑的因素。

一般维护与保养

家用电动咖啡机的清洗比较麻烦，但也很重要，需要定期清洗。最理想的是每使用一次都彻底清洗机身。可以用软刷或是软布来擦洗，但不能用粗糙的硬布来擦洗，否则容易剐坏机身。

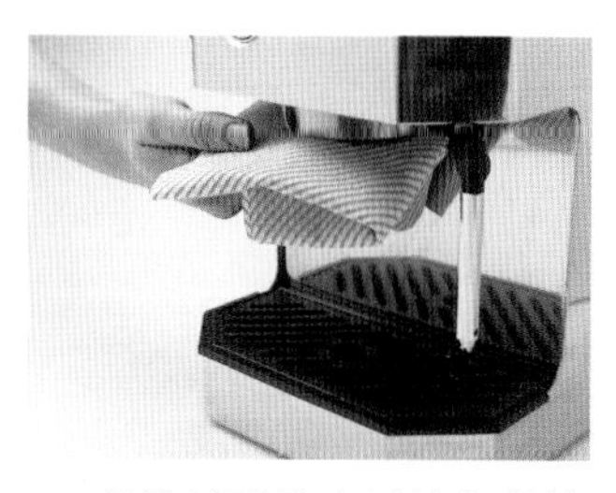

1. 保持过滤片和过滤架的清洁，除去所有的咖啡残渣。不要让咖啡渣堵塞喷嘴。

2. 把接水盘清空，并擦洗干净，否则接水盘中的沉淀物很容易变味发霉。同理，也要清洁分离箱。

3. 要养成每次使用完咖啡机就清洁喷嘴的习惯。喷嘴上残留的牛奶渍不仅很脏，而且也可能会堵塞喷嘴。

如何让你的咖啡机更完美

虽然在短短的15到20秒之内，普通的咖啡机就能制作出40毫升（1.5液量盎司）的一杯咖啡，但是研磨程度、水或咖啡粉的用量和泡制时压力大小的微小改变都能改变一杯咖啡的口味。

浓缩咖啡表面的咖啡油是肯定浓缩咖啡制作恰当的标志。如果咖啡油呈白色而不是棕色，就表示咖啡没有被充分萃取，需要研磨得更精细，或是在泡制过程中需要更大的压力；如果咖啡油看起来像是被烧焦了，颜色很黑，则意味着咖啡粉被过度萃取了，咖啡粉研磨过于精细，泡制时压力过大，或者加水过多。

浓缩咖啡的种类

浓缩咖啡首先是一种泡制咖啡的方法；其次它也指这样冲泡出来的咖啡；最后它还特指一种生活方式。例如，卡布奇诺就是主要由浓缩咖啡制成的，但是它还添加了牛奶且适合大量饮用，所以并不能被叫做浓缩咖啡。

标准浓缩咖啡（Espresso Types）：每杯标准浓缩咖啡需要精细研磨的深度烘焙咖啡粉6克（1汤匙），同时需要93~96℃（199~201°F）的热水。一杯标准的浓缩咖啡大约为40~50毫升（1.5~2液量盎司）。要注意，绝对不能多于50毫升（2液量盎司）。一般咖啡杯的容量为60毫升（2.5液量盎司）。

罗马式浓缩咖啡（Espresso romano）：在标准浓缩咖啡中加入捣碎或磨成碎粒的柠檬。而巴西的“咖啡西尼奥”同样也是用柠檬来点缀的浓缩咖啡。

玛其朵咖啡（Espresso macchiato）：在标准浓缩咖啡上加入15毫升（1汤匙）热奶泡。

芮斯崔朵咖啡（Espresso ristretto）：普通的浓缩咖啡，只是只取粹取浓缩咖啡时最开始的1液量盎司（25毫升）。芮斯崔朵咖啡很浓，因为它是最先冲泡出来的浓缩咖啡，水分较少。

卡瑞托咖啡（Espresso corretto）：由意大利浓缩咖啡与一种类似白兰地的意大利酒混合而成。由于加入了酒精，使得这种咖啡散发出特殊的香味。

杜彼欧咖啡（Espresso doppio）：是普通蒸馏咖啡的两倍浓度。用两份计量的咖啡粉泡制，但却只泡出一杯的量（150 毫升或 5 液量盎司）。杜彼欧咖啡的咖啡因含量是普通咖啡的两倍，能加倍提供能量。

浓缩咖啡或美式咖啡（Espresso lungo, caffé Americano）：最普通的咖啡。它是使用滴滤式咖啡壶所制作的黑咖啡，一般为 75~95 毫升（3~3.5 液量盎司）。一般用 150 毫升（4 液量盎司）的咖啡杯（或卡布奇诺杯）盛放。

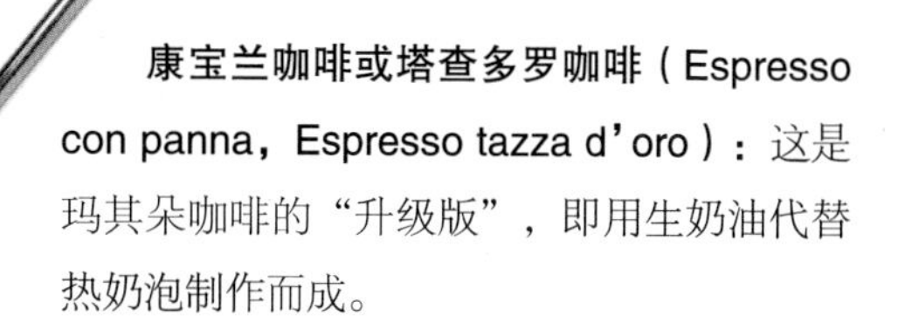

康宝兰咖啡或塔查多罗咖啡（Espresso con panna，Espresso tazza d'oro）：这是玛其朵咖啡的“升级版”，即用生奶油代替热奶泡制作而成。

咖啡的口味和装点

咖啡可以和许多食物搭配，但最常见的搭档是牛奶和奶精。不同的咖啡饮品可以添加不同量的牛奶或奶精。在一杯普通的中度烘焙的高海拔阿拉比卡咖啡中稍微添加一些牛奶或奶精，也不会使它失去其独特的酸味。虽然碱性的牛奶会中和掉一部分咖啡中的酸性，但却使阿拉比卡特有的味道变得更浓郁了。

如何使用电动浓缩咖啡机使牛奶起泡

1. 首先，在一个金属容器内倒入冷牛奶。

2. 在蒸牛奶的时候，注意把蒸汽喷嘴放在容器的底部。打开蒸汽阀，加热牛奶（持续 5~8 秒）。加热后，容器的底部应该是热的。

3. 调整蒸汽喷嘴的位置，使喷嘴处在牛奶的表面。当牛奶开始起泡后，再慢慢降低蒸汽喷嘴的位置。这时，牛奶会发出咕噜咕噜的声音；然后只需几秒钟，牛奶就会全部起泡。

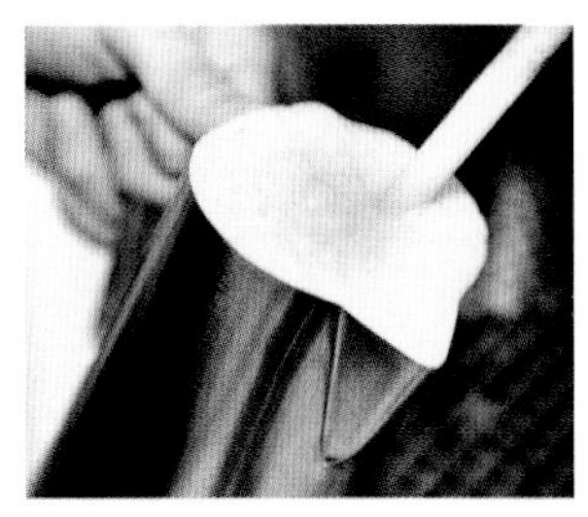

4. 关闭喷嘴，把起好泡的牛奶放到一边备用。还可以根据需要冷却后再使用。当然，要注意，在大的泡沫出来之前使牛奶停止起泡。

牛奶和奶精

许多喜欢喝特浓咖啡的人都会问这样一个问题：“什么牛奶最容易起泡？”因为大多数人都觉得起泡是咖啡制作中一个比较难的步骤。但事实并非如此。任何品种的牛奶都能起泡，但有些专家推荐使用脱脂牛奶，因为脱脂牛奶起泡需要的时间最短。但遗憾的是，加入脱脂牛奶后，咖啡的味道就像硬纸板一样！另一些人则选择添加均脂牛奶或热处理牛奶。半脱脂牛奶（低脂牛奶）也是不错的选择。但如果想要冲泡正宗的意大利风味咖啡

左图：可以根据个人喜好，在咖啡中添加牛奶或奶精。牛奶可以尝试使用脱脂牛奶或半脱脂牛奶；还可以用生奶油和高脂厚奶油来装点咖啡。

的话，全脂牛奶才是最好的选择。事实上，调制温度和牛奶的脂肪含量同样重要，例如所选用的牛奶必须是冰牛奶。

生奶油并不能用来代替牛奶起泡，一般只用于装点咖啡。一大汤勺牛奶再加一些高脂厚奶油不仅可以降低咖啡因搅拌过度而变味的风险，还可以使咖啡变得更浓郁、厚实。

一般来说，热咖啡中的牛奶容易凝结。为了防止牛奶凝结，加热时就要用小火，同时还要防止咖啡沸腾。由于糖中含有一些可防止牛奶凝固的成分，所以在咖啡中添加糖可以防止咖啡凝固。

糖

糖是许多咖啡饮品中必不可少的调味品。糖分不仅能使牛奶和咖啡混合得更充分，同时还能抵消咖啡中的一些苦味。糖的种类也各式各样，所以有些人会认为有一些种类的糖比另外一些种类更适合搭配咖啡。

不同种类的糖味道不同，是因为糖的制法有区别。有些糖是精制糖（全部是白糖），而另一些为粗制糖。粗制糖因为含有糖浆所以口味更杂，包括低红糖、黑砂糖和深软红糖。另外，还有一些粗制糖则是在精制白糖的基础上添加糖浆制成的。事实上，正如咖啡的口味有很多一样，是否加糖、加哪一种糖都可以根据个人喜好来决定。精制白砂糖的特点是可以快速溶解；专门搭配咖啡的大块方糖就是在普通的精制白糖上添加琥珀色而制成的。方糖一般用于小杯的浓缩咖啡中，由于调制浓缩咖啡的温度不高，所以方糖会在咖啡饮用的过程中慢慢溶解。由于方糖的味道对浓缩咖啡味道的影响很小，所以大部分人都承认在浓缩咖啡中，放上几粒方糖并没有什么用处，只是觉得在糖罐子里放上几粒方糖才像样子。

右图：各式各样的糖。从右后方开始顺时针方向依次为：柔软的棕色糖、红糖、黑色粗制糖，糖块、蔗糖、细砂糖。

巧克力

不管是什么形状、什么颜色的巧克力，都是最受欢迎的咖啡搭档之一。而配有巧克力的咖啡甚至有专门的

左图：巧克力粉末和巧克力装饰物。

名字，例如摩卡咖啡就是特指咖啡和巧克力的混合饮品。同时，由于墨西哥的阿兹特克人是世界上最早饮用巧克力的人，所以大多数巧克力饮品的名字前都会被冠上“墨西哥”三个字。巧克力粉或可可粉（更苦一些）可以散在任何起泡的牛奶咖啡表面；任何种类的巧克力糖浆或者融化的巧克力都可以添加到咖啡当中。许多巧克力爱好者还会在泡好的咖啡上装点巧克力薄荷糖或是巧克力（牛奶巧克力、黑巧克力或是白巧克力）华夫饼。

香精和香料

香精，不管是香草糖浆、香草粉末还是香草糖都是很常见的咖啡伴侣。一滴香精可以让普通的咖啡变得让人上瘾。

大多数人都认为肉桂（不管是肉桂棒还是更常见的肉桂粉）是非常常见的咖啡伴侣。有一些添加了肉桂的混合咖啡的名字中会出现“维也纳”三个字，但这和英国的“维也纳式”咖啡完全不同。英国的维也纳咖啡是指加入了无花果调味的咖啡。添加了无花果的咖啡价格便宜但味道别致。

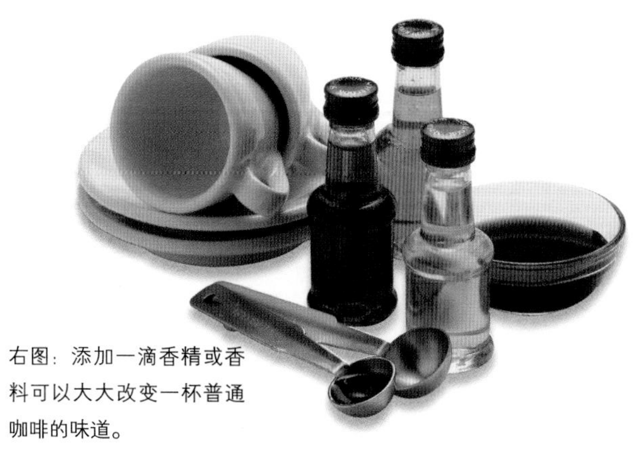

右图：添加一滴香精或香料可以大大改变一杯普通咖啡的味道。

20 世纪 80 年代早期，咖啡口味的发展和创新特别快，产生了很多“风味咖啡”。咖啡豆在烘焙之后，立即与油状或是粉状的风味提取物混合，就制作出了水果味的、坚果味的和甚至是酒味的各式咖啡。时至今日，这些风味咖啡仍非常流行，特别是在北美地区。它不仅仅受到咖啡爱好者的喜爱，同时也受到水果、坚果等爱好者的喜爱。风味咖啡是一项划时代的变革，同时也越来越多地出现在了餐桌上。需要注意的是，制作风味咖啡后的咖啡器具需要彻底清洗。如果咖啡器具一旦附着了奇怪的味道，就将会影响下一次调制的咖啡的口味。

喝咖啡讲究的就是口味，所以在添加配料的过程中并没有什么硬性的或是不变的标准。而由美国开始的对“顶级奢侈”咖啡的狂热使人们开始尝试各种“风味咖啡”。大多数的风味咖啡中都会添加糖浆、香精或是酒精，当然还有各种天然的水果或坚果；咖啡需要的牛奶或奶精可以简单地用一勺冰淇淋来代替，当然要注意各种配料的比例。

水果、坚果和香料

可以在咖啡中添加的水果包括香蕉、黑加仑、蓝莓、樱桃、椰子、柠檬、橙子、桃、菠萝、覆盆子和草莓。这些水果可以根据个人喜好和咖啡任意搭配。当然，在此过程中需要使用搅拌器，混合咖啡和新鲜水果。同时，水果切片和雕花也可以用来

右图：水果和坚果是百变的咖啡伴侣和点睛之笔。

装点咖啡。水果果浆、水果糖浆和香精都是混合咖啡的常见伴侣。

毫无争议地说，坚果也是常见的咖啡伴侣之一。适合添加的坚果包括榛子、扁桃仁、山胡桃，甚至是花生。有些坚果被做成了粉末状加入咖啡中，而有一些则被用来装点咖啡。

焦糖、枫叶和薄荷都能增加咖啡的风味。而有时候一张薄荷叶、一块生奶油都是非常地道的装点咖啡的点睛之笔。

姜、豆蔻、肉桂、肉豆蔻和孜然都是容易被忽略的咖啡伴侣。但其实小剂量的香料就能改变咖啡的味道。添加姜或肉豆蔻时最好使用新鲜研磨的粉末。在热饮中，单个的小豆蔻或是肉桂棒都相当受欢迎。而孜然粉则是咖啡牛奶冷饮中一味美妙的底料。

酒

咖啡和酒是美妙的组合。总体而言，橘子口味的利口酒，如橘味白酒、库拉索和橘味白兰地都是很好的咖啡伴侣。一般的白兰地，如阿马尼亚克、干邑、卡巴度斯苹果酒、普罗瓦德、格拉巴酒、马克和拉基烧酒都可以添加到咖啡中以产生奇妙的搭配。

当然，还可以根据个人喜好、添加班尼狄克汀、加里亚诺、樱桃酒、女巫利口酒、金馥力娇酒、薄荷甜酒、杜林标、伏特加或经典的加勒比朗姆酒。而标准的爱尔兰咖啡则有许多的改良版本和变化，其中还可以添加苏格兰威士忌或是美式波本酒。事实上，只要有一杯浓咖啡，配上任何酒都可以调制出美妙的咖啡鸡尾酒来。

右图：咖啡和酒有许多经典的混合搭配。

上图：肉桂棒、肉豆蔻、八角茴香和姜末都是咖啡调味料。

不含酒精的咖啡热饮

一杯经典的卡布奇诺上装点有雪白色的牛奶泡沫；西班牙式的卡布奇诺咖啡中则混含有糖浆。在一个寒冷的冬日里，没有什么比一杯热气腾腾的咖啡更让人享受了。

卡布奇诺

卡布奇诺是经典的咖啡牛奶组合。

2 人份

配料

160~250 毫升（5~8 液量盎司或半杯到一杯）冷牛奶

15 克（0.5 盎司或 2 汤匙）深度烘焙的浓缩咖啡粉（精度研磨的）

巧克力粉末或可可粉（可选）

1. 把冷牛奶倒入金属罐或者起泡设备中，加热直到起泡，放置在一边待用。

2. 接下来制作两杯浓缩咖啡。通常每杯的容量为三分之二，即 150 毫升或 6 液量盎司。

3. 把准备好的牛奶倒入咖啡中，其间要用汤勺挡着，不要让泡沫首先被倒入咖啡。最后再倒入泡沫，让泡沫浮在咖啡表面。

4. 一杯完美的卡布奇诺的三分之一为浓缩咖啡，三分之一为热牛奶，另外三分之一为牛奶泡沫。（如果咖啡泡制完以后，牛奶变冷了或者泡沫消失了，那么就需要重新加热）。如果牛奶煮到沸腾或者混入了大量空气，那就不能再用了，需要重新制作。

5. 如果需要的话，可以在卡布奇诺上撒上巧克力粉或可可粉。

拿铁咖啡

拿铁咖啡是最普通的早餐咖啡，在意大利和法国尤其流行。其做法很简单，只需要一个手动咖啡壶，另加一只长柄深锅煮牛奶用。

2 人份

配料

2 份浓缩咖啡（或者用别的浓咖啡代替）

6 份沸腾的牛奶

糖（可选）

泡沫牛奶（可选）

1. 把煮好的咖啡倒进玻璃杯或大型法国咖啡杯中，在加入热牛奶和糖后，应搅拌均匀。

2. 如果条件允许，可在每杯咖啡中加一匙泡沫牛奶。

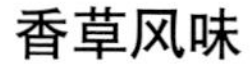

香草风味

1. 在长柄深锅中加入 700 毫升（24 液量盎司或 3 杯）牛奶，再加入香草豆荚并加热。然后把锅放置到一边，让牛奶充分吸收香草的味道，然后丢掉香草豆荚。

2. 在 500 毫升（16 液量盎司或 2 杯）牛奶中加入浓咖啡，再加入适量的糖，把混合物放置在隔热的咖啡杯中

3. 在长柄深锅中再加入 45 毫升（3 汤匙）的香草糖，煮至沸腾之后，关掉热源。在混合物中加入 115 克（4 盎司）黑巧克力，然后把巧克力牛奶倒入咖啡杯中，即可饮用。还可以根据个人喜好在咖啡上添加奶油或是肉桂粉。

诺曼底咖啡

就和美国华盛顿州一样，诺曼底以苹果园而闻名，有许多以它的名字命名的苹果做成的苹果汁或苹果酱。这个配方的咖啡饮料混合了苹果与香料，味道可口，香气扑鼻。

4 人份

配料

475 毫升（2 杯）高浓度黑咖啡（高浓度，即每 75 克或 13 汤匙或 1 杯咖啡需要 1 公升或 33 液量盎司或 4 杯的水）

475 毫升（2 杯）苹果汁

30 毫升（2 勺）红糖（提味用）

3 个橙子，切薄片

两份肉桂棒

一些甜胡椒

一些丁香粉

肉桂棒（装饰用）

1. 把所有的配料用中火加热至沸腾。然后关火，焖10分钟。

2. 把混合物倒入事先加热好的保温杯或者咖啡杯内（或倒入卡布基诺风格的咖啡杯中）。再根据个人喜好，在成品上添加肉桂棒。

小提示：参照这一配方可以制作含酒精的饮品，只需要把四分之一的苹果汁替换成白兰地酒即可。在第一个步骤焖制时加入；在第二步时，切勿把白兰地酒煮至沸腾。

格鲁吉亚姜咖啡

这款咖啡饮料是以美国佐治亚州命名的，佐治亚州的桃子很出名。

6 人份

配料

1 个糖水桃子片罐头（450~500 克或 1~1.25 磅）
750 毫升浓咖啡
120 毫升纯奶油
25 毫升红糖
1.5 毫升肉桂粉
1/8 茶匙生姜粉
橙子皮适量（装饰用）

1. 糖水桃片去除水分，保留糖浆。混合一半量的咖啡和桃子糖浆，用搅拌机搅拌 1 分钟。

2. 在一个干净的碗里搅拌奶油，注意不要过度搅拌。

3. 在一个平底锅中倒入 250 毫升（8 液量盎司或 1 杯）冷水，然后加入糖、肉桂、生姜和桃子糖浆，用中火加热至沸腾。然后关闭热源，焖 1 分钟。

4. 把第一步中的混合物和剩下的咖啡都添加到锅里，搅拌均匀。饮用时可以加上奶油，并用橘皮装点。

墨西哥咖啡

阿兹特克印第安人是已知的第一个对巧克力上瘾的民族。在许多墨西哥食谱中，巧克力都是一种常见的配料。巧克力结合咖啡，可以制作出丰富且美味的饮料。

四人份

配料

30毫升（2汤匙）巧克力糖浆

120毫升或半杯淡奶油

1.5毫升或1/4茶匙肉桂

30毫升或2勺红糖

475毫升或2杯黑咖啡

肉豆蔻粉适量

鲜奶油和肉桂刨花（装饰用）

1. 搅拌巧克力糖浆、奶油、肉桂、糖和肉豆蔻。

2. 将热咖啡倒入混合物中搅拌，并分别倒入四个咖啡杯中即可饮用。根据个人喜好，可以在咖啡上装饰一团奶油与几个肉桂刨花。

小提示：该配方可以使用过滤咖啡或酿制的咖啡。每40克（7汤匙或半杯）咖啡配以475毫升（16液量盎司或2杯）水。

（墨西哥）欧拉咖啡

欧拉咖啡是被放置在沉重的墨西哥土制陶器中，用传统的调制方法在大量柴火上制作而成的。它的名字来自这种特别的、被称为“欧拉”的陶器。

4人份

配料

1升水

150克红糖

5毫升糖浆

1个小肉桂棒

50克深度烘焙咖啡粉（中度研磨）

茴香（可选）

1. 把水、糖、糖浆、肉桂和茴香放置在一个平底锅中，慢慢煮沸。
2. 不停搅拌，使糖和糖浆彻底溶解。

3. 当混合物达到沸点时，拌入干咖啡；然后关闭热源，盖上盖子，焖5分钟。把咖啡倒入陶器杯子中，即可饮用。可以根据个人喜好，添加一些茴香。

小提示：如果不想让糖浆的味道太浓的话，可以使用法式烘焙咖啡或者维也纳烘焙咖啡（同样也需要深度烘焙咖啡，但不需要浓缩咖啡）。

酒精咖啡热饮

咖啡和酒精的搭配各式各样、花样层出不穷，只是有一些搭配更为经典而已。我们提供6种经典的酒精咖啡热饮配方。当然，这只是抛砖引玉，用以启发您发现最爱的、充满个性的酒精咖啡热饮。

牙买加黑咖啡

这种美味的黑咖啡只含有少量的酒精。

8人份

配料

1个柠檬，切片

2个橙子，切片

1.5升黑咖啡（滴滤式咖啡：每55克或10汤匙或三分之二杯咖啡需要1升或33液体盎司或4杯水）

3大汤匙朗姆酒

85克砂糖（超细）

8片柠檬片（上桌时用）

1. 把柠檬片和橙片放到一个平底锅内，然后添加咖啡并加热。

2. 当混合物沸腾时，倒入朗姆酒和糖；搅拌，直到糖溶解；此时立即将锅移离火源。

3. 将咖啡趁热倒入长柄勺中或咖啡杯中，并用柠檬片装饰。

小提示：此配方用的咖啡是普通黑咖啡。任何程度的烘焙咖啡都可以制作牙买加黑咖啡，但中度烘焙的咖啡比深度烘焙的更能突出柑橘和朗姆酒的味道。

法式甜酒

法式甜酒是一个非常古老的法国配方的变体——据说是添加了咖啡和糖。这是福楼拜的最爱。

2人份

配料

苹果白兰地酒 120 毫升

50 毫升杏子白兰地

20～30 毫升糖（调味用）

300 毫升浓咖啡（滴滤式：煮大约每 45 克或 8 汤匙或半杯咖啡需要 500 毫升或 17 液量盎司或 2 杯水）

25 毫升（半汤匙）高脂厚奶油

1. 用小火慢慢加热卡巴度斯苹果酒和白兰地，然后倒入

矮脚球形大酒杯中。

2. 在咖啡中加入砂糖，添加步骤 1 中的烈性酒并搅拌。

3. 趁着搅拌后混合物仍在旋转流动，立刻往杯中倒入奶油；然后不需要再搅拌，就可以品尝美味的法国甜酒了。

小提示：如果没有奶油，也可以不加。可以根据个人喜好用普罗瓦德（梨味白兰地酒）代替苹果白兰地酒。

橙果咖啡

所有橘子口味的咖啡都可以被称为橙果咖啡。

4人份

配料

120 毫升纯奶油

30 毫升糖粉（细）

5 毫升橙皮屑

600 毫升热咖啡

4 块楔形橙皮（装饰用）

150 毫升任何橘子味利口酒，如大玛娜酒或橘味白酒。

1. 在一个干净的碗里搅打奶油，直至其呈黏稠状；然后加入糖粉和橙皮屑。

2. 冷却 30 分钟，直到奶油混

合物沉淀；然后在顶部放置一块楔形的橙皮。

3. 黑咖啡分为等量的 4 份，分别倒入高玻璃杯中，并倒入约 30 毫升（2 汤匙）的利口酒搅拌。最后用冷冻奶油装点，即可饮用。

小提示：这种饮料的味道取决于所用的橘子味利口酒，不同的橘子味利口酒之间的味道有微妙的差别。

热薄荷朱利酒

忘了在南方阴凉的阳台上悠闲地喝冷饮的日子吧！热薄荷朱利酒由波本威士忌、薄荷和咖啡混合而成，饮用后可以抵御寒冷的天气。

2 人份

配料

100～150 毫升波本威士忌
30 毫升（2 汤匙）糖
450 毫升黑咖啡（高浓度）
2 汤匙高脂厚奶油
2 枝薄荷叶（装饰用）

1. 把波本威士忌和糖放进两个温热的大酒杯内；然后添加热咖啡，搅拌直至糖溶解。

2. 把奶油沿着勺子背倒入酒杯中，不要搅拌；然后用切碎的薄荷叶子装饰在顶部。

自变做法：这个简单的食谱适用任何一种酒。例如，如果使用的酒是美国的威凤凰或是金馥力娇酒，那么肯定会增加与普通的波本威士忌不同的风味。

蚱蜢咖啡

这是一款薄荷甜酒，因为颜色像一只绿色蚱蜢而得名。

2人份

配料

“饭后”风格的巧克力薄荷糖（黑巧克力和白巧克力）

50毫升（2液量盎司或0.25杯）绿色薄荷甜酒

50毫升（2液量盎司或0.25杯）咖啡利口酒，如桑斯特牌添万利酒

350毫升（12液量盎司或1.5杯）热浓咖啡

50毫升（2液量盎司或0.25杯）纯奶油

1. 把黑巧克力和白巧克力薄荷糖对角切成两半。

2. 把利口酒和薄荷甜酒分别倒入两个同样的拿铁咖啡杯中，使两者混合。
3. 往每一个玻璃杯中注入热咖啡和奶油。把三角形巧克力薄荷糖装饰在杯口。注意白巧克力和黑巧克力要均匀地摆放在两个杯子上。

小提示：使用的咖啡味道要够浓才行，以免饮品太淡或者酒味太浓；但也不需要使用浓缩咖啡。

轻松布鲁罗咖啡

这是一种传统的新奥尔良咖啡。除了咖啡以外，所有的配料都被放在耐热的碗中加热。看着火焰升起，然后把咖啡倒进碗里，熄灭火焰，这个配方除了有戏剧性的视觉效果之外，口味也不错。

4人份

配料

80毫升（3液量盎司或6汤匙）白兰地或朗姆酒

50毫升（2液量盎司或0.25杯）君度橙酒或其他橘子味利口酒

2汤匙糖

6~8片丁香

2个肉桂棒

1片柠檬皮或橙皮

700毫升热浓咖啡

肉桂棒和橘子皮（装饰用，可选）

1. 在一个大平底锅里倒入白兰地或朗姆酒、橘味白酒、糖、丁香、肉桂棒以及柠檬或橙皮，用小火加热，并不断搅拌使砂糖溶解。

2. 用咖啡壶调制黑咖啡或使用滴滤式咖啡。大约65克（11.5汤匙或0.75杯）咖啡粉用1升（33液量盎司或4杯）水（咖啡最好使用深度烘焙的，但浓缩咖啡太浓烈了，也不可取）。然后把调制好的咖啡倒入步骤1的混合物内。倒入时要不停地搅拌，然后用将混合物倒入咖啡杯。还可以根据个人喜好，装饰上肉桂棒和橘子皮。

小提示：如果在加入咖啡前点燃白兰地混合物的话，会有更大的视觉冲击力；然后再慢慢添加咖啡，浇灭白兰地中的火焰。

不含酒精的咖啡冷饮

也许咖啡的无穷魅力之一就是它的多样性。品尝那些添加了各种风味的冰咖啡，真是无与伦比的享受。

咖啡奶昔

这是一道咖啡冷饮。没有电动搅拌机也没关系，任何封闭容器都可以制作咖啡奶昔。

2人份

配料

200毫升（7液量盎司或1杯）冷冻浓咖啡（约4杯浓缩咖啡，每70克或12汤匙或0.75杯咖啡需要1升或33液量盎司或4杯水）

2只鸡蛋的蛋液

450毫升（0.75品脱或2杯）冷牛奶

100毫升（3.5液量盎司或0.5杯）奶油

15毫升（1汤匙）糖

4滴香草或杏仁精华

一小撮盐

姜饼干（捣碎，装饰用）

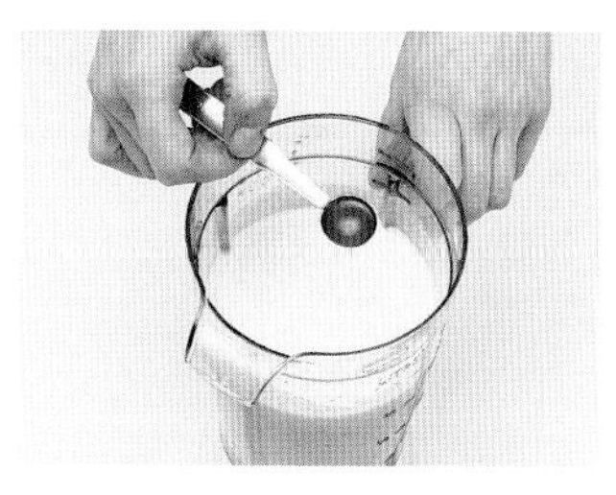

1. 把所有的配料混合在一起，摇动或搅拌，直到所有材料充分混合。

2. 根据个人喜好，洒上饼干后，即可饮用。

咖啡冰沙

和奶昔类似，这也是一款冰冻咖啡饮料，喝后让人清爽振奋。

2 人份

配料

450 毫升（15 液量盎司或 2 杯）冷冻浓咖啡（酿造时每 80 克或 14 汤匙或 1 杯咖啡需要 1 公升或 33 液量盎司或 4 杯水）

8 滴香草精华（提取液）

300 毫升（10 液量盎司或 1.25 杯）碎冰

60 毫升（4 汤匙）炼乳

鲜奶油和香蕉片（装饰用，可选）

1. 在搅拌器内添加冷咖啡。

2. 接下来，在搅拌器内添加香草精华(提取液)、碎冰和炼乳。混合这些配料，直到混合物呈现出纹理。

3. 把咖啡沙冰倒入高高的咖啡杯中，加入糖调味。还可以根据个人喜好，添加一些奶油和香蕉片。

小提示：咖啡沙冰有无数种配方。添加下列配料的咖啡沙冰是最经典的：杏仁、香蕉、枫糖和薄荷。

咖啡酸奶

这其实是“印度奶昔”的改良版。印度奶昔是印度餐馆中常见的提神的酸奶饮料。它可以是一种甜的饮料（一般来说添加糖和肉桂粉），也可以是一种咸的饮料（添加盐和少许孜然）。

2 人份

配料

350毫升（12液量盎司或1.5杯）冷黑咖啡（滴滤式咖啡，每65克或11.5汤匙或0.75杯咖啡需要475毫升或16液量盎司或2杯水）

350 毫升（12 液量盎司或 1.5 杯）纯酸奶

20 毫升（4 汤匙）糖

少许肉桂粉（调味用）

1. 将所有原料放入搅拌机中混合，直到搅拌成奶油状。

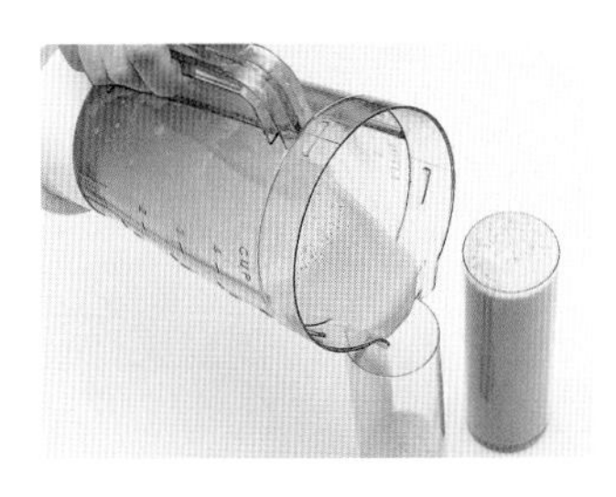

2. 撒上肉桂粉，即可饮用

小提示：如果想调制咸味的咖啡酸奶，就在配料中用 1/2 茶匙盐和少许孜然来代替糖和肉桂粉。

加勒比冷咖啡

不推荐使用太浓的咖啡，推荐使用滴滤式咖啡，这样调制出的咖啡更干净，不含咖啡渣。

2 人份

配料

滴滤式咖啡 600 毫升（20 液量盎司或 2.5 杯），冷却 20 分钟左右

半个橙子或者半个柠檬，切成薄片待用

1 片菠萝

1～2 滴苦味酒（可选）

3 块冰块

糖（调味用）

橙子片或柠檬片（装饰用）

1. 把冷却后的咖啡倒入放有水果片的大碗里。

2. 搅拌后，冷冻混合物约 1

小时，直到混合物完全冷却。

3. 从冰箱里取出混合物，再次搅拌。把水果片从液体中捞出，然后在混合液体中加入糖调味。

4. 把咖啡倒入威士忌杯或高的咖啡杯中。每一杯加入三块冰块；还可以根据个人喜好，用半片柠檬装饰在咖啡杯的边缘或添加到饮料中。

格兰尼塔咖啡

这款冰饮实际上就是冰咖啡，或者说是咖啡沙冰。

每一次可制作1升（33液量盎司或4杯）。

4人份

配料

200毫升（7液量盎司或1杯）浓咖啡（大约5杯浓缩咖啡，每80克或14汤匙或1杯咖啡需要1升或33液量盎司或4杯水）

400毫升（14汤匙或1.6杯）水

140克(5盎司或0.75杯) 糖

2.5毫升香草精华（提取物，可选）

1份蛋白（可选）

120毫升（4液量盎司或半杯）鲜奶油（装饰用）

1. 把煮好的咖啡倒进一个大碗或搅拌器内备用。

2. 在一半的水中加入糖，并搅拌溶解；然后把糖水放入冰箱冷藏。

3. 糖水冷却后，与剩下的水和香草一起倒入咖啡中，搅拌均匀。

4. 可以根据个人喜好加入蛋清，搅拌蛋清使之完全融入混合物。蛋清能使将格兰尼塔更为浓稠。

5. 把混合物倒入一个浅口的防冻的盘子中，如冰块托盘或烘烤盘，并放入冰箱内冷冻。

6. 大约30分钟后取出盘子，用叉子捣碎冷冻混合物。趁它还冻着，分别放入4个杯子中，在顶部加上一点奶油，即可享用。

咖啡巧克力苏打饮料

这是一种很有意思的清凉饮料，卖相很好，喝起来味道也不错。

2人份

配料

250毫升（8液量盎司或1杯）浓冷咖啡（4杯浓缩咖啡）

60毫升（4汤匙）高脂厚奶油或30毫升（2汤匙）炼乳（可选）

250毫升（8液量盎司或1杯）冷的苏打水

2勺巧克力冰淇淋

巧克力咖啡豆（切碎，装饰用）

1. 把咖啡倒进高的玻璃杯内，可根据个人喜好添加奶油或炼乳。

2. 加入苏打水并搅拌，然后将一勺冰淇淋混入其中，并用一些切碎的巧克力咖啡豆装饰。用长勺或吸管饮用。

小提示：也可以尝试用巧克力薄荷、香草、榛果或香蕉口味的冰淇淋，并洒上巧克力碎屑、水果片甚至是榛子碎末。

酒精咖啡冷饮

咖啡和酒的混合简单却美味。漂亮而别致的高脚杯中的美味冷饮是不可多得的餐后甜点。

咖啡蛋酒配方

这是一种相当特别的咖啡饮品，特别适合在暑日的庆祝活动时喝。

6~8 人份

配料

8 个鸡蛋，蛋清、蛋黄分开

225 克（8 盎司或 1 杯）糖

250 毫升（8 液量盎司或 1 杯）冷的浓咖啡（浓缩咖啡或者滴滤式咖啡：每 75 克或 13 汤匙或 1 杯咖啡需要 1 升或 33 液量盎司或 4 杯水）

威士忌酒 220 毫升（7.5 液量盎司或 1 杯），可用波本、朗姆酒或白兰地代替

220 毫升（7.5 液量盎司或 1 杯）高脂鲜奶油

120 毫升（4 液量盎司或半杯）奶油

肉豆蔻粉（装饰用）

1. 在一个干净的碗里，充分搅拌蛋黄，然后慢慢添加糖，再次搅拌。

2. 把步骤 1 的混合物放入一个人平底锅内，用小火加热，并用木勺搅拌。

3. 关闭热源，冷却几分钟后，往锅内加入咖啡和威士忌，在此过程中一直搅拌；然后慢慢加入奶油，再次充分搅拌。

4. 将蛋清打至起泡，也倒入锅中充分混合；将混合物分别倒入咖啡杯中，在每杯的顶部放置一小块奶油，并撒上肉豆蔻粉。

小提示：可以用一点糖，以避免奶油和酒精分离和变质。

非洲咖啡

在非洲的部分地区，咖啡是经常和炼乳一起饮用的。这个配方是非洲式咖啡炼乳的改良版，并使用奢华的利口酒酿造。

1 人份

配料

250 毫升（8 液量盎司或 1 杯）浓咖啡（使用浓缩咖啡，或调制的咖啡：每 70 克或 12 汤匙或 0.75 杯咖啡需要 1 升或 33 液量盎司或 4 杯水）

40 毫升（8 茶匙）炼乳

20 毫升（4 茶匙）可可甜酒

冰块（可选）

1. 添加咖啡、炼乳和可可甜酒，拌匀。

2. 倒入咖啡杯中，根据个人意愿加入冰块后即可饮用。

小贴士：其他巧克力口味的或者椰子口味的利口酒，比如马里布酒，也可以用于此配方中。

咖啡苦艾酒

苦艾酒和咖啡并不是常见的搭配，但是两者混合后产生的味道是极好的，和一般的咖啡酒饮料口味不同，并且更复杂。如果不习惯的话，可以少放一些苦艾酒。

2 人份

配料

120 毫升（4 液量盎司或半杯）红色味美思酒

60 毫升（4 汤匙）冷的浓咖啡（浓缩咖啡或是滴滤式咖啡：每 75 克或 13 汤匙或 1 杯咖啡需要 1 升或 33 液量盎司或 4 杯水）

250 毫升（8 液量盎司或 1 杯）牛奶

30 毫升（2 汤匙）碎冰

10 毫升（2 茶匙）糖

咖啡豆（装饰用）

1. 将所有原料放入鸡尾酒调

制器中，摇匀。

2. 立即把混合物倒入鸡尾酒杯或玻璃杯中。可以用一些烤咖啡豆点缀在顶部。

小提示：在某些情况下，混合物中的牛奶可能难以溶于饮品中，可以增加饮品中的糖含量来防止这种情况的发生。

改良版本：使用不同口味的牛奶可以改变饮品的味道，也可以用奶油代替牛奶，口感会更丰富一些。

里斯本翻转咖啡

这个配方里的咖啡，与其说是一种主要成分，倒不如说是有趣的鸡尾酒中的一味底料。

2人份

配料

120毫升（4液量盎司或半杯）波特酒

45毫升（3汤匙）库拉索岛酒

20毫升（4茶匙）浓咖啡

10毫升（2茶匙）（细）糖粉

2个鸡蛋

20毫升（4茶匙）炼乳

60毫升（4茶匙）碎冰

碎巧克力和橘子皮刨花（装饰用）

1. 在一个鸡尾酒调制器放入

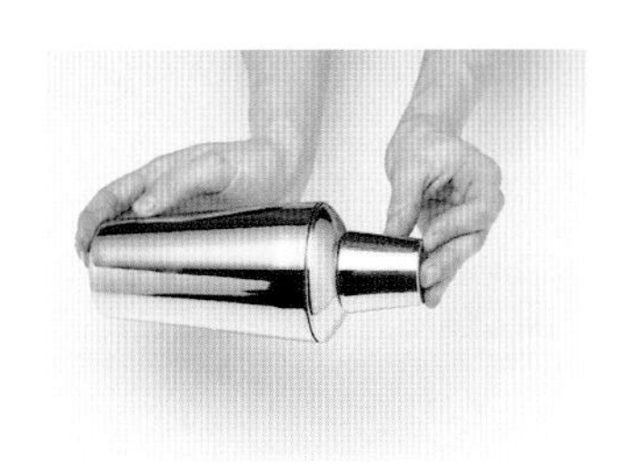

所有材料，包括碎冰。

2. 大力摇匀所有的混合物，倒入鸡尾酒杯中即可饮用。可在顶部撒上细碎的巧克力和橘子皮刨花。

小贴士：可以用浓缩咖啡制作此款饮料。如果没有库拉索岛酒，可以用橘子味的利口酒代替，如柑曼怡、橘味白酒、橙拿骚和橙皮甜酒等。

椰奶香浓冰咖啡

这款咖啡鸡尾酒带有狂野的加勒比风味。可以提前几个小时制作好，然后放入冰箱中冷藏，就像制作玛格丽塔一样。在饮用时可在顶端放置大量的奶油。

4 人份

配料

450 毫升（15 液量盎司或 2 杯）浓咖啡（滴滤式咖啡：每 80 克或 14 汤匙或 1 杯咖啡需要 1 升或 33 液量盎司或 4 杯水）

50 毫升（2 液量盎司或 0.25 杯）龙舌兰酒（或白朗姆酒）

50 毫升（2 液量盎司或 0.25 杯）马里布酒

100 毫升（3.5 液量盎司或半杯）椰子奶油

2.5 毫升（0.5 茶匙）香草精华（提取物）

350 毫升（12 液量盎司或 1.5 杯）碎冰

60 毫升（4 汤匙）奶油

烤椰子刨花（装饰用）

1. 在搅拌机里，把所有材料搅拌混合。

2. 把混合物倒入高大的酒杯。

3. 用鲜奶油烤椰子刨花装饰。

冷冻咖啡干邑

这款饮料好喝得让人沉沦。当然，卡路里也不低！

2 人份

配料

250 毫升（8 液量盎司或 1 杯）冷的深度烘焙浓咖啡

80 毫升（3 液量盎司或 6 汤匙）干邑白兰地

50 毫升（2 液量盎司或 0.25 杯）咖啡利口酒

50 毫升（2 液量盎司或 0.25 杯）高脂厚奶油

10 毫升（2 茶匙）糖

250 毫升（8 液量盎司或 1 杯）碎冰

2 勺咖啡冰淇淋

巧克力碎屑（装饰用）

1. 除冰淇淋之外，混合所有的原料并摇匀。

2. 把混合的饮料轻轻倒入玻

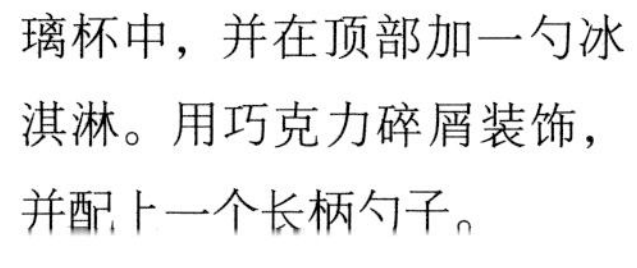

璃杯中，并在顶部加一勺冰淇淋。用巧克力碎屑装饰，并配上一个长柄勺子。

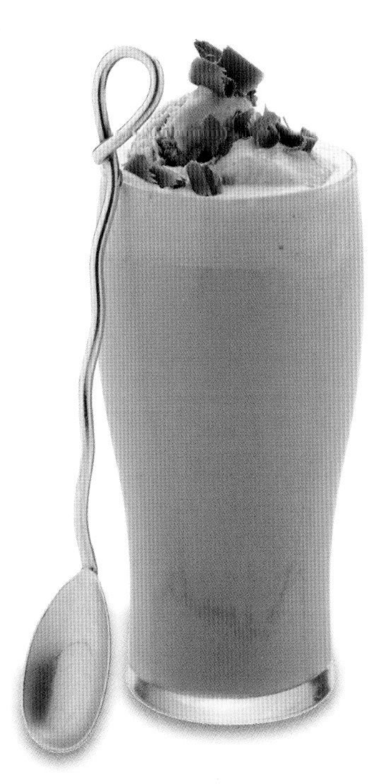

小贴士：咖啡利口酒可以是奶油类的，如甘露咖啡力娇酒（kahlua）；也可以是无奶油的利口酒，如添万利酒。

咖啡食谱

THE RECIPES

这部分介绍了超过70种和咖啡有关的食谱，并配有插图和详细的制作步骤。其中囊括了几乎所有经典的咖啡食谱，包括提拉米苏、咖啡风味泡芙、摩卡麦芬蛋糕和卡布基诺糕点。还有适用于各种场合的精美甜品，包括水果和速冻甜点、各式奢侈的蛋糕、派和酥皮糕点，还有诱人的饼干和面包。

以下所有的食谱都证明了，咖啡是一种多元化的食材，它可以和许多味道混搭，例如酒精、水果、巧克力和奶油。制作时一定要选用高质量的咖啡豆。让我们一起走向咖啡美食的饕餮盛宴吧！

奶油甜点和热布丁

CREAM DESSERTS AND HOT PUDDINGS

鲜滑的奶油可以做成许多冷的甜点，如经典咖啡奶油焦糖布丁和卡布奇诺咖啡；以及许多热的甜点，比如潘妮托妮杏布丁。使人难忘的甜点往往盛在高大优雅的玻璃杯中。许多人也喜欢简单些的甜点，如咖啡小豆蔻萨巴里安尼、巧克力和咖啡慕斯。

经典咖啡奶油焦糖布丁

这种布丁一般配有焦糖酱。如果想让味道更丰富，还可以配上稀奶油和牛奶。

6人份

配料

600毫升（1品脱或2.5杯）牛奶
45毫升（3勺）咖啡粉
50克(2盎司或四分之一杯）（超细）糖
4枚鸡蛋
4个蛋黄
装饰用棉花糖（可选）

焦糖酱

150克(5盎司或四分之三杯）（超细）糖
60毫升（4大汤匙）水

1. 烤箱预热到160℃（325°F或3档）。制作焦糖酱时，慢慢地在一个小锅里加热焦糖，直到糖溶解；然后把糖浆迅速煮沸，一直煮到糖浆变成金黄色。

2. 快速把热糖浆倒入6个150毫升（四分之一品脱）的焗杯中，注意不要烫手。

3. 制作咖啡内馅时，先把牛奶加热到快要沸腾，然后把研磨好的咖啡注入其中，并放置约5分钟；然后在壶中放入筛子。

4. 和一个碗,放入糖、鸡蛋和蛋黄并搅拌，直到混合物融合；然后把之前准备好的牛奶咖啡注入其中，将混合物倒入焗杯，开始烹饪。

5. 把6个焗杯放入焗烤盘中，并在焗烤盘中注入足够多的水（大约至2/3处）；烘烤30分钟或直至布丁呈果冻状；将其取出并冷却。

小提示：制作棉花糖浆时，轻轻地把加热好的75克（3盎司或半杯）超细糖、5毫升（1茶匙）液体葡萄糖和30毫升（2汤匙）水溶入盘中，直到糖溶解。把糖浆加热到160℃（325°F），然后把盘的底部浸入冷水中，并用一张烘焙纸保护它。拿两个叉子搅拌糖浆，要均匀地搅拌。最后把成品储存在密闭容器中直到食用。

提拉米苏

这款经典甜点的名字翻译过来就是“带我走”，是形容它非常美味，品尝时仿佛能带走你的灵魂，会让你神魂颠倒。

4人份

配料

225克（8盎司或一杯）马斯卡彭奶酪

25克（1盎司或四分之一杯）糖（细筛）

150毫升（四分之一品脱或三分之二杯）浓咖啡（冷却后的）

300毫升（0.5品脱或四分之一杯）奶油

45毫升（3汤匙）咖啡利口酒，例如添万利、可可利口酒或是图森酒

115克（4盎司）海绵手指饼干

50克（2盎司）黑巧克力或加牛奶的巧克力，磨碎的可可粉（装饰用）

1. 轻轻地在一个可容纳900克/2磅面包的锡盒子内抹上油。把奶酪和糖放在一个大碗里打匀，一般需要至少1分钟；然后加入30毫升（2汤匙）的咖啡；把以上所有材料搅拌均匀。

2. 搅拌15毫升（1汤匙）奶油和利口酒，直到其呈柔软状；先取其中一匙搅拌到马斯卡彭奶酪中，然后把剩余的储藏好；把一半搅拌好的奶酪倒入锡盒中，并把表面弄平整。

3. 取一个稍大些的浅盘，把剩下的浓咖啡和酒倒入浅盘中。拿出一半的海绵手指饼干，将一头浸入咖啡混合物中，待其充分吸收咖啡后取出，放到锡盒中的混合物上。

4. 用勺子把剩下的奶酪混合物光滑地铺在饼干顶部。

5. 把剩下的饼干蘸好咖啡后放在混合物中；然后把剩余的咖啡洒在混合物顶部。用透明的保鲜袋把提拉米苏包起来，冷却至少4小时。小心翼翼地把提拉米苏从锡盒里拿出来，洒上碎巧克力和可可粉。品尝的时候记得要切块。

小提示：马斯卡彭奶酪质感柔滑、柔软，很像厚厚的奶油芝士，最初为伦巴第出产，其中混合了牛奶。

咖啡小豆蔻萨巴里安尼

这种温暖的意大利甜点通常是用意大利马沙拉白葡萄酒制作的。在这个食谱中，咖啡利口酒与新鲜碎豆蔻也会被用到。

4人份

配料

4个小豆蔻

8个蛋黄

50克（2盎司）细白砂糖（超细）或4汤匙糖

30毫升（2汤匙）浓缩咖啡

50毫升（2盎司或四分之一杯）咖啡利口酒，如添万利、咖啡酒或杜桑酒

几粒烤咖啡豆，压碎，装饰用

1．剥去小豆蔻的淡绿色外壳，剔除黑色种子；用杵和臼把这些捣碎成细粉。

2．把蛋黄、砂糖和碎豆蔻粉末倒入一个大碗中，用手持电动搅拌器搅拌1～2分钟，直到混合物颜色变白并呈奶油状。

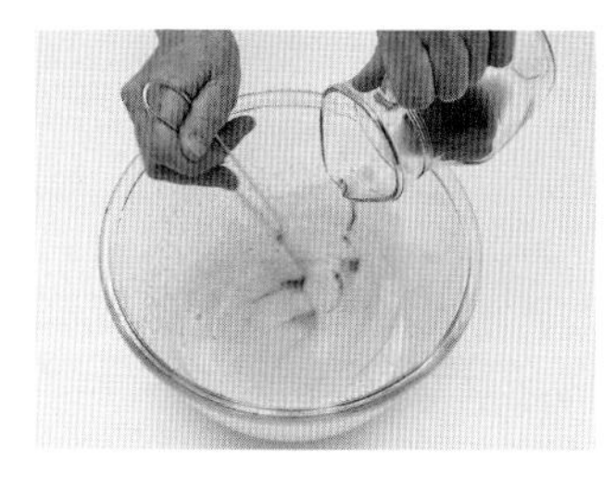

3．边搅拌边把咖啡和酒倒入蛋黄混合物。

4．把碗放到装有接近沸腾的

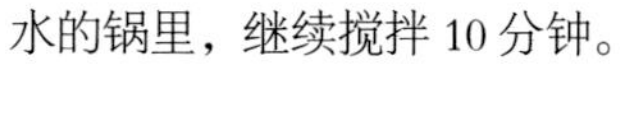

水的锅里，继续搅拌10分钟。

5．继续搅拌，直到混合物变得非常黏稠，总量翻倍；其间要确保水不沸腾——否则混合物会凝固；之后取出碗，将混合物小心地倒入四个玻璃杯中，洒上一些烤咖啡豆即可食用。

小提示：小豆蔻香料来自印度北部。一般买到时可能就已经研磨好了，但新鲜研磨的碎豆蔻粉末味道更甜。

小瓶卡布基诺

这是一种非常美味的咖啡奶油蛋糕，上面盖有奶油和一层巧克力粉。如果盛放在陶瓷咖啡杯中会非常好看。

6 到 8 人份

配料

75 g（3 盎司或 1 杯）烤咖啡豆

300 毫升（0.5 品脱或 1.25 杯）牛奶

300 毫升（0.5 品脱或 1.25 杯）纯奶油

1 个全蛋，再加上 4 个蛋黄

50 克（2 盎司或 4 汤匙）超细白砂糖

2.5 毫升（0.5 茶匙）香草精

点缀用

120 毫升（4 盎司或 0.5 杯）淡奶油

45 毫升（3 汤匙）冰水

10 毫升（2 茶匙）巧克力粉

1. 烤箱预热到 160℃（325℉ 或 3 档）；把已烘焙好的咖啡豆放在锅中，用小火加热 3 分钟，其间要经常摇动平底锅。

2. 倒入牛奶和奶油，并加热直到几乎沸腾；盖上盖子焖 30 分钟。

3. 把鸡蛋、蛋黄、糖和香草搅拌到一起；煮沸牛奶，通过筛子倒入鸡蛋混合物中；捞出其中的咖啡豆。

4. 把混合物倒入 8 个 75 毫升（5 汤匙）大小的咖啡杯或六个 120 毫升（4 盎司或半杯）的杯中。每个小杯都用一小片铝箔纸盖住。

5. 把杯子放在烤盘里，并在烤盘中加热水到三分之二的位置；放入烤箱中烤 30 分钟到 35 分钟；取出后冷却，冷藏至少 2 个小时。

6. 将奶油和冰水混合搅打，直到打出厚泡沫为止。在食用之前倒在蛋糕上，撒上巧克力粉即可。

小提示：如果喜欢热的卡布基诺，可以在加热前往小锅中加一勺奶油。凝结的奶油刚刚开始融化的时候品尝刚刚好。

咖啡白兰地

这道甜点的制作可不容易——需要泡沫咖啡、白兰地和多汁的葡萄。和脆饼干一起享用，口味更加。

6人份

配料

75克（3盎司或6汤匙）红糖

细碎的半个橘子皮

120毫升（4盎司或半杯）白兰地

120毫升（4盎司或半杯）深度烘焙冷咖啡

400毫升（14盎司）高脂原奶油

225克（8盎司）白无籽葡萄

糖渍葡萄（装点用）

脆饼干（搭配用）

1. 把红糖、橘子皮和白兰地放在一个小碗里，搅拌均匀，然后盖上保鲜膜，放置1小时。

2. 把混合物过筛后倒入一个干净的碗中，倒入咖啡并搅拌；再慢慢倒入奶油，搅拌均匀。

3. 继续搅拌3～4分钟，直到混合物变得足够黏稠。

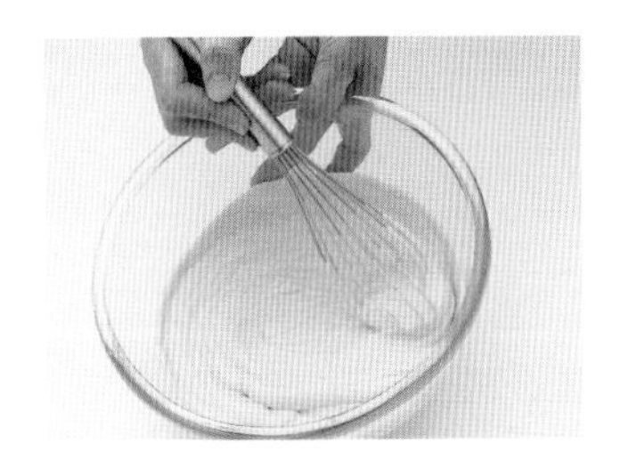

4. 把葡萄分为6份，用汤匙把混合物倒在葡萄上，冷却1小时，然后用糖渍葡萄和脆饼干装饰。

小提示：制作糖渍葡萄时，首先清洗和干燥葡萄，然后切成小块；浇上打匀的蛋清，然后再拌上白砂糖；在使用前应去掉葡萄上多余的糖分，并晾干葡萄。

咖啡果冻

亮晶晶的咖啡果冻可以作为一顿丰富的晚餐的亮点和餐后甜点。

4人份

配料

20毫升（4茶匙）粉胶

75毫升（5汤匙）冷水

600毫升（1品脱或2.5杯）热的、深度烘焙的咖啡

40克（1.5盎司或3汤匙）白砂糖

月桂奶油所需材料

300毫升(0.5品脱或1.25杯）淡奶油

15毫升（1汤匙）月桂味砂糖

新鲜月桂叶（装饰用）

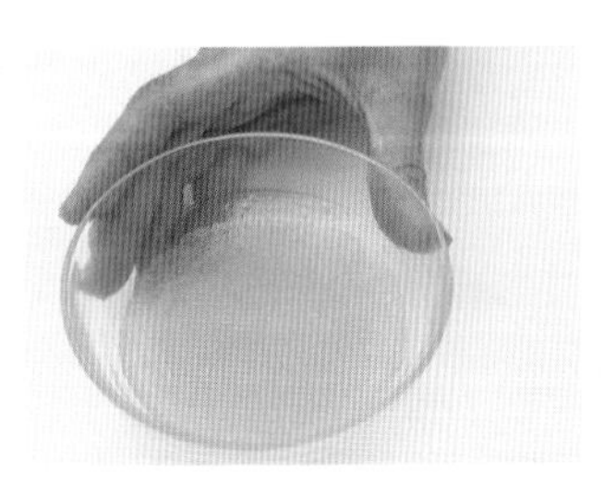

1. 果冻的做法就是在粉胶上

洒上冷水，浸泡 2 ~ 3 分钟；同时在热咖啡中添加糖，将二者混合并搅拌。

2. 冷却咖啡，然后将其倒入四个 150 毫升（0.25 品脱）的金属模具中。放入冰箱里冷藏 3 个小时直到冰冻。

变化：如果想尝试有更多奶油的果冻，可以用热牛奶代替咖啡，用新鲜水果代替月桂奶油。

3. 制作月桂奶油时，轻轻搅动奶油和月桂味糖浆，直到搅拌均匀且非常柔软，并将其放到四个碗中。

4. 食用时，先把模具在热水中放置几秒钟，然后倒扣在托盘上，最后在果冻上浇上奶油和装饰用的新鲜月桂叶。

小提示：制作月桂味砂糖，就是在白砂糖中混入两到三片月桂树叶。这至少要提前一个星期就制作好。

心形咖啡奶油

漂亮的心形奶油，配上烘焙咖啡豆和新鲜的水果。条件允许的话，还可以加上草莓点缀，滋味更加美妙。

6 人份

配料

25 克（1 盎司或四分之一杯）意式烘焙咖啡豆

8 盎司（225 克或 1 杯）意大利乳清干酪或凝乳奶酪

300 毫升（0.5 品脱或 1.25 杯）鲜奶油

25 克（1 盎司或 2 汤匙）糖（超细）

细碎的半只橙皮

两只鸡蛋的蛋清

红色水果果酱所需配料

175 克（6 盎司或 1 杯）覆盆子

30 毫升（2 汤匙）糖粉

115 克（4 盎司）小草莓，对半切好

1. 烤箱预热到 180℃（350°F 或 4 档）。将咖啡豆均匀放置在烤盘上放入烤箱，烤约 10 分钟；取出后使其自然冷却，然后放进一个大塑料袋，用擀面杖压碎成小块。

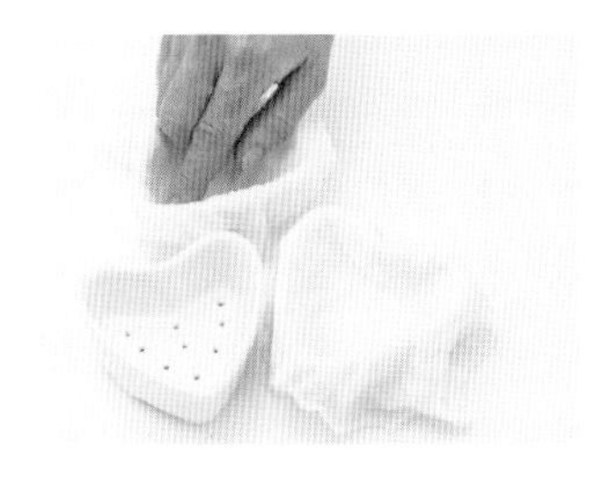

2. 用冷水冲洗 12 块棉布，再拧干。

3. 把意大利乳清干酪或凝乳奶酪通过细筛倒进碗里；搅拌奶油、糖、橘皮，把已捣碎的咖啡豆添加到奶酪中并拌匀。

4. 将蛋清打至发泡，并拌入混合物中；把混合物倒入准备好的模具中，然后盖上棉布。

把制作好的模具放在冰箱中过一夜。

5. 制作红色水果果酱时，把覆盆子和糖粉在食品处理器内充分混合，然后通过细筛删除果皮；再加入草莓并冷却，然后就能上桌了。

6. 把心形咖啡奶油放在托盘上，去除棉布。浇上自制的水果果酱。

小提示：棉布的编织很细密，能使液体从奶酪中流出，以达到排水的目的。

冷冻巧克力浓咖啡慕斯

浓郁的浓缩咖啡为慕斯增添了独特的风味，在正式场合可以用一个时尚的巧克力杯盛放。

4人份

配料

225克（8盎司）纯巧克力
45毫升（3汤匙）浓咖啡
25克（1盎司或2汤匙）新鲜的黄油（甜）
4个蛋清、蛋黄分离的鸡蛋
薄荷枝（装饰用，可选）
马斯卡彭乳酪或凝结的奶油（上桌时用，可选）

巧克力杯所需要的配料

225克（8盎司）纯巧克力

1. 每个巧克力杯的制作都需要一张双层的15平方厘米（6平方英寸）锡纸。把锡纸包裹在一个小橘子外面，开口朝上；取出橘子，并把锡纸的底部弄平整。如此重复做四个铝箔杯。

2. 把巧克力切成小块放在碗中，隔水加热；偶尔搅拌，直到巧克力融化。

3. 把巧克力倒入铝箔杯中，用勺子的背面把巧克力抹得平整一些。冷却30分钟或直到巧克力变硬，然后从顶部边缘轻轻地剥开锡纸。

4. 制作巧克力慕斯时，首先把纯巧克力和咖啡混合一起，然后隔热水融化；当巧克力和咖啡的混合物变成液体时，添加新鲜的黄油，然后停止加热并拌入蛋黄。

5. 把蛋清放在一个碗里搅拌，直到凝固，但又不至于变干。然后把蛋清倒入巧克力混合物中，放进冰箱冷却至少3小时。

6. 装盘时把冷冻慕斯舀入巧克力杯中。如果可以，再添加一勺奶酪或奶油以及一根新鲜的薄荷枝用于装饰。

潘妮托妮杏仁布丁

杏仁布丁一般都是切片的、含有杏仁并融合了咖啡的风味，是一道令人满意的、温暖的奶油甜点。

4人份

配料

50克（2盎司或4汤匙）新鲜的甜黄油（已软化）

6块1厘米（0.5英寸）厚的潘妮托妮片（约400克或14盎司，包含蜜饯）

175克(6盎司)即食杏干(切碎)

400毫升（14盎司）牛奶

250毫升（8盎司或1杯）高脂厚奶油

60毫升（4汤匙）淡咖啡粉

90克（3.5盎司或半杯）白砂糖

3个鸡蛋

30毫升（2勺）红糖（生）（糖上桌时再加上奶油或鲜奶油）

1. 把烤箱预热到160℃（325 °F或3档）。在椭圆形烤盘上刷15克（0.5盎司或1汤匙）的黄油。把剩下的黄油放在潘妮托妮片上，并把潘妮托妮放在烤盘上；把杏干剪碎并洒上。

2. 把牛奶和奶油倒进锅里加热，直到几乎沸腾；把混合物倒在咖啡中，放置10分钟；然后用细筛过滤混合物，丢弃咖啡渣。

3. 把细砂糖和鸡蛋混合在一起，然后搅拌到带有咖啡味的温暖的牛奶中；再慢慢把混合物倒在潘妮托妮上，浸泡15分钟。

小提示：这个食谱中的潘妮托妮软蛋糕用原味的或者巧克力味的潘妮托妮都行。

4. 在布丁上撒上红糖，并把准备好的盘子放在一个大的烤盘上，并在烤盘中浇上足够多的水。

5. 把烤盘放入烤箱，烤40~45分钟，直到顶部变成金黄色，但是中间松软。从烤箱中取出烤盘，放置冷却10分钟；浇注奶油或鲜奶油后即可食用。

黏稠的姜味咖啡布丁

这款加了咖啡的海绵似的布丁是由面包屑和杏仁点缀的，并配以奶油蛋羹或香草冰淇淋。

4人份

配料

30毫升（2汤匙）红糖
25克（1盎司或2汤匙）干姜（切碎）
75毫升（5汤匙）姜糖浆
30毫升（2汤匙）咖啡粉
115克（4盎司或半杯）白砂糖
3个蛋清、蛋黄分离的鸡蛋
25克（1盎司或0.25杯）面粉
5毫升（1茶匙）姜末
65克（2.5盎司或1杯）新鲜的白面包屑
25克(1盎司或四分之一杯）杏仁

1. 烤箱预热到180℃（350° F或4档）。在750毫升（1.25品脱或3杯）的玻璃碗内壁涂上油，然后倒入糖和切碎的干姜。

2. 把咖啡粉放在一个小碗里。加热姜糖浆，直到几乎沸腾为止；倒入咖啡，搅拌均匀，放置4分钟。通过细筛倒入玻璃碗里。

3. 混合蛋黄和一半的白砂糖，并搅拌至柔滑松软。将筛过的面粉和生姜一起拌入蛋黄混合物中，同时加入面包屑和杏仁。

4. 将蛋清搅拌至凝固状，然后逐渐加入剩下的砂糖，搅拌混合物。将其倒入玻璃碗中，用汤勺调整布丁的形状。

5. 用一张褶皱的烘焙纸刷油并蒙在玻璃碗口，周围用线绑好。烘烤40分钟，或直到布丁像海绵般柔软后，即可食用。

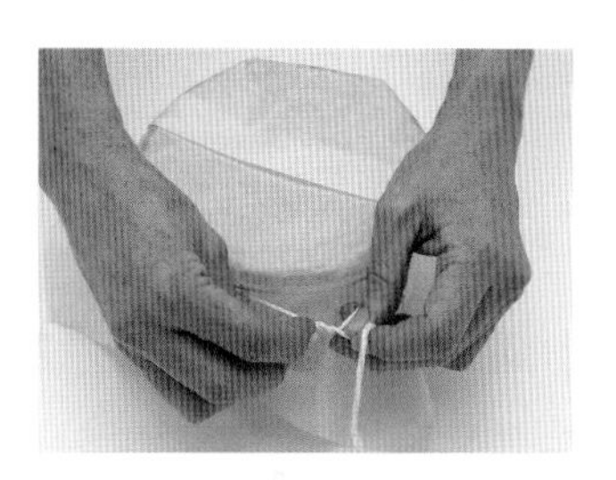

小提示：这种布丁也可以在900毫升（1.5品脱）的面包杯中烤，然后切厚片食用。

蛋奶酥和糕饼

SOUFFLÉS AND MERINGUES

软软的蛋奶酥和入口即化的蛋糕——这些都是吸引着人们的眼睛和刺激着人们的味蕾的咖啡甜点。制作这些甜点的配料再简单不过了——仅仅需要蛋清和糖，而咖啡则让它们的味道更上一层楼。如果想做一顿完美的晚餐，可以尝试辛辣的“漂浮的岛屿”，或是具有热带味道的芒果和咖啡酥皮卷。

咖啡蛋奶酥和蛋糕

咖啡蛋奶酥非常特别，但其制作过程却非常简单。

6人份

配料

150克（5盎司或四分之三杯）白砂糖
75毫升（5汤匙）水
150克（5盎司或1杯）白杏仁，（包括装饰用的）
120毫升（4盎司或半杯）浓咖啡（深度烘焙）（例如榛子味的咖啡）
15毫升（1汤匙）果冻胶
3个蛋清、蛋黄分离的鸡蛋
75克（3盎司或半杯）红糖
15毫升（1汤匙）咖啡利口酒（如添万利、咖啡酒或杜桑）
150毫升（0.25品脱）高脂厚奶油（装饰用，可选）

1. 拿一张双层的防油纸，剪下一部分制作一个直径为5厘米（2英寸）的蛋糕衬托可以放置900毫升（1.5品脱或3.75杯）蛋奶酥，放入冰箱中冷藏。

2. 在烤盘中浇上油。在一个平底锅中加入水和细砂糖，慢慢加热，直到糖溶解；然后大火快速煮沸，直到糖浆变成淡金色，并加入杏仁直至煮到暗金色。

3. 将混合物倒在烤盘上，设置好烤箱温度并开始烘焙；当混合物凝结变硬后，转移到一个塑料盒内，然后用擀面杖将其擀成碎片（先留出50克或2盎司或半杯备用，再粉碎其余部分）。

4. 将一半咖啡倒入一个小碗里，放入果冻胶，让其浸泡5分钟，然后把碗放在盛有热水的锅内加热，搅拌咖啡和果冻胶的混合物至溶解。

5. 把蛋黄、红糖和剩余的咖啡和酒混合加热，搅拌到起厚泡沫，然后加入溶解的果冻胶。

6. 搅打奶油，直到奶油变软，然后搅拌蛋清直到变浓稠。将碎果仁糖添加入奶油中，然后再全部倒入咖啡混合物。最后，分两次拌入蛋白。

7. 把混合物倒入步骤1的蛋糕衬托中，冷却至少2小时。在享用前还可以在冰箱中放15～20分钟，这样味道更佳。可以根据个人喜好用一些生奶油装点糕点，比如用大勺在食物顶部放一些生奶油；还可以装饰一些杏仁或果仁糖片。

二焗摩卡蛋奶酥

用摩卡蛋奶酥来结束一顿丰盛的晚餐真是再完美不过了。这些迷你摩卡蛋奶酥可以提前三个小时制作好，在食用前再次加热即可。

6人份

配料

75克（3盎司或6汤匙）新鲜的黄油（甜，已软化）
90克（3.5盎司）黑巧克力或纯(半甜的)巧克力(磨碎备用)
30毫升（2汤匙）研磨好的咖啡
400毫升（14盎司）牛奶
40克（1.5盎司）通用面粉、（已筛好）
15克（0.5盎司或2汤匙）可可粉（已筛好）
3个蛋清蛋黄分离的鸡蛋
50克（2盎司或0.25杯）细砂糖
175毫升(6盎司或0.75杯)奶油巧克力或咖啡利口酒

1. 烤箱预热到200℃（400°F或6档）。取6个150毫升(0.25品脱）奶油小圈饼模具或耐热的迷你碗，在其内壁抹上厚厚的黄油（25克或1盎司或2汤匙的）；再撒上50克(2盎司）的巧克力碎屑。

2. 把研磨好的咖啡放在一个小碗里。加热牛奶直到几乎沸腾，再倒入咖啡。倒入4分钟后，待牛奶和咖啡混合，滤掉咖啡渣。

3. 在一个小锅里把剩下的黄油融化，加入面粉和可可粉制成奶油面糊；煮约1分钟后逐渐添加咖啡牛奶，记得要一直搅拌混合物，并使其成为一锅很浓稠的酱；用慢火煮2分钟，然后关掉热源并拌入蛋黄。

4. 冷却5分钟，然后加入剩下的巧克力。搅拌蛋清，直到其变得凝固，然后逐渐加糖搅拌；加入一半步骤3中的酱搅拌，并留剩余的部分备用。

5. 用大勺子把混合物倒入模具或碗中，并放置在烤盘里。在烤盘中倒入足够的热水，一般要浸过模具高度的三分之二。

6. 约烤15分钟后，把蛋奶酥从烤盘中取出，使其完全冷却。

7. 在上桌之前，用勺子盛15毫升（1汤匙）巧克力和咖啡利口酒浇在每个布丁上，再用烤箱加热6～7分钟。吃之前，再把剩余的酒全部撒到蛋奶酥上。

小提示：可以根据个人喜好，用高质量的白巧克力或者牛奶巧克力来代替纯巧克力。

经典巧克力咖啡蛋糕卷

这道美味需要至少提前12小时制作，这样才有时间使其充分软化。在卷起来的时候可能会有部分碎掉，这是正常现象。

8人份

配料

200克(7盎司)纯巧克力(半甜的)

200克(7盎司或1杯)白砂糖

7个鸡蛋

填充物

300毫升(0.5品脱)高脂厚奶油

30毫升(2汤匙)冷的浓咖啡(例如摩卡咖啡)

15毫升(1汤匙)咖啡利口酒

60毫升(4汤匙)糖粉(装饰用)

巧克力碎(享用前洒在蛋糕卷上)

1. 烤箱预热到180℃(350°F或4档)。在一个33×23厘米(13×9英寸)的蛋糕锡纸盒中铺上烘烤纸并涂上油。

2. 把巧克力先掰成块状放在碗中，再把碗放在一锅沸水中隔水融化巧克力，然后关闭热源，冷却5分钟。

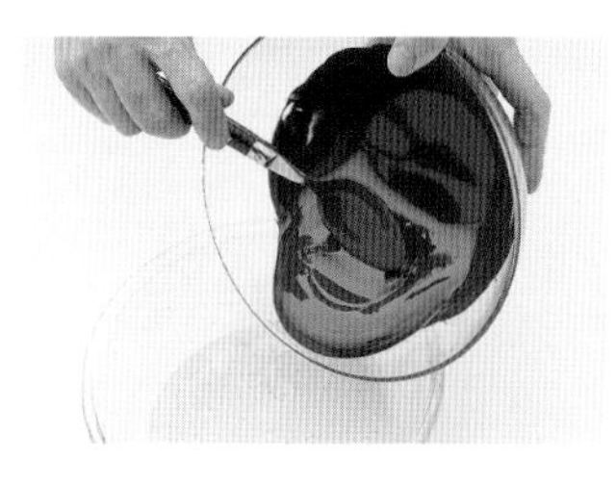

3. 在一个大碗里，搅拌糖和蛋黄，直到变得柔滑松软为止；再加入融化的巧克力。

4. 搅拌蛋清直到其变得凝固但不干燥，然后把蛋清轻轻地倒入巧克力混合物中。

5. 把巧克力混合物倒进准备好的锡纸盒中(见步骤1)，用抹刀抹平表面；烤25分钟，直到其变得膨胀而松软；然后在蛋糕卷上覆盖一个冷却架(确保它不会接触到蛋糕)。

6. 用湿布盖住冷却架，然后用保鲜膜包住，在阴凉的地方放置至少8小时；如果条件允许的话，可放置一整夜。

7. 在大片的烘焙纸上洒上糖粉，并把做好的蛋糕卷放入其中。

8. 填充物的做法：把高脂厚奶油、咖啡和利口酒混合搅拌均匀；把混合物涂到蛋糕卷上，从一端开始涂，然后小心翼翼地卷起来。在这个过程中需要烘焙纸的帮助。

9. 把蛋糕卷放在盘子中即可享用，还可以根据个人喜好洒上糖粉和碎巧克力。

小提示：可以根据个人喜好，用奶油和巧克力咖啡豆，或用一些树莓和薄荷叶子来装点蛋糕卷。

芒果咖啡蛋白卷

光滑而蓬松的蛋白卷是一道完美的甜点，特别是添加了不加糖的咖啡，马斯卡彭乳酪和成熟多汁的芒果之后，尤其美味。

6~8 人份

配料

4 只鸡蛋的蛋清

225 克（1 杯或 8 盎司）细砂糖

填充物

45 毫升（3 汤匙）研磨好的浓咖啡

75 毫升（5 汤匙）牛奶

350 克（12 盎司或 1.5 杯）奶酪

1 个熟芒果，切成 1 厘米（0.5 英寸）见方的小块

1. 烤箱预热到 190℃（375°F 或 5 档）。在一个 33 ×23 厘米（13 × 9 英寸）的蛋糕锡纸盒上覆上烘焙纸；搅拌蛋清直到其变得凝固；往蛋清中逐步添加糖，搅拌均匀，直到混合物变得浓稠而有光泽。

2. 用勺子将调好的蛋白舀入烤盘内，烘烤 15 分钟或直到酥皮变得膨胀起来，颜色呈金黄色。

3. 将蛋白酥皮拿出，放到一张不粘的烘焙纸上；然后去除烘焙纸，放置直至完全冷却。

4. 制作填充物时，把咖啡放在一个小碗里，并加热牛奶，直到牛奶快要沸腾时，再倒上咖啡；让牛奶和咖啡混合 4 分钟左右，然后通过细筛，滤掉咖啡渣。

5. 击打马斯卡彭乳酪直至其变软，然后逐渐加入到咖啡中；再把咖啡混合物倒在酥皮上，然后把切好的芒果分散开，摆到酥皮上。

6. 在烘烤纸的帮助下，轻轻卷起酥皮，然后转移到盘子中，从侧面切片。注意，在食用前应至少冷却 30 分钟。

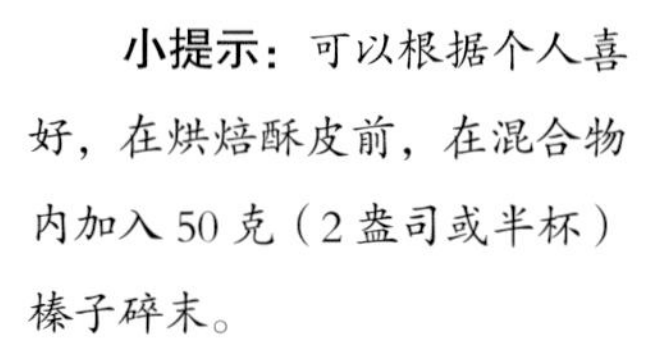

小提示：可以根据个人喜好，在烘焙酥皮前，在混合物内加入 50 克（2 盎司或半杯）榛子碎末。

姜味咖啡蛋白霜

一口咬下姜味咖啡蛋白霜的酥皮，里面正要融化的咖啡冰淇淋涂层呼之欲出。还有什么能比这更诱人？

6人份

配料

275克（10盎司）现成的姜饼

600毫升（1品脱或2.5杯）咖啡冰淇淋

4个蛋白

1.5毫升（0.25茶匙）塔塔粉

150克（5盎司或0.75杯）细砂糖

25克（1盎司或2汤匙）干姜（切碎）

1. 烤箱预热到230℃（450°F或8档）。把姜饼纵向切成三片，使用一个直径5厘米（2英寸）的切割模具在每片姜饼上切两片圆的姜饼下来，并放置到烤盘上。

2. 在每一圆片姜饼上放上一大勺咖啡冰淇淋，然后把烤盘放进冰箱中冷冻至少30分钟。

3. 搅拌蛋清和塔塔粉，直到混合物起泡，再逐步添加糖，继续搅拌，直到混合物变硬；然后在混合物中加入切碎的干姜。

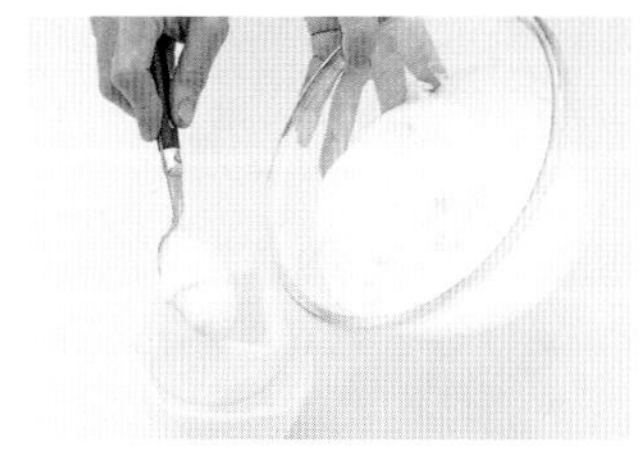

4. 小心地用勺子把蛋清和姜混合物倒入装有普通喷嘴的（糕点）袋中。

5. 快速地把蛋清挤到冰淇淋上，从底部开始一直呈螺旋状挤到顶部。

6 烘烤3～4分钟，直到酥皮表面脆而轻，呈棕色，即可食用。

小提示：烘烤时，冰淇淋中的空气会在酥皮中产生小气泡，所以要确保它被完全覆盖。冰淇淋蛋糕也可以先冻结起来存放，直到要食用时再拿出来烘焙。

“漂浮的岛屿”

这款著名的甜点得名于被“海洋”般的英格兰奶油（Creme Anglaise）包围的蛋白霜。以下这个版本富有异国情调：加上八角茴香，配以浓郁的咖啡酱。

6人份

配料

咖啡味英格兰奶油配料

150毫升（0.25品脱或三分之二杯）牛奶

150毫升（0.25品脱或三分之二杯）淡奶油

120毫升（4盎司或半杯）浓咖啡

4个蛋黄

25克（1盎司或2汤匙）红糖

5毫升（1茶匙）玉米淀粉

制作焦糖浆的材料

90克（3.5盎司或半杯）白砂糖

水煮蛋白霜所需的材料

2个蛋白

50克（2盎司或0.25杯）白砂糖

1.5毫升（0.25茶匙）八角茴香粉末

一撮盐

小提示：经过水煮后，蛋白霜的形态最多只能保持两个小时。

1. 制作咖啡味英格兰奶油，首先把牛奶、奶油和咖啡倒入锅里，加热到沸点。

2. 在一个大碗里加入蛋黄、红糖、玉米淀粉和奶油混合；再加入热咖啡牛奶混合搅拌，然后把所有混合物倒回锅中。

3. 把混合物加热1～2分钟，其间搅拌，直到其变稠；关闭热源并冷却，偶尔搅拌制作好的咖啡味英格兰奶油。

4. 把盛有咖啡味英格兰奶油的碗盖上盖子，用食品袋包装好后放在冰箱里。

5. 制作焦糖浆时，把白砂糖放在一个小锅内，加水45毫

升（3大汤匙），并用中火加热，直至白砂糖溶解；然后改用大火快煮，直到糖浆变成金黄色；关闭热源，再往锅内添加45毫升（3汤匙）热水（注意水可能会喷溅），放置冷却一会儿。

6. 在制作水煮蛋白霜的时候，首先搅拌蛋清至变硬，然后在蛋清中加入糖和八角茴香。

7. 把2.5厘米（1英寸）深的沸水倒入一个大煎锅中，添

加盐并用小火保温；用两个勺子把蛋白霜塑成小椭圆形，并放入水中。每一次可同时水煮 4 到 5 个蛋白霜，煮 3 分钟左右或直到蛋白霜变硬。

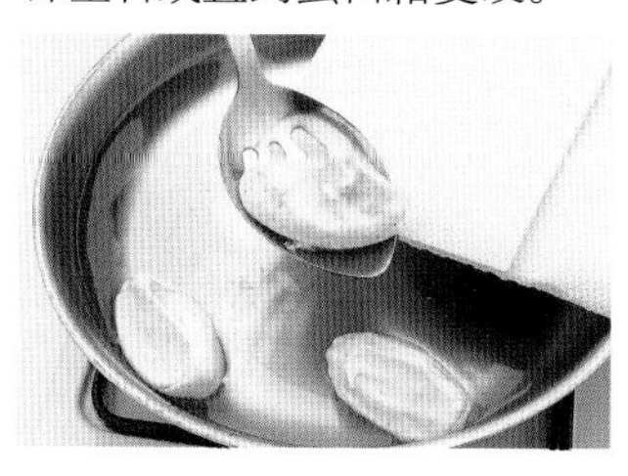

8. 用漏勺把蛋白霜从水中取出，用厨房纸把水吸干。

9. 食物上桌时，用勺子舀一点咖啡味英格兰奶油到盘子内，再在奶油上放置做好的蛋白霜，看上去就好像浮动的 2 个或 3 个“岛”；最后再浇上焦糖浆。

玫瑰奶油咖啡蛋白霜（COFFEE MERINGUES WITH ROSE CREAM）

这些甜甜的蛋白霜，含有浓缩咖啡豆和微妙的玫瑰味奶油。装盘时轻轻撒些玫瑰花瓣在上面，甚是浪漫。

20 对

配料

25 克（1 盎司或 0.25 杯）浓缩咖啡豆

3 只鸡蛋的蛋清

175 克（6 盎司或 1 杯）白砂糖

25 克（1 盎司或 0.25 杯）开心果（切碎）

一些玫瑰花瓣（装饰用）

玫瑰奶油所需材料

300 毫升（0.5 品脱或 1.25 杯）高脂厚奶油

15 毫升（1 汤匙）糖粉（过筛备用）

10 毫升（2 茶匙）玫瑰水

1. 烤箱预热到 180℃（350°F 或 4 档）。把咖啡豆放在烤盘上，烤 8 分钟。取出冷却后装进塑料袋，用擀面杖压碎。再把烤箱加热到 140℃（275°F 或 1 档）。

2. 把蛋清和糖放入一个碗里，隔水加热，搅拌直至混合物变得厚重。

3. 关闭热源，继续搅拌直到蛋白霜变硬，然后加入碎咖啡豆继续搅拌。

4. 把混合物倒入一个配有裱花嘴的裱花袋中，并在烘焙纸上挤出 40 个小的奶油漩涡，每个漩涡之间要留一些空间。

5. 在烘焙纸上洒上开心果。放入烤箱烤 2～2.5 小时，直到蛋白霜变得又干又脆。在烘焙过程中需要把烤盘拿出来转一圈后放入烤箱再次烘焙。烘焙完毕之后放置冷却，然后把蛋白霜从烘焙纸上移走。

6. 制作玫瑰奶油时，先搅打奶油、糖粉和玫瑰水，直到三者的混合物充分融合；再把玫瑰奶油涂抹到两个蛋白霜的底部，并像三明治一样拼起来。把拼好的玫瑰奶油咖啡蛋白霜放在一个盘子上，上桌时可以撒一些玫瑰花瓣装饰。

小提示： 玫瑰奶油也可以用橘子味的奶油代替；还可以根据个人喜好，添加粉红色的食用色素。

热带水果和咖啡奶油蛋白甜饼

澳大利亚和新西兰都声称是自己发明了这款以芭蕾舞女演员安娜·帕夫洛娃（Anna Pavlova）命名的、松软的蛋白霜甜点。热带水果和咖啡奶油蛋白甜饼成功的秘诀在于，要把烘焙好的蛋白霜一直放在烤箱里，直到其完全冷却，温度的突然变化会让其表面破裂。

6~8 人份

配料

30 毫升（2 汤匙）研磨咖啡

30 毫升（2 汤匙）接近沸腾的水

3 只鸡蛋的蛋清

2.5 毫升（0.5 茶匙）塔塔粉

175 克（6 盎司或 1 杯）糖（超细）

5 毫升（1 茶匙）玉米淀粉（过筛备用）

填充物

150 毫升（0.25 品脱或三分之二杯）高脂厚奶油

5 毫升（1 茶匙）香草橙花水

150 毫升（0.25 品脱或三分之二杯）鲜奶油

500 克（1.25 磅）切片热带水果（如芒果、木瓜、猕猴桃）

15 毫升（1 汤匙）糖粉

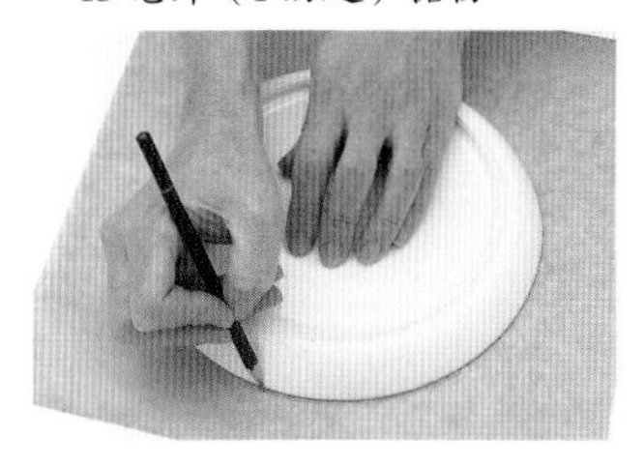

1. 烤箱预热到 140℃（275°F 或 1 档）。在烘烤纸背面画一个直径 20 厘米（8 英寸）的圆。

2. 把咖啡放在一个小碗中，倒热水；放置 4 分钟使其充分溶解，然后通过极细筛去除咖啡渣。

3. 在蛋清中加入塔塔粉搅拌，直至其变硬，但不要太干燥；然后逐渐加入糖搅拌，直到蛋白霜变硬且有光泽，迅速加入玉米淀粉和咖啡并搅拌。

4. 用长刀或抹刀把混合好的酥皮抹到烤盘里，摊开，直至充满这个直径 20 厘米（8 英寸）的圆为止；在中间压出凹陷，然后放入烤箱中烘烤 1 小时；随后关掉烤箱，但将其留在烤箱中，直至其完全冷却。

小提示：如果不喜欢热带水果的话，可以根据个人喜好，添加草莓、覆盆子或蓝莓。

5. 把蛋白霜放到盘子中，最外面的酥皮去掉未起酥的部分。制作填充物时，在香草橙花水中加入奶油，搅拌至完全融合；将其倒入酥皮中，再在奶油上摆放水果并撒上糖粉。

水果甜点

FRUIT DESSERTS

如果你需要的是靓丽的颜色、独特的风味以及新奇特别的感受，那么就来尝试水果和咖啡的组合吧！无论是简单的饭菜还是饕餮盛宴，水果布丁永远都是错不了的选择。水果布丁可以是冷食，也可以是热食，您可以试着把橙子浸泡在热咖啡糖浆中食用，或是沉浸在黏黏的香梨布丁的纯粹回感里。

橙味咖啡糖浆热饮

大多数的柑橘类水果都可以被用来做这道甜品；可以挑选粉红色的葡萄柚或甜美的小香橙，去皮待用。

6人份

配料

6个中等大小的橙子

200克（7盎司或1杯）糖

50毫升（2液量盎司或0.25杯）冷水

100毫升（3.5盎司或半杯）开水

100毫升（3.5盎司或半杯）新鲜的浓咖啡

50克（2盎司或半杯）切碎的开心果（可选）

小提示：要用一个较大点的平底锅，确保锅内可以平整地放置至少6个橙子。

1. 将一个橙子剥去皮，橙子的皮也切碎放一边备用；剩下的5个橙子也剥好皮；把橙子都交叉地切出口，然后在顶部用鸡尾酒叉子（牙签）插好。

2. 把糖和冷水倒入锅里，用小火加热直到糖溶解，然后换大火烧开，一直煮，直到糖浆变成淡金色。

3. 关闭热源并小心翼翼地把沸水倒进平底锅中。加热平底锅直到糖完全溶解。边搅拌边加入咖啡。

4. 把切碎的橙子皮和橙子都添加到咖啡糖浆中。慢火煮15～20分钟；在此过程中要把橙子翻一次面并均匀加热。最后，可根据个人喜好洒上开心果。此款甜品要趁热吃。

新鲜无花果果盘

无花果、香草和咖啡糖浆的组合能带来美妙的味道。

4~6人份

配料

400毫升（14盎司或1.3杯）现煮咖啡

115克（4盎司或半杯）蜂蜜

1棵香草豆荚

12只偏生的、新鲜的无花果

希腊酸奶（上菜时用，可选）

1. 选用一个带盖子的煎锅，大到足以铺平所有的无花果；在煎锅内倒入咖啡，并添加蜂蜜。

2. 把香草豆荚纵向劈开，把其中的豆子倒入平底锅内。再

把豆荚也放入锅内，然后煮沸，一直煮直到锅内混合物减少到约 175 毫升（6 盎司或 0.750 杯）为止。放置冷却一会。

3. 清洗无花果，用锋利的针在无花果皮上扎几个洞；把无花果切成两半，并放到糖浆里；开小火，盖上锅盖，焖煮 5 分钟；然后用细汤匙将无花果从糖浆中捞出，放在一边冷却。

4. 把糖浆倒在无花果上即可。一般可以在室温下保存 1 小时，可与酸奶一起上桌。

小提示：

• 将香草豆荚捞出并晾干保存，可反复使用多次。

• 无花果可分为红色、青色和黑色三种，皆可用于烹饪。无花果自身糖分充足，香甜多汁，与咖啡和香草的强烈味道 能形成良好的互补。

香梨咖啡布丁

丁香、榛子、梨和咖啡制成的布丁具有独特的芳香风味。

6 人份

配料

30 毫升（2 汤匙）研磨好的咖啡（例如榛子风味的咖啡）15 毫升（1 汤匙）沸水
50 克（2 盎司或半杯）烤榛子（已去皮）
4 个熟透的梨
半个橙子（榨汁备用）
115 克（4 盎司或 8 大汤匙）软化黄油
115 克（4 盎司或半杯）细砂糖（再加额外的 15 毫升或 1 汤匙糖烘焙时用）
2 个鸡蛋（已打好）
50 克（2 盎司或半杯）自发面粉
一小撮丁香粉末
8 个整的丁香（可选）
45 毫升（3 汤匙）枫叶糖浆
完整的橘皮条，装饰用

制作橙子奶油的材料

300 毫升（0.5 品脱或 1.25 杯）淡奶油
15 毫升（1 汤匙）糖粉
切碎的半个橙子皮

1. 烤箱预热到 180℃（350°F 或 4 档）。将一个直径 20 厘米（8 英寸）左右的三明治烤盘涂上黄油；把研磨好的咖啡放在一个碗里，注入水并放置 4 分钟使其充分混合，然后过细筛去除咖啡渣。

2. 用咖啡研磨机研磨榛子；把梨削好皮、对半切开并去核；再把梨切成小细块，然后涂上橙汁。

3. 把黄油和 115 克（4 盎司或半杯）砂糖一起放在一个大碗里搅拌均匀，直到打发；然后加入鸡蛋、面粉、丁香、榛子和咖啡；用勺子把混合物舀入烤盘中，并使表面平整。

4. 用厨房纸擦干梨，然后放置在烤盘中的混合物上；平的一面朝下。

5. 可以根据个人喜好和食材，把 2 个整丁香加到梨片上。再在梨上刷上 15 毫升（1 汤匙）枫叶糖浆。

6. 然后再撒上 15 毫升（1 汤匙）砂糖；放入烤箱内烘焙 45~50 分钟或直至变得蓬松。

7. 在烘焙的同时，可制作橙味奶油；搅打奶油、糖粉和橘子皮的混合物，直到混合物充分融合；然后把橙味奶油放到盘内冷却并备用。

8. 烘焙完成后，先把布丁冷却 10 分钟，然后再取出放入盘内。可以把剩下的枫叶糖浆轻轻刷上，最后装饰上橘皮和橙味奶油就可以享用了。

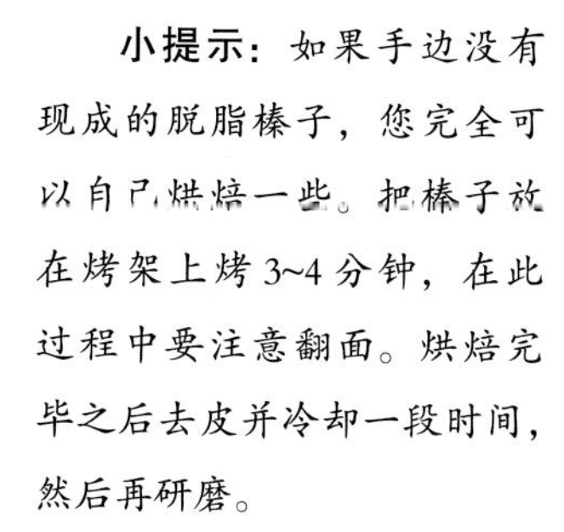

小提示：如果手边没有现成的脱脂榛子，您完全可以自己烘焙一些。把榛子放在烤架上烤 3~4 分钟，在此过程中要注意翻面。烘焙完毕之后去皮并冷却一段时间，然后再研磨。

桃子味奶油咖啡法式薄饼

多汁的黄金桃子和奶油搭配出了夏天的味道。在这款甜点中，这些美味的馅料和咖啡薄饼一样让人难以忘怀。

6 人份

配料

75 克（3 盎司或三分之二杯）纯面粉

25 克（1 盎司或 0.25 杯）荞麦面粉

1.5 毫升（1/4 茶匙）盐

1 个鸡蛋的蛋液

200 毫升（1 杯或 7 液量盎司）牛奶

15 克（1 汤匙或 0.5 盎司）黄油，软化

100 毫升（半杯或 3.5 盎司）浓咖啡

葵花籽油（煎薄饼时用）

馅的材料

6 个成熟的桃子

300 毫升（1.25 杯或 0.5 品脱）高脂厚奶油

15 毫升（1 汤匙）意大利苦杏酒

225 克（1 杯或 8 盎司）马斯卡彭奶酪

65 克（5 汤匙或 2.5 盎司）砂糖

30 毫升（2 汤匙）糖粉（装饰用，可选）

1. 把面粉和盐筛好，放进碗里；在其中间加入鸡蛋、一半的牛奶和融化的黄油。向液体中逐渐搅入面粉，搅打，直至面糊光滑；然后再加入剩下的牛奶和咖啡，继续搅拌均匀。

2. 在一个 15~20 厘米（6~8 英寸）的平底锅中加入少量油，加入步骤 1 中的部分面糊并摊开，使其完全盖住锅底；加热 2–3 分钟，直到薄饼变成金黄色为止，然后翻面再煎另一面。

3. 取出薄饼放到盘中，然后继续以这种方式制作薄饼，直到用完所有的面糊。每煎完一个薄饼，都要在薄饼下垫一张防油纸。

4. 制作馅料时，先对半切开桃子，并去掉桃核，切成厚片；搅打奶油和意大利苦杏酒的混合物，直到其变软为止；再搅打马斯卡彭奶酪和糖，直至二者充分融合，并将 30 毫升（2 汤匙）奶油混合进奶酪中。

5. 用勺子把一些用意大利苦杏酒调制的奶油倒在煎饼上，再放上蜜桃片；还可以根据个人需要，在薄饼上洒上糖粉。

小提示：在制作馅料时不能让薄饼变冷，所以要在薄饼上面盖上锡纸，然后把薄饼放在一锅滚水上蒸，用于保温。

李子朗姆酒蛋糕

一位波兰国王在听说了阿里巴巴的故事之后发明了这款蓬松的酵母蛋糕。李子泡在咖啡和朗姆酒中别有一番风味。

6 人份

配料

65 克（0.5 盎司或 5 汤匙）无盐黄油（需软化）

115 克（4 盎司或 1 杯）面粉

一小撮盐

7.5 毫升（1.5 茶匙）混合干酵母

25 克（1 盎司或 2 汤匙）红糖

2 个鸡蛋的蛋液

45 毫升（3 汤匙）热牛奶

鲜奶油（摆盘时用）

糖浆配料

115 克（4 盎司或半杯）白砂糖

120 毫升（4 液量盎司或半杯）水

450 克（1 磅）李子（对半切开、去核并切成小块）

120 毫升（4 液量盎司或半杯）咖啡

45 毫升（3 汤匙）朗姆酒

1. 烤箱预热到 190℃（375°F 或 5 档）。在一个直径 9 厘米（3.5 英寸）的锡纸盒中均匀地涂上 15 克 (0.5 盎司或 1 汤匙) 黄油。

2. 把面粉和盐倒入碗中拌匀，并加入酵母和红糖搅拌均匀。

3. 再在混合物中加入蛋液和热牛奶，用木制勺子继续搅打五分钟，直至所有材料充分混合且有弹性。

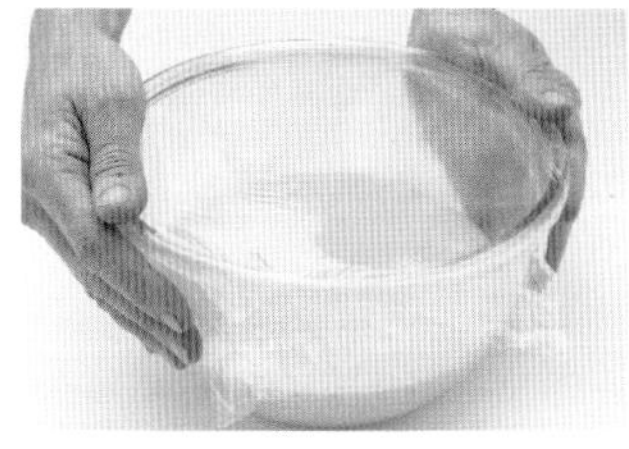

4. 用保鲜膜封好混合物，然后放置 40 分钟。把剩下的黄油切成小块，再放入混合物中。把混合物放入锡纸盒中，然后再把锡纸盒放置到烤盘中。在此过程中要用保鲜膜包裹混合物，以使混合物完全发酵，然后撕掉保鲜膜，烘焙 15 到 20 分钟。

5. 在烘焙的同时制作糖浆。把 25 克（1 盎司或 2 汤匙）红糖加水放置在锅中，再加入李子，然后用小火加热直至糖分溶解、李子变软。用漏勺把李子捞出，再把剩余的糖和咖啡加入锅中加热，注意不要煮至沸腾。关闭火源，把糖浆倒入朗姆酒中。

6. 取出蛋糕，放到网架上晾 5 分钟，然后将其浸到热糖浆中直至被充分浸泡；再取出来放在网架上沥干和冷却。

7. 把蛋糕放在盘子上，在中间放上李子片，再浇上剩余的糖浆和鲜奶油即可食用。

小提示：也可以对半切开蛋糕，在中间夹入生奶油再拼接起来（和三明治一个吃法）。

椰风咖啡松糕（COCONUT AND COFFEE TRIFLE）

黑咖啡和利口酒、椰子味奶油蛋羹搭配，再在顶部浇上咖啡奶油，使这道甜品让人难以忘怀。享用时用大的玻璃杯盛放，视觉效果更佳。

6~8 人份

配料

咖啡蛋糕

45 毫升（3 汤匙）浓咖啡

45 毫升（3 汤匙）沸水

2 个鸡蛋

50 克（2 盎司或 0.25 杯）红糖

40 克（1.5 盎司或三分之一杯）自发面粉（过筛备用）

25 毫升（1.5 汤匙）榛子或是葵花籽油

椰子味奶油蛋羹

400 毫升（14 盎司或 1.4 杯）罐装椰子味牛奶

3 个鸡蛋

40 克（1.5 盎司或 3 汤匙）白砂糖

10 毫升（2 茶匙）玉米淀粉

填充物和装饰

2 个中等大小的香蕉

60 毫升（4 汤匙）咖啡利口酒（如：添万利、墨西哥咖啡甜酒或是图森特酒）

300 毫升（0.5 品脱或 1.25 杯）高脂厚奶油

30 毫升（2 汤匙）糖粉

新鲜的椰子条（装饰用）

1. 烤箱预热到 160℃（325°F 或 3 档）。用防油纸把一个 18 厘米（7 英寸）见方的正方形锡纸盒涂上油。

2. 把咖啡放在一个小碗中，倒入热水并放置 4 分钟，使二者充分融合；然后用细筛过滤，去掉咖啡渣。

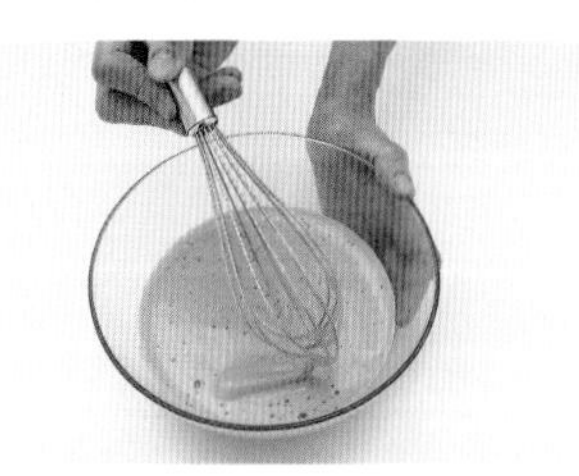

3. 在一个大碗中放入鸡蛋和糖并充分搅打。

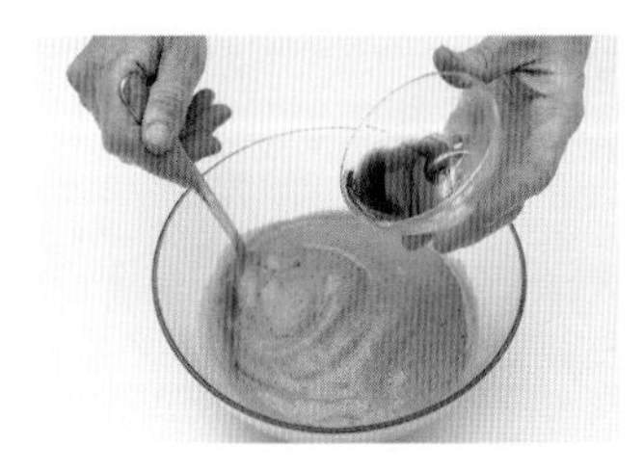

4. 在鸡蛋混合物中加入面粉，然后再倒入 15 毫升（1 汤匙）咖啡和油。把混合物倒入锡纸盒之中，放入烤箱中烘焙 20 分钟，直到咖啡蛋糕变硬为止。再把咖啡蛋糕取出来放在网架上，撕掉防油纸并冷却。

5. 制作椰子味奶油蛋羹时，先在锅中加热椰子味牛奶，直至其快要沸腾为止。

6. 搅拌鸡蛋、糖和玉米淀粉的混合物，再把混合物倒入热椰奶中，在此过程中要一直搅拌；把混合物倒入平底锅中，用小火加热；搅拌一至两分钟，直到蛋羹变浓稠，但要注意不要让蛋羹沸腾。关掉热源冷却 10 分钟，在此过程中要偶尔搅拌蛋羹，使其更快冷却。

7. 把制作好的咖啡蛋糕切成

长宽均为5厘米（2英寸）大小的方块，并依次放到一个大的玻璃碗中；再把香蕉切块摆在蛋糕上，然后倒入咖啡利口酒，最后再浇上椰子味蛋羹放至冷却。

8. 在剩下的咖啡中加入糖粉和奶油，充分搅拌后浇到蛋羹上；然后放置几个小时让其冷却。在上桌前可以将新鲜的椰子条点缀在甜品上。

小提示：制作新鲜椰子条时，先把一个椰子去皮然后切条即可；也可以购买切碎的椰肉，然后烘烤至呈浅金黄色。

加勒比海咖啡酱炖香蕉（FLAMBÉED BANANAS WITH CARIBBEAN COFFEE SAUCE）

这道甜品中包括了四种加勒比海地区的特产：香蕉、黑糖、咖啡和朗姆酒。

4~6 人份

配料

6 个香蕉

40 克（1.5 盎司或 3 汤匙）黄油

50g（2 盎司或 0.25 杯）软的黑糖

50 毫升（2 盎司或 0.25 杯）浓咖啡

60 毫升（4 汤匙）黑朗姆酒

香草冰淇淋（装盘时用）

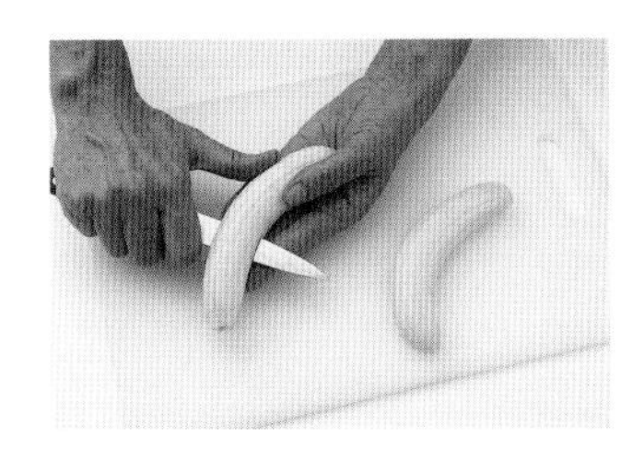

1. 香蕉剥皮，并纵向地切成两瓣。把黄油放在锅中用中火加热，然后加入香蕉，并再加热 3 分钟，其间把香蕉翻一次面。

小提示：可以根据喜好，用椰子味冰淇淋或者咖啡冰淇淋代替香草冰淇淋。

2. 把黑糖撒在香蕉上，然后再浇上咖啡，继续加热并搅拌 2~3 分钟，或直至香蕉变软为止。

3. 最后在平底锅中倒入朗姆酒，并加热至沸腾；倾斜锅并点燃朗姆酒。火焰熄灭后，迅速将香蕉装盘，搭配一些香草冰淇淋，即可食用。

咖啡味马斯卡彭奶酪配烤油桃

这道完美的甜点需要一些较生的油桃。油桃被涂上蜂蜜和黄油，在火上烤后再配上冷冻的咖啡味马斯卡彭奶酪，别有一番风味。

4 人份

配料

115 克（4 盎司或半杯）马斯卡彭奶酪

5 毫升（3 汤匙）冷却的浓咖啡

4 个油桃

15 克（0.5 盎司或 1 汤匙）黄油（已融化并冷却）

45 毫升（3 汤匙）纯蜂蜜

一小撮辣椒粉

25 克（1 盎司或 0.25 杯）银白色的巴西坚果

1. 搅打马斯卡彭奶酪至软化，再加入冷咖啡；然后用食品袋装起来放置冷却 20 分钟，备用。

2 . 大油桃对半切开，去核。拿一个小碗，混合黄油、30 毫升（2 汤匙）蜂蜜和辣椒粉；

然后把混合的辣味蜂蜜均匀涂抹在油桃的表面。

3. 在烤盘上垫一层锡纸，然后再放上油桃。开大火加热2到3分钟。最后一分钟时，往烤盘中加入巴西坚果并烤至金黄色。

4. 舀一勺步骤1中的奶酪放在每个油桃中间。然后再撒上蜂蜜和烤好的巴西坚果。

小提示：如果条件允许，可以使用调味蜂蜜：迷迭香口味的或者橘子口味的蜂蜜都是不错的选择。

香草泡沫卡布奇诺水煮梨

这是一道优雅而简单的甜点，由香草味的梨子搭配卡布奇诺和巧克力。

6人份

配料

1个香草豆荚
150克（5盎司或0.75杯）白砂糖
400毫升（14盎司或1.3杯）水
6个较熟的梨
半个柠檬（榨汁备用）

泡沫卡布奇诺调味汁所需材料

3个蛋黄
25克（1盎司或2汤匙）白砂糖
50毫升（2盎司或0.25杯）浓缩咖啡
50毫升（2盎司或0.25杯）鲜奶油
10毫升（2茶匙）巧克力液
2.5毫升（0.5茶匙）肉桂粉

1. 把香草豆荚纵向剖开，取出豆子放入锅中，再加入豆荚壳、糖和水，加热直至糖完全溶解。

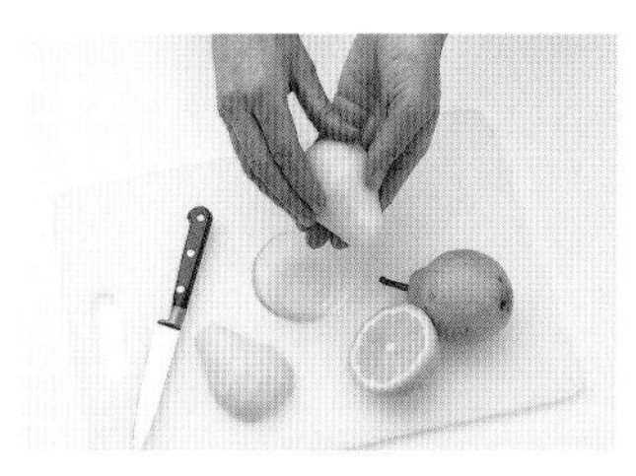

2. 在加热的同时，把梨削去皮，对半切开并涂上柠檬汁；用汤匙把梨核挖出；然后把梨放入步骤1煮好的糖浆中，再加入一些热水。

3. 拿出一张吸油纸，剪成小片盖在梨上；然后盖上平底锅的锅盖加热，并焖15分钟，直到梨变软。

4. 用漏勺把梨从锅中捞出放到碗中，然后再继续加热糖浆，用大火煮15分钟以上，或者一直煮到糖浆的分量减半。

5. 用细筛过滤糖浆并淋到梨上，然后裹上保鲜膜，放置冷却若干小时，直至变为常温。

6. 制作泡沫卡布奇诺调味汁时，把蛋黄、咖啡、糖浆和奶油放入一个碗中，然后把碗放到盛有沸水的平底锅里隔水加热；其间不停搅拌混合物，直至混合物变浓稠且起泡为止；关闭热源并继续搅打2~3分钟。

7. 在盘中摆放步骤5中的梨，然后倒上步骤6中的泡沫卡布奇诺调味汁；最后还可以撒上巧克力液和肉桂粉，即可享用。

芬芳水果沙拉

这种颇具异国情调的水果沙拉搭配了糖浆、青柠和咖啡利口酒。这款甜品可以在食用的前一天准备。

6 人份

配料

130 克（4.5 盎司或半杯）糖

一个青柠檬（榨汁备用，皮切碎备用）

60 毫升（4 汤匙）咖啡利口酒（如添万利、咖啡酒或杜桑）

1 个小菠萝

1 个木瓜

2 个石榴

1 个中等大小的芒果

2 个百香果

细长的青柠皮（装饰用）

1. 在一个小平底锅中加入糖、青柠皮碎屑和 150 毫升（0.25 品脱或 0.6 杯）的水，然后用小火加热直到糖溶解；大火烧开后再慢火煮 5 分钟。关闭热源晾凉，然后倒入一个大碗中；筛掉青柠皮，再加入柠檬汁和利口酒。

2. 拿一把锋利的刀，切掉菠萝的叶和皮，再把菠萝肉切成小块，放到碗里。

3. 同样地，把木瓜切成两半，挖出种子。再切掉皮，然后切成块状；石榴也切成两半，把可以吃的部分添加到碗里。

4. 把芒果纵向切开，剔出芒果核，再去皮，把肉切成块状。与其他水果一起放到碗里，搅拌均匀。

5. 把百香果对半切开，用茶匙把果肉舀出加入沙拉中。往沙拉中加入步骤 1 中制作的酱汁后即可食用。还可用细条状的柠檬皮装饰。

小提示：为了获取更好的口感，沙拉制作完成后可先在常温下放置一小时再食用。

焦糖苹果

焦糖苹果是在一道传统的甜点上做一些改良，用苹果咖啡糖浆制作而成。

6人份

配料

6个完整的苹果，去皮
50毫升（2盎司或4汤匙）无盐黄油（融化并冷却待用）
90克（3.5盎司或0.5杯）白砂糖
1.5毫升（0.25茶匙）肉桂粉
90毫升（6汤匙）浓咖啡

小提示：可以把菜谱中的苹果替换成梨。同时要注意减少烘焙的时间，且用混合香料替换肉桂粉。

浓缩奶油或生奶油（装盘时用）

1. 烤箱预热到180℃（350°F或4档）。苹果削去底部，使其可以平稳地立在盘中。用糕点刷把苹果都刷上黄油。

2. 拿一个小碗混合糖和肉桂粉，捏住苹果的梗把苹果放到小碗中，使其表面充分粘上糖和肉桂粉。

3. 把6个苹果放在一个浅口烤盘中，摆放整齐。

4. 往糖和肉桂粉的混合物中倒上咖啡，再撒上剩余的糖粉。把苹果放入烤箱烘焙40分钟；在这期间，应取出苹果浇上咖啡后再继续烤。此步骤应重复2到3次。

5. 加热咖啡，直到其脱水成为糖浆（60毫升或4汤匙）为止。把糖浆倒到苹果上，再烤10分钟，直到苹果变软。在上桌时，可以根据喜好搭配一大勺冰淇淋。

夏日浆果咖啡萨芭雍

如果想为一顿完美的晚餐选择一款精致的甜点的话，用一些夏季水果搭配咖啡是不错的选择。最重要的是，它的制作非常简单。

6人份

配料

900毫升（2磅或6~8杯）混合莓果（蓝莓、草莓和覆盆子都可以。如果果粒过大，可以去壳对半切开）
5个蛋黄
75克（3盎司或半杯）白砂糖
50毫升（2液量盎司或0.25杯）咖啡
30毫升（2汤匙）咖啡利口酒（如添万利、咖啡酒或杜桑酒）
草莓叶或薄荷叶（装饰用）
30毫升（2汤匙）糖粉（装饰用）

1. 把水果放到盘中，用草莓叶或薄荷叶装饰，并撒上糖粉。

2. 在一个碗中搅拌蛋黄和细砂糖，再把碗放到盛有热水的平底锅中隔水加热，直到混合物开始变稠为止。

3. 往碗中加入咖啡和利口酒。倒入时应注意速度不要过快，然后要一直搅拌。调制好的酱汁就能和水果搭配着上桌了（根据个人喜好，酱汁可以是热的，也可以是冷的）。

小提示：注意，在调制酱汁的时候，锅里的水不要太热，否则酱汁容易凝固。

冰冻甜点

FROZEN DESSERTS

任何时刻都适合食用冰冻甜点，毕竟冰冻甜点是可以事先制作好的。在本章中，顺滑可口的冰淇淋和果汁冰糕将无数次冲击你的视觉。有些甜点中搭配了冰品，例如黑巧克力咖啡慕斯就是在松软的巧克力蛋糕中加入冰淇淋制成的。

肉桂咖啡冰淇淋球

香甜的冰淇淋中加入了肉桂粉和咖啡。

6人份

配料

300毫升（0.5品脱或1.25杯）淡奶油

1根肉桂棒

4个蛋黄

150克（5盎司或0.75杯）白砂糖

300毫升（0.5品脱或1.25杯）高脂厚奶油

咖啡糖浆所需材料：

45毫升（3汤匙）研磨好的咖啡

45毫升（3汤匙）热水

90克（3.5盎司或0.5杯）白砂糖

50毫升（2液量盎司或0.25杯）冷水

1. 在一个平底锅中加入淡奶油和肉桂棒，用小火加热至沸腾。关闭热源，盖上锅盖放置30分钟；然后把肉桂棒从锅中取出并继续加热至沸腾。

2. 充分搅打糖和蛋黄的混合物并把步骤1中的热奶油加入混合物中继续搅拌；再把所有的混合物倒入平底锅中，用小火加热1~2分钟，直到混合物变浓稠；然后关闭热源，放置冷却。

3. 搅打高脂厚奶油然后加入到混合物中；将容器放入冰箱中冷冻3小时。

4. 与此同时，开始制作咖啡糖浆，在一个碗中加入咖啡

与热水。使二者充分融合4分钟，然后拿细筛滤去咖啡残渣。

5. 在平底锅中用小火加热糖和冷水的混合物，直到糖完全溶解为止；再用大火加热至沸腾，然后焖5分钟；关闭热源，放置冷却并搅拌咖啡。

6. 把步骤3中制作好的肉桂冰淇淋取出，去掉冰碴。

7. 用勺子取3个冰淇淋球，并浇上咖啡糖浆；然后重复此步骤直到用光所有的冰淇淋。

8. 用一个烤肉叉在冰淇淋上画线，画出类似大理石花纹般的条纹；然后放入冰箱冷冻4小时以上，拿出即可食用。

小提示：在撒上咖啡糖浆前，要确保肉桂冰淇淋是完全冷冻的。

白兰地姜饼加烤坚果和咖啡冰淇淋

烤坚果沾上焦糖、配上冰淇淋，再加上热咖啡和白兰地酒，有一番特别的风味。

6人份

配料

75克（3盎司或半杯）坚果（榛子或白杏仁等均可）

90克（3.5盎司或0.5杯）白砂糖

1个香草豆荚

30毫升（2汤匙）研磨好的咖啡

200毫升（1杯或7液量盎司）高脂厚奶油

300毫升（0.5品脱或1.25杯）希腊酸奶

6个白兰地姜饼（装盘时用）

咖啡干邑调味汁所需的材料

115克（4盎司或半杯）红糖

50毫升（2液量盎司或0.25杯）热水

100毫升（3.5盎司或半杯）新鲜的浓咖啡

60毫升（4汤匙）干邑

1. 把所有的坚果和白砂糖放入锅中，用小火加热至白糖焦糖化，呈浅黄棕色。在此过程中要偶尔摇动锅子，使受热均匀。

2. 把坚果倒在一张吸油纸上，放置使其冷却并变硬；然后再把坚果捣碎，将香草、咖啡和奶油一起放入锅内，打开热源加热至沸腾；然后关闭热源，盖上锅盖，使混合物充分融合。

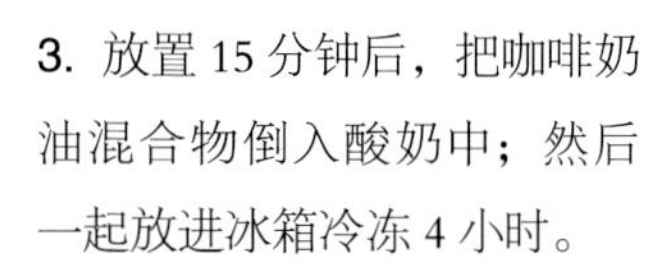

3. 放置15分钟后，把咖啡奶油混合物倒入酸奶中；然后一起放进冰箱冷冻4小时。

4. 制作咖啡干邑调味汁时，在平底锅中用小火加热糖和冷水的混合物，直到糖完全溶解为止；关闭热源，焖3分钟，然后搅拌并冷却。

5. 同时把冰淇淋从冰箱冷冻间拿出转入冷藏间中，放置15分钟，使其软化。在白兰地姜饼上放上冰淇淋并淋上

咖啡干邑调味汁即可食用。

小提示：制作白兰地姜饼时，先在碗中混合50克（2盎司或4汤匙）软化的黄油、50克（2盎司或0.25杯）粗制糖和50克（2盎司或0.25杯）糖浆。然后再加入50克（2盎司或0.5杯）面粉和5毫升（1汤匙）白兰地。然后把混合物放入烤箱中加热（烤箱预热8分钟，把温度开到160℃（325℉或3档）。烘焙好之后，放置1分钟，再用刀按照模具切片。

咖啡冰淇淋

新鲜研磨的咖啡会给这道甜品带来特别的风味。选择深度烘焙的咖啡豆，会使冰淇淋看上去更有光泽。

8~10 人份

配料

60 毫升（4 汤匙）研磨咖啡（深度研磨）

600 毫升（1 品脱或 2.5 杯）牛奶

200 克（7 盎司或 1 杯）红糖

6 个蛋黄

475 毫升（16 液量盎司或 2 杯）鲜奶油

1. 将咖啡倒进咖啡壶内。在一个牛奶锅内加热牛奶，到快要沸腾时把牛奶倒入咖啡中。放置 4 分钟使二者充分混合。

2. 同时，在大碗中加入糖和蛋黄充分搅拌，然后把步骤 1 中的混合物倒入。用细筛过滤混合物，把滤出的液体倒入锅中，丢掉残渣。

3. 用小火加热 1 到 2 分钟，在此过程中用木质的勺子不停搅拌混合物，注意不要让它沸腾；然后把混合物倒入容器中搅拌冷却。

小提示：如果使用冰淇淋机，就不需要搅打鲜奶油了，可直接把鲜奶油加入到步骤 3 制成的混合物中，再一同放入冰淇淋机即可。

4. 把混合物放入冰箱中冷冻 2 小时；然后取出并倒入碗中；在此过程中，用叉子不停搅拌，使其变得顺滑。搅打鲜奶油，然后加入到混合物中。

5. 把混合物冷冻 1 小时，然后取出搅拌；之后再次冷藏 3~4 小时，直至完全冻住。在食用之前，将混合物从冷冻间中取出，转到冷藏间中放置 20 分钟即可食用。

卡布奇诺甜筒冰激凌（CAPPUCCINO CONES）

黑巧克力和白巧克力制成的甜筒，装上卡布奇诺冰淇淋，然后再洒上可可粉就制成了美味的卡布奇诺甜筒冰激凌。

6 人份

配料

115 克（4 盎司）白巧克力和黑巧克力

卡布奇诺冰淇淋所需材料

30 毫升（2 汤匙）研磨好的咖啡（浓缩咖啡或其他品种的浓咖啡）

30 毫升（2 汤匙）热水

300 毫升（0.5 品脱或 1.25 杯）高脂厚奶油

45 毫升（3 汤匙）糖粉

15 毫升（1 汤匙）可可粉（装点用）

1. 拿一张不沾的烘焙纸，剪出 9 个长方形（13×10 厘米或 5×4 英寸）；再将长方形沿对角线剪开，得到 18 个三角形。用 18 个三角形制作 18 个锥形圆筒，并用胶带纸固定。

2. 在碗中放入黑巧克力并将碗放在热水锅上隔水加热，直到巧克力融化。拿一个软刷，把圆筒的内壁都涂上巧克力，然后放置冷却；再以同样的方法融化白巧克力，涂到圆筒内壁上。然后撕掉烘焙纸，把所有的圆筒放入冰箱冷藏备用。

3. 制作卡布奇诺冰淇淋时，把咖啡放在一个小碗中，在碗中倒入热水，放置 4 分钟使充分融合，然后筛掉咖啡渣，放置冷却；再加入糖和奶油混合搅打；然后将混合物装入一个配备了一个中号裱花嘴的冰袋中。

4. 把冰袋中的卡布奇诺冰淇淋挤入圆筒中。然后把做好的卡布奇诺圆筒放入冰箱中至少冷冻 2 小时。食用时，一个盘子中放三个圆筒。还可以根据个人喜好，在圆筒上洒上可可粉。

小提示：在融化巧克力时，注意不要让锅中的水沸腾，否则巧克力会因为过度受热而变硬。

枫叶咖啡开心果甜点

正宗的枫叶糖浆比所有的人造糖浆味道好得多，难怪那么多人喜欢它。在黑咖啡中添加枫叶糖浆，再搭配上开心果，这美味让人难以忘怀。

6 人份

配料

开心果冰淇淋配料

50 克（2 盎司或 0.25 杯）细砂糖

50 毫升（2 液量盎司或 0.25 杯）冷水

175 毫升（6 盎司）炼乳

50 克（2 盎司或半杯）开心果（去壳、去皮并切碎，可选）

200 毫升（1 杯或 7 液量盎司）生奶油

枫叶咖啡糖浆所需材料

30 毫升（2 汤匙）研磨好的咖啡

150 毫升（0.25 品脱或三分之二杯）淡奶油

50 毫升（2 液量盎司或 0.25 杯）枫叶糖浆

2 个蛋黄

5 毫升（1 茶匙）玉米淀粉

150 毫升（0.25 品脱或三分之二杯）生奶油

1. 拿 6 个 175 毫升（6 盎司或 0.75 杯）大小的布丁盒子或者奶油小圈饼模具，放到冰箱中冷冻。把糖和冷水倒入锅中，用小火加热直到糖溶解，然后改成大火煮至沸腾，并焖 3 分钟。

2. 糖水冷却后倒入炼乳中，再加入开心果，还可以根据条件加入一些色素；然后充分搅打混合物直至完全融合。

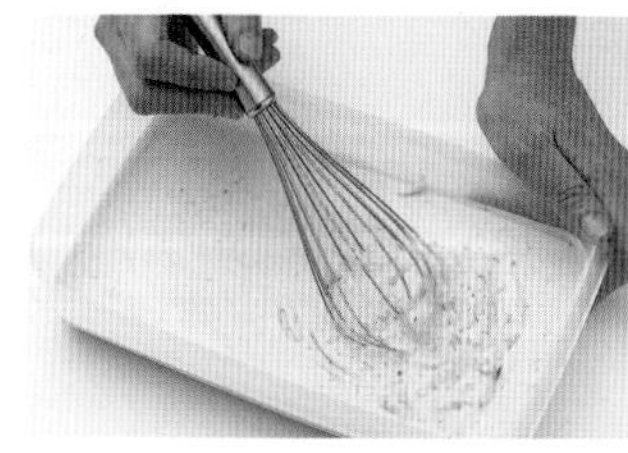

3. 把混合物装入容器中，再放入冰箱中冷冻至少 2 小时；然后取出并搅打冰淇淋，直到其变得顺滑为止；然后再放入冰箱中冷冻 2 小时。

4. 制作枫叶糖浆时，先把咖啡粉放在咖啡壶内，待把淡奶油加热到快沸腾时，立刻倒入咖啡壶中，放置 4 分钟使其充分融合。把枫叶糖浆、蛋黄和玉米淀粉混合搅拌后放入锅内，用小火加热 1~2 分钟，直到蛋羹变得浓稠为止。关闭热源，冷却蛋羹，在冷却过程中要随时搅拌蛋羹。

5. 同时，在步骤 1 的模具中倒入冰淇淋，确保充分填充；然后放入冰箱中冷冻，直到冰淇淋变硬为止。

6. 搅打奶油，然后加入到步骤 4 中制作的蛋羹中。用勺子把制作好的枫叶咖啡糖浆放到冰淇淋中间，然后再放入冰箱中冷冻 2 小时，即可食用。

霜冻覆盆子咖啡派

一层巧克力、一层覆盆子，再加上一层丝滑的咖啡，让这份精致的甜点格外诱人。

6~8 人份

配料

30 毫升（2 匙）咖啡粉（如橘子味摩卡）
250 毫升（8 盎司或 1 杯）牛奶
4 只鸡蛋（蛋黄蛋清分开）
50 克（2 盎司或 0.25 杯）白砂糖
30 毫升（2 匙）玉米面粉
150 毫升（0.25 品脱或三分之二杯）高脂厚奶油
150 克（5 盎司）白巧克力屑
115 克（4 盎司或三分之二杯）覆盆子（可先冷冻）
白巧克力与可可粉屑（装饰用）

1. 将保鲜膜铺在一个 1.5 升容量的长方形模具中，放到冰箱中冷冻。先将咖啡粉放在盆中，再将 100 毫升（3.5 盎司）牛奶加热至接近沸腾，然后倒在咖啡粉上，放置使二者充分融合。

2. 将蛋黄、糖与玉米面粉放入一个长柄煮锅内，然后拌入剩下的牛奶与鲜奶油；一边搅拌，一边将其煮到沸腾，直到变浓稠。

3. 将混合物分在两个碗中，将白巧克力加到其中一碗中，搅拌至融化；将咖啡以细筛过滤到另一碗混合物中，充分混合。放置冷却，偶尔搅拌。

4. 将两只鸡蛋的蛋清打至发泡，然后倒入咖啡蛋乳泥中拌匀。把混合物舀到长条形模具中，冷冻 30 分钟。搅拌剩余的蛋清，将其倒入巧克力混合物中，并加入覆盆子拌匀。

5. 将步骤 4 的混合物舀到长条形模里，表面弄平，冷冻 4 小时。将咖啡派（terrine）反转倒出至一平坦的佐食盘上，将保鲜膜撕去，并撒上可可粉和巧克力屑。

小提示：装饰后，在切片食用前，将咖啡派（terrine）放冰箱中冷藏 20 分钟，以软化。

薄荷柠檬咖啡冰糕

将清新的薄荷、酸酸的柠檬和特色咖啡添加到冰糕中，使这款甜点相当完美。装盘时，还要用柠檬皮来盛放雪糕，使其别有一番风味。

6 人份

配料

115 克（4 盎司或半杯）糖
400 毫升（14 盎司或 1.6 杯）水
15 克（0.5 盎司）薄荷叶
30 毫升（2 汤匙）咖啡利口酒（如添万利、咖啡酒或杜桑酒）
6 个柠檬
1 个蛋白
新鲜薄荷叶（装饰用）

1. 把糖和冷水倒入锅里。用小火加热直到糖溶解，然后转为大火煮至沸腾。然后再焖 5 分钟。

小提示： 制作好的薄荷柠檬咖啡冰糕可以在冰箱冷冻间内保存两个月之久，但最好还是尽早食用完毕。

2. 关闭热源，在水中加入薄荷叶，搅拌并放置使之冷却；然后倒入一个壶中并加入利口酒。

3. 切掉柠檬底部的一部分，使之可以站立在盘中。注意不要切到柠檬的茎。然后把柠檬顶部切下，做盖子用。把柠檬果肉取出来榨汁，然后把柠檬汁浇在步骤 2 的混合物中。

4. 把混合物倒入容器中，放入冰箱中冷冻 3 小时；取出后去掉冰碴，然后再冰冻一小时；搅打蛋清并倒入。然后把混合物依次倒入 6 个做好的柠檬内。

5. 把装有混合物 6 个柠檬放到冰箱中冷冻两小时，直到混合物凝固。在食用之前可放到冷藏间放置 5 分钟，使之软化。还可以根据个人喜好装饰上新鲜的薄荷叶。

葛尼塔咖啡

这道著名的意大利甜点可以作为一顿晚餐的最后一道菜。

6 人份

配料

90克(3.5 盎司或 0.5 杯)白砂糖
600 毫升(1 品脱或 2.5 杯）浓缩咖啡或其他品种的浓咖啡
鲜奶油（上桌时用，可选）

1. 把糖浆倒入咖啡中，不断搅拌直至溶解。放置冷却后，放到一个 900 毫升（1.5 品脱或 3.75 杯）的冷藏容器中。

2. 把东西放到冰箱中冷冻 3 小时，或直到容器的四周有明显冰碴为止。用叉子去掉冰碴，搅拌咖啡并再次放入冷冻间中冷冻1小时。

3. 取出混合物，再次用叉子搅拌后冷冻。重复多次直至混合物完全冷冻、没有任何液体为止。

4. 可以先将成品转到冷藏间内放置20分钟，去掉冰碴并放到玻璃杯中食用。还可以根据个人喜好搭配鲜奶油食用。

小提示

1. 每次搅拌时，动作无需过大，只需要出现大理石花纹般的纹理即可。

2. 步骤3结束时葛尼塔咖啡就已经做好了，可以马上享用，也可以放入冰箱中冷冻。每一次制作可最多保存2星期之久。

冰咖啡慕斯配巧克力碗

在一个黑巧克力碗中加入冰咖啡慕斯，使这道甜点看上去高端、洋气、上档次，但做法一点也不难。

8 人份

配料

一小袋明胶粉
60 毫升（4 汤匙）浓咖啡
30 毫升（2 汤匙）咖啡利口酒（如添万利、墨西哥咖啡甜酒或是图森特酒）
3 个鸡蛋（蛋黄和蛋清分开）
75 克（3 盎司或半杯）白砂糖
150 毫升（0.25 品脱或三分之二杯）鲜奶油

巧克力碗的制作材料

225克（8盎司）黑巧克力块（可额外多备一些，用于装饰）

1. 用防油纸把一个直径 18 厘米（7 英寸）左右的圆形蛋糕盒涂上油。

2. 把巧克力放入碗中，把碗放在热水上隔水加热，使巧克力溶解。用一把软刷把巧克力涂到蛋糕盒的底部和侧面。注意不要高于 7.5 厘米（3 英寸），边缘可参差不齐；放入冰箱冷藏，使巧克力凝固。

3. 把明胶粉和咖啡混合在一个碗中，放置 5 分钟使其软化。再把碗放入一个加有热水的平底锅内隔水加热，慢慢搅拌咖啡和明胶粉的混合物，使其完全溶解。关闭火源，在混合物中加入利口酒。在另一个碗中加入蛋黄和糖并搅拌，然后放到一个盛有热水的锅中隔水加热，直至蛋羹变浓稠。关闭火源，搅拌蛋羹直至冷却。同时充分搅打蛋清。

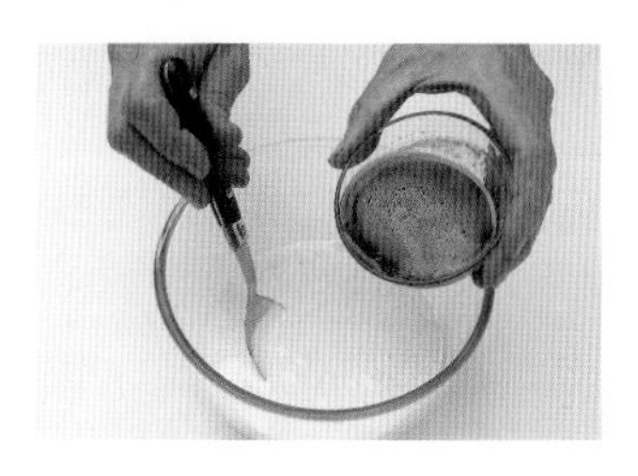

4. 慢慢把明胶溶液倒入蛋羹中，再放于冰箱冷藏间中冷却 20 分钟；然后把蛋羹和蛋清都倒入鲜奶油中。

5. 从冰箱中取出制作好的巧克力碗，在其中倒入慕斯。然后再将其放回冰箱中冷冻 3 小时。食用前可以把慕斯从冷冻间内取出，放到冷藏间中放置 40 分钟左右。还可以根据个人喜好在慕斯上装点巧克力块。分割时，将刀在温水中泡一下，再把慕斯蛋糕切块即可分享食用。

黑巧克力咖啡慕斯

松软的黑巧克力咖啡慕斯给人无与伦比的享受。

8 人份

配料

4 个鸡蛋

115 克(4 盎司或半杯)白砂糖

75 克(3 盎司或三分之二杯)纯面粉

25克(1 盎司或 0.25 杯)可可粉

60 毫升(4 汤匙)咖啡利口酒(如添万利、墨西哥咖啡甜酒或图森特酒)

糖粉(装饰用)

咖啡慕斯所需材料

30 毫升(2 汤匙)深度烘焙的研磨咖啡

350 克(12 盎司或 1.5 杯)高脂厚奶油

115 克(4 盎司或半杯)砂糖

120 毫升(4 液量盎司或半杯)水

4 个蛋黄

1. 烤箱预热到 180℃(350℉或 4 档)。用烘焙纸把一个 20 平方厘米(8 平方英寸)的正方形模具和一个直径为23厘米(9 英寸)的圆形蛋糕模具涂上油。

2. 在一个碗中放入鸡蛋和糖,再把碗放到盛有热水的平底锅中,隔水加热并充分搅拌蛋羹,直至混合物变浓稠。关闭热源,继续搅拌,并加入可可粉和面粉。把三分之一的混合物倒入正方形的模具中烘焙 15 分钟。把剩余三分之二的混合物倒入圆形模具中烘焙 30 分钟。

3. 拿出蛋糕并冷却,然后横向把圆形蛋糕切成两层。把底下的一层蛋糕放回模具中,再倒入一半利口酒。

4. 把正方形模具中的蛋糕切成相同的 4 条,然后放置在圆形模具的边缘并贴好。

5. 制作慕斯时,把咖啡放入碗中,然后把 50 毫升(2 液量盎司或 0.25 杯)奶油加热到接近沸腾,然后冲入盛放咖啡的碗中,放置 4 分钟使二者充分融合,然后通过细

筛过滤,去掉咖啡渣。

6. 加热糖和水的混合物,直至糖完全溶解,改为大火继续加热糖水直到 107℃(225℉);关火后放置冷却 5 分钟,然后倒入蛋黄液中,充分搅拌直至混合物变浓稠。

7. 把制作好的咖啡奶油加到剩下的奶油中,一直搅拌。然后把奶油加到蛋羹中,一起倒入步骤 4 的蛋糕模中,并放到冰箱中冷冻 20 分钟。之后取出,把剩下的利口酒浇到另一块圆形蛋糕上,并把蛋糕放在圆形模具的顶部覆盖住,然后再冷藏 4 小时。取出食用时,可在慕斯上洒上糖粉。

小提示: 可以根据个人喜好在蛋糕的接缝处抹上鲜奶油,并装饰上巧克力豆和咖啡豆。

蛋糕食谱

CAKE AND TORTE RECIPES

从最简单的海绵蛋糕到精致的大蛋糕和丝绒芝士蛋糕，下面的这些蛋糕完全可以与糕点店里购买的蛋糕相媲美。有一些蛋糕，例如咖啡杏仁马尔萨拉蛋糕片是早餐咖啡的完美搭配。而另外一些蛋糕，例如咖啡巧克力慕斯蛋糕和卡布奇诺蛋糕则都是经典的晚餐甜点。

椰风咖啡蛋糕

这些小小的正方形椰风咖啡蛋糕证明了椰子和咖啡是完美组合。

9 人份

配料

45 毫升（3 汤匙）研磨好的咖啡

75 毫升（5 汤匙）接近沸腾的牛奶

25 克（1 盎司或 2 汤匙）白砂糖

175 克（6 盎司或三分之二杯）金黄色的糖浆

75 克（3 盎司或 6 汤匙）黄油

40克（1.5 盎司或半杯）椰蓉丝

175 克（6 盎司或 1.5 杯）面粉

2.5 毫升（0.5 茶匙）小苏打

2 只鸡蛋的蛋液

制作糖霜的材料

115 克（4 盎司或 8 大汤匙）黄油（已软化）

225 克（2 杯或 8 盎司）糖粉

25 克（1 盎司或三分之一杯）捣碎的椰子（已烤熟）

1. 烤箱预热到 160℃（325℉或 3 档）。在一个长宽均为 20 厘米（8 英寸）的正方形模具中涂上油。

2. 把研磨好的咖啡放到小碗中，然后浇入热牛奶，放置 4 分钟使二者充分混合，然后通过细筛滤去咖啡渣。

3. 加热糖、糖浆、黄油和椰蓉的混合物，其间用木制勺子搅拌，直到完全融合。

4. 面粉筛好，和小苏打一起加入到混合物中，然后再加入鸡蛋和 45 毫升（3 汤匙）咖啡牛奶。

5. 把混合物倒入准备好的锡纸盒内，放入烤箱中烘焙 40~50 分钟，直到蛋糕烤至膨胀、紧实。冷却 10 分钟之后，拿一把小刀把蛋糕和锡纸分开，然后放置到网架上继续冷却。

6. 制作糖霜时，先搅打黄油，然后再加入糖粉和剩余的咖啡牛奶；然后把糖霜洒在蛋糕上，再装点上捣碎的椰子粉末即可。食用时，把蛋糕切成长宽为 5 厘米（2 英寸）大小的正方形小块。

小提示：可以用 50 克（2 盎司或半杯）山胡桃替代椰蓉丝；如此则最好用山核桃肉代替糖霜。

摩卡海绵蛋糕

摩卡之城——也门曾被认为是世界咖啡之都。时至今日，也门仍出产一种味道像极了巧克力的咖啡。而摩卡也成了一种咖啡的名称，同时也是咖啡和巧克力组合的代名词。

10 人份

配料

25 毫升（1.5 汤匙）浓的现磨咖啡

175克（6 盎司或 0.75 杯）牛奶

115 克（4 盎司或 8 大汤匙）黄油

115 克（4 盎司或半杯）红糖

1 只鸡蛋的蛋液

185 毫升（6.5 盎司或 1.67 杯）自发面粉

5 毫升（1 茶匙）小苏打

60 毫升（4 汤匙）奶油利口酒（比如百利酒、爱尔兰产天鹅绒酒）

制作光滑的巧克力糖衣所需的材料

200 毫升（7 盎司）黑巧克力（切成小片）

75 克（3 盎司或 6 汤匙）无盐黄油块

120 毫升（4 液量盎司或半杯）高脂厚奶油

1. 烤箱预热到 180℃（350°F 或 4 档）。在一个直径为 18 厘米（7 英寸）左右的圆形锡纸盒内涂上油。

2. 制作蛋糕时，先将咖啡放到咖啡壶内。在一个牛奶锅内加热牛奶，在快要沸腾时把牛奶倒入咖啡壶中，放置 4 分钟使二者充分混合；然后用细筛过滤混合物，滤出残渣并将咖啡牛奶放置冷却。

3. 在混合物中加入黄油和糖，搅拌直至溶解。放置冷却 2 分钟后，再加入蛋液搅打。

4. 面粉过筛，然后加入混合物中；再把小苏打和咖啡牛奶加入到混合物中。

5. 把混合物倒入步骤 1 中的锡纸盒内，放入烤箱中烘焙 40 分钟，直到蛋糕变得松软有弹性。冷却 10 分钟之后把蛋糕从烤箱中拿出，并浇上利口酒。拿一把小刀分开蛋糕的边缘和锡纸，然后将蛋糕放在网架上继续冷却。

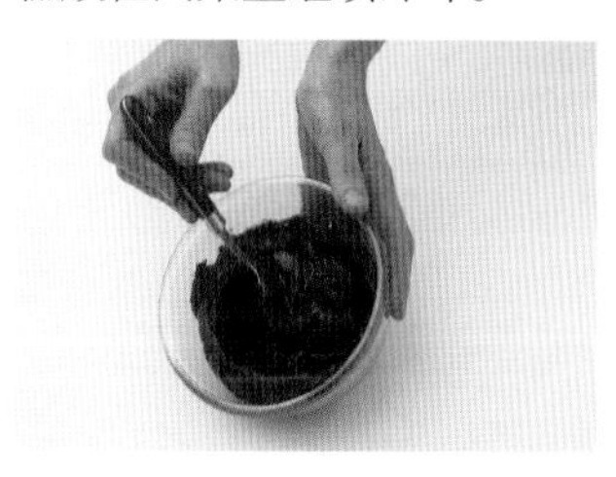

6. 制作糖霜时，把巧克力碎块放在碗中，把碗放到热水中隔水加热直至巧克力溶解。关闭热源，并在碗中加入黄油和奶油并搅打，直至顺滑，冷却后涂到蛋糕上；最后用小刀将蛋糕切成块状即可上桌。

咖啡杏仁马尔萨拉蛋糕片

在杏仁蛋糕上洒上烘焙好的咖啡豆，然后再加入意大利马尔萨拉葡萄酒。

10~12 人份

配料

25 克（1 盎司或三分之一杯）烘焙咖啡豆
5 个鸡蛋（蛋清蛋黄分开）
175克（6 盎司或 1 杯）细砂糖
120 毫升（4 液量盎司或半杯）马尔萨拉葡萄酒
75 克（3 盎司或 6 汤匙）黄油（已软化）
115 克（4 盎司或 1 杯）捣碎的杏仁
115 克（4 盎司或 1 杯）面粉
25 克（1 盎司或四分之一杯）杏仁薄片
糖霜（装饰用）
鲜奶油（上桌时用）

1. 烤箱预热到 180℃（350°F 或 4 档）。在一个直径为 23 厘米（9 英寸）左右的圆形锡纸盒内涂上油。把咖啡豆放在烘焙纸上，烘焙 10 分钟，然后取出冷却并放入一个食品袋中，用擀面杖擀碎。

2. 搅打蛋黄和 115 克（4 盎司或半杯）细砂糖的混合物，直至混合物变得浓稠，且呈浅色。

3. 把捣碎的咖啡豆、马尔萨拉葡萄酒、黄油和杏仁加入混合物中；然后将筛好的面粉也加入混合物中。

4. 在混合物中逐渐加入蛋清和剩余的细砂糖。

5. 分三次在混合物中添加剩下的杏仁；在此过程中要注意搅拌。把混合物倒入经步骤 1 处理的锡纸盒中，并在上面撒上杏仁薄片。

6. 先烘焙 10 分钟，然后把烤箱温度降低到 160℃（325°F 或 3 档），继续烘焙 40 分钟。如果用叉子插入蛋糕，拔出后没有带出任何液体就证明蛋糕已经烤好了。先放置 5 分钟，再把蛋糕拿出来放在网架上冷却。可装点上糖霜和鲜奶油后食用。

酸樱桃咖啡面包

酸樱桃干带有浓浓的水果味，可以在超市和食品店中买到。

8 人份

配料

175 克（6 盎司或 12 汤匙）黄油（已软化）
175 克（6 盎司或 1 杯）糖
5 毫升（1 茶匙）香草提取物
2 只鸡蛋的蛋液
225 克（2 杯或 8 盎司）面粉
1.5 毫升（1/4 茶匙）发酵粉
75 毫升（5 汤匙）浓咖啡
175 克（6 盎司或 1 杯）酸樱桃干

制作糖霜所需材料

50 克（2 盎司或半杯）糖粉
20 毫升（4 茶匙）浓咖啡

1. 烤箱预热到 180℃（350°F 或 4 档）。在一个可盛下 900 克（2 磅）面包的锡纸盒中涂上油。充分搅拌黄油、糖和香草粉。

2. 在黄油混合物中加入蛋液，充分搅打。在面粉中加入发酵粉并过筛。

3. 在混合物中倒入咖啡和 115 克（4 盎司或三分之二杯）酸樱桃干；然后把混合物倒入经步骤 1 加工的锡纸盒中，用勺子抹平混合物表面。

4. 烘焙 1 小时 15 分钟或直至蛋糕变得膨胀而蓬松。然后放置冷却 5 分钟，再把蛋糕从锡纸盒中取出，并放在网架上冷却。

5. 制作糖霜时，把糖粉、咖啡和剩余的樱桃干混合，然后将混合物抹在蛋糕的表面和侧面，再将蛋糕切片即可食用。

咖啡薄荷奶油蛋糕

除具备咖啡海绵蛋糕上加上杏仁后带来的独特风味，这道三明治式的甜品中间还夹着薄荷甜酒味的奶油。

8 人份

配料

15 毫升（1 汤匙）研磨好的咖啡
25 毫升（1.5 汤匙）热水
175 克（6 盎司或 12 汤匙）无盐黄油（已软化）
175 克（6 盎司或 1 杯）糖
225 克（2 杯或 8 盎司）自发面粉
50 克（2 盎司或半杯）杏仁粒
3 个鸡蛋
一小撮新鲜薄荷（装饰用）

填充物所需材料

115 克（4 盎司或 1 杯）糖粉（额外再多准备一些用于装饰）
50 克（2 盎司或 4 汤匙）无盐黄油
30 毫升（2 汤匙）薄荷甜烧酒

1. 烤箱预热到 180℃（350°F 或 4 档）。在两个直径为 18 厘米（7 英寸）左右的三明治烤盘内涂上油。

2. 把咖啡放在一个小碗中，倒入热水，放置 4 分钟使其充分溶解，然后通过极细筛去除咖啡渣。

3. 在一个大碗中加入黄油、糖、面粉、杏仁粒、鸡蛋和咖啡，搅拌 1 分钟直到充分混合；把混合物均匀地分成两份分别，并放入锡纸盒中，然后放入烤箱烘焙 25 分钟或直到蛋糕成型为止；取出后，放置冷却 5 分钟，再把蛋糕从锡纸盒中取出，放在网架上继续冷却。

4. 制作填充物：混合糖粉、黄油和薄荷甜烧酒，充分搅打。

5. 把蛋糕烘焙纸撕去，然后在两片蛋糕中间抹上制作好的填充物即可。

6 在做好的“三明治”上洒上糖粉，然后放到盘中。还可以根据个人喜好，在咖啡薄荷奶油蛋糕上摆上新鲜的薄荷叶。

小提示： 在制作蛋糕之前，要确保所使用的黄油都是已软化的黄油。

咖啡核桃瑞士卷配橘味白酒奶油

咖啡和核桃有一种天然的吸引力。在这款蛋糕中，加了橘味利口酒的瑞士卷搭配咖啡和核桃，别有一番风味。

6人份

配料

10毫升（2茶匙）现磨咖啡（例如橘子口味的摩卡）

15毫升（1汤匙）热水

3个鸡蛋

75克（3盎司或半杯）白砂糖（额外再多准备一些用作装饰）

75克（3盎司或三分之二杯）自发面粉

50克（2盎司或半杯）烤核桃（已切碎）

制作橘味白酒奶油的材料

115克（4盎司或1杯）糖粉

50毫升（2液量盎司或0.25杯）冷水

2个蛋黄

115克（4盎司或8汤匙）无盐黄油（已软化）

15毫升（1汤匙）橘味白酒

1. 烤箱预热到200℃（400°F或6档）。在1个33厘米×23厘米（13英寸×9英寸）的瑞士卷用锡纸盒内涂上油。

小提示：可以根据个人喜好，用鲜奶油装点瑞士卷。

2. 把咖啡放在一个小碗中，倒入热水，放置4分钟使其充分溶解，然后用细筛去除咖啡渣。

3. 在一个大碗中加入鸡蛋和糖并搅打，直至混合物变得浓稠、颜色变淡；再在混合物中加入发好的面粉、咖啡和核桃，然后倒入锡纸盒中，烘焙10~12分钟，直到成形。

4. 把烘焙好的蛋糕从烤箱中拿出，放在一张牛皮纸上，然后在蛋糕上洒上糖粉，把防油纸去掉，并放置冷却2分钟。把蛋糕的边缘修剪整齐并卷起蛋糕；后放在一边冷却。

5. 制作橘味白酒奶油时，先在一个小碗中放上糖粉和水，用小火加热直至溶解，然后换大火煮沸，直到糖浆温度达到105℃（220°F）为止。将糖浆和蛋黄混合，充分搅拌，直到混合物变浓稠并呈慕斯状；再逐渐加入黄油和橘味白酒，放置冷却。

6. 打开在步骤4中完成的瑞士卷，抹上制作好的橘味白酒奶油；把瑞士卷重新卷好，然后洒上剩余的糖粉，放入冰箱中冷藏。

咖啡巧克力慕斯蛋糕

这款浓郁的黑巧克力蛋糕一般一份只有一小块，因为它有一些油腻。

6 人份

配料

175 克（6 盎司）黑巧克力

30 毫升（2 汤匙）浓咖啡

150 克（5 盎司或 10 汤匙）块状黄油

50 克（2 盎司或 0.25 杯）白砂糖

3 个鸡蛋

25 克（1 盎司或 0.25 杯）杏仁粒

25 毫升（1.5 汤匙）糖粉（装饰用）

制作马斯卡彭咖啡奶油所需材料

250 毫升（9 盎司或 1 杯）马斯卡彭奶酪

30 毫升（2 汤匙）糖粉

30 毫升（2 汤匙）浓咖啡

1. 烤箱预热到 200℃（400°F 或 6 档）。在一个长宽均为 15 厘米（6 英寸）的锡纸盒内涂上油。

2. 在一个锅中加入巧克力和咖啡，用小火加热直至融化，过程中注意搅拌。

3. 将黄油和糖加入巧民力酱中，一直搅拌直至溶解；然后再加入鸡蛋和杏仁粒，并充分搅拌。

4. 把混合物加入到经步骤 1 处理的锡纸盒中，然后把锡纸盒放到更大的烤盘中，在烤盘中加入热水，没过锡纸盒的三分之二处。烘焙 50 分钟后，放置冷却 5 分钟；然后再把蛋糕上下翻面取出，放置继续冷却。

5. 在烘焙的同时，混合马斯卡彭奶酪、咖啡和糖粉并充分搅拌制成马斯卡彭咖啡奶油。彭咖啡切油叶问。在蛋糕上洒上糖粉，然后切成小块即可食用。上桌时，在每块慕斯蛋糕旁搭配一份马斯卡彭咖啡奶油。

小提示：因为此蛋糕中不含面粉，所以在烘焙过程中比较容易裂开。

卡布奇诺蛋糕

卡布奇诺（最出名且最受欢迎的现磨咖啡之一）加上鲜奶油、巧克力和肉桂组成了这款甜美的点心。

6~8 人份

配料

75 克（3 盎司或 6 汤匙）黄油（已软化）

275 克（10 盎司）奶油酥饼（已捣碎）

1.5 毫升（0.25 茶匙）肉桂粉

25 毫升（1.5 汤匙）明胶粉

45 毫升（3 汤匙）冷水

2 个鸡蛋（蛋白蛋黄分开）

115 克（4 盎司或半杯）红糖

115 克（4 盎司）黑巧克力（已切块）

175 毫升（6 液量盎司或 0.75 杯）浓缩咖啡

400 毫升（14 液量盎司或 1.7 杯）鲜奶油

巧克力卷和肉桂粉（装饰用）

1. 混合黄油、奶油酥饼和肉桂粉，然后把混合物倒入直径为20厘米（8英寸）的锡纸盒中压实，放入冰箱冷藏。

2. 把明胶粉加入水中，放置5分钟使其软化，然后加热搅拌直至其溶解。

3. 搅拌蛋黄和糖，直至混合物变浓稠；然后把巧克力和咖啡放到一个碗中搅拌，直至溶解。把两种混合物一起倒入锅中，用小火加热1~2分钟，直至其变浓稠；再往锅中加入明胶，并不时搅拌。

4. 充分搅打150毫升（0.25品脱或0.7杯）奶油，同时充分搅拌蛋清，再把两者都加入到在步骤3中制成的混合物中搅拌；把此混合物倒入步骤1的饼干混合物上，并放入冰箱冷藏2小时。

5. 把蛋糕从冰箱中取出，切块并装盘即可食用。可以在每一块蛋糕上厚厚地挤一团剩下的鲜奶油；同时还可以用巧克力卷和肉桂粉装点蛋糕。

烤咖啡芝士蛋糕

芝士蛋糕搭配咖啡和利口酒，带有浓郁的、丝绒般的口感。

8人份

配料

45毫升（3汤匙）沸水

30毫升（2汤匙）现磨咖啡

4个鸡蛋

225克（1杯或8盎司）细砂糖

450克（1磅或2杯）奶油干酪（常温）

30毫升（2汤匙）橘味利口酒（例如柑桂酒）

40克（1.5盎司或三分之一杯）自发面粉（已过筛）

300毫升（0.5品脱或1.25杯）鲜奶油

30毫升（2汤匙）糖粉（装饰用）

淡奶油（上桌时用）

制作芝士蛋糕所需材料

115克（4盎司或1杯）面粉

5毫升（1茶匙）发酵粉

75克（3盎司或6汤匙）黄油

50克（2盎司或0.25杯）糖

1个鸡蛋（已打匀）

30毫升（2汤匙）冷水

1. 烤箱预热到160℃（325°F或3档）。在一个长宽均为20厘米（8英寸）的正方形锡纸盒内涂上油。

2. 把发好的面粉和发酵粉放到一个碗中，再加入黄油搅拌直至混合物像面包屑一样；然后加入糖、鸡蛋和水并充分搅拌，再把混合物倒入锡纸盒内。

3. 制作填充物时，先把咖啡放在一个小碗中，倒入热水，放置4分钟使其充分溶解，然后通过细筛去除咖啡渣。

4. 充分搅打鸡蛋和糖的混合物；然后用一个木制勺子击打奶油芝士，直至变软，再在奶油芝士中加入利口酒搅拌，一次加一勺，直到酒全部混合入奶油芝士中，再加下一勺。

5. 在奶油芝士混合物中加入鸡蛋、面粉、鲜奶油和咖啡，充分混合。

6. 把步骤5的混合物倒入锡纸盒中，放入烤箱中烘焙1.5小时；然后把烤箱的门微微打开，冷却蛋糕。蛋糕晾凉后放入冰箱中冷藏1小时。食用时可在蛋糕上洒上糖粉，再切片并搭配鲜奶油。

爱尔兰咖啡芝士蛋糕

威士忌、咖啡和姜的搭配浑然天成。当然，您还可以根据个人口味使用杏仁或是消化饼干作为蛋糕底。

8 人份

配料

45 毫升（3 汤匙）浓咖啡
1 个香草豆荚
250 毫升（8 液量盎司或 1 杯）淡奶油
15 毫升（1 汤匙）明胶粉
45 毫升（3 汤匙）冷水
450 克（1 磅或 2 杯）凝乳酪（常温）
60 毫升（4 汤匙）爱尔兰风味威士忌（例如爱尔兰绒或米勒利口酒）
115 克（4 盎司或半杯）糖
150 毫升（0.25 品脱或三分之二杯）鲜奶油

装饰所需材料

150 毫升（0.25 品脱或三分之二杯）鲜奶油
巧克力口味的咖啡豆
可可粉（装饰用）

打底用材料

150 克（5 盎司）姜汁饼干（已捣碎）
25 克（1 盎司或 0.25 杯）烤杏仁（已捣碎）
75 克（3 盎司或 6 汤匙）黄油（已软化）

1. 首先把姜汁饼干、烤杏仁和黄油混合，搅拌后放入一个直径为 20 厘米（8 英寸）的容器中，再放入冰箱中冷藏。

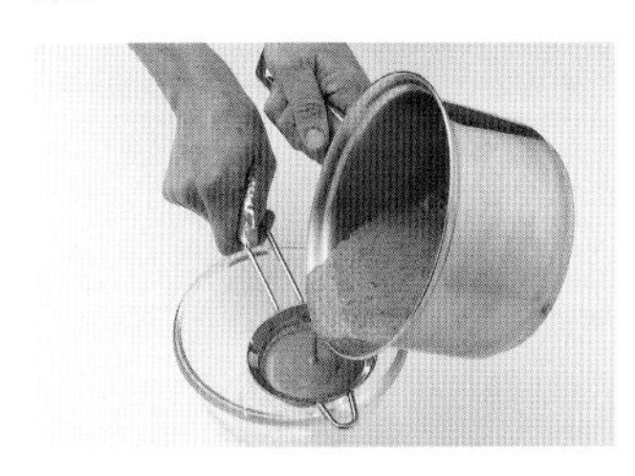

2. 在一个锅中加热咖啡、香草豆荚和淡奶油，直至沸腾；盖上锅盖，焖 15 分钟，使其完全融合；然后通过细筛去除咖啡渣。

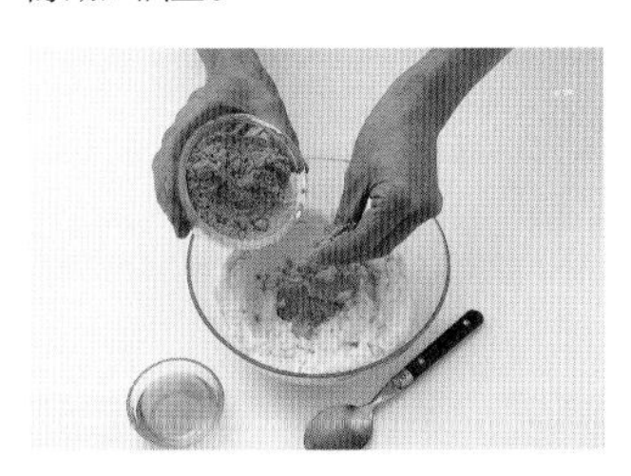

3. 把凝乳酪、利口酒和糖混合搅拌，然后再加入步骤 2 的咖啡奶油中，放置备用。

4. 充分搅打鲜奶油，并加入到步骤 3 的混合物中，再加入步骤 1 的容器中，然后放入冰箱冷藏。

5. 充分搅打鲜奶油，并涂抹到蛋糕的表面。冷藏至少 30 分钟，然后再上桌。还可以用咖啡豆和可可粉装饰芝士蛋糕。

小提示：还可以用旋涡状的奶油装饰在蛋糕的边上，而不是在蛋糕表面涂抹一层奶油。

派、蛋挞和馅饼

PIES，TARTS AND PASTRIES

咖啡以其独特的风味和香味改变着各种经典的家庭甜点。最受欢迎的咖啡味派和蛋挞包括咖啡挞和脆皮咖啡蛋白霜派。除了蛋挞和派之外，咖啡风味的馅饼也在全世界范围内受到欢迎。

核桃派

在派中加入了咖啡味的枫叶糖浆，使这道甜品的味道甜甜腻腻的。如果想做出正宗的美国风味，可以用美国山核桃代替核桃。

8 人份

配料

30 毫升（2 汤匙）现磨咖啡
175 毫升（6 液量盎司或 0.75 杯）枫叶糖浆
25 克（1 盎司或 2 汤匙）黄油（已软化）
175 毫升（6 液量盎司或 0.75 杯）红糖
3 个鸡蛋（已打匀）
5 毫升（1 茶匙）香草精
115 克（4 盎司或 1 杯）核桃仁
鲜奶油或香草冰淇淋（上桌时用）

制作派时需要的材料

150 克（5 盎司或 1.25 杯）面粉
一小撮盐
25 克（1 盎司或四分之一杯）金色糖粉
75 克（3 盎司或 6 汤匙）块状黄油
2 只鸡蛋的蛋清

1. 烤箱预热到 200℃（400℉ 或 6 档）。制作派时，把面粉发好，和盐、糖一起放入碗中，再把黄油加入到碗中搅拌，直到混合物的质地变得如面包屑般。

2. 把蛋黄加入到步骤 1 的混合物中，再把混合物拿出来放在平面上揉制成面团，然后用保鲜膜包装好，放置冷却 20 分钟。

3. 把生面团做成一个直径 20 厘米（8 英寸）的圆形派底。用烘焙纸固定好后，放上烘焙豆放入烤箱烘焙 10 分钟。然后取出并拿掉烘焙纸和烘焙豆，再烘焙 5 分钟。把派从烤箱中取出，然后把烤箱的温度调到 180℃（350℉ 或 4 档）。

4. 在一个锅中加热咖啡和枫叶糖浆直至快要沸腾；关闭热源，然后加入黄油、糖和鸡蛋的混合物；用一个细筛过滤糖浆，并在去掉了杂质的糖浆中加入香草精。

5. 在派底中摆放好核桃仁，再把步骤 4 中制作好的混合物倒入派中，放入烤箱烘焙 30~35 分钟或是直到派呈浅褐色且质地变得坚硬。趁热搭配鲜奶油或者香草冰淇淋即可食用。

密西西比派

这道经典的美式甜品因密西西比河厚厚的河床而得名。它有厚厚一层巧克力慕斯，还有一层咖啡太妃和厚厚的新鲜生奶油。

8 人份

配料

派底所需材料

275 克（10 盎司）消化饼干（已捣碎）

150 克（5 盎司或 10 汤匙）黄油（已软化）

巧克力层所需配料

10 毫升（2 茶匙）明胶粉

30 毫升（2 汤匙）冷水

175 克（6 盎司）黑巧克力（切小块）

2 个鸡蛋（蛋黄蛋白分离）

150 毫升（0.25 品脱或 0.7 杯）高脂厚奶油

咖啡太妃层所需配料

30 毫升（2 汤匙）现磨咖啡

300 毫升（0.5 品脱或 1.25 杯）高脂厚奶油

200 克（7 盎司或 1 杯）糖

25 克（1 盎司或 4 汤匙）玉米面粉

2 个鸡蛋（已打匀）

15 克（0.5 盎司或 1 汤匙）黄油

150 毫升（0.25 品脱或三分之二杯）淡奶油

巧克力卷（装饰用）

1. 在一个直径为 21 厘米（8.5 英寸）的圆盘中涂上油。把碎饼干和黄油混合，并倒入圆盘中压实；放置冷却 30 分钟。

2. 制作巧克力层时，先把明胶粉放在冷水中，放置 5 分钟使之软化；然后把碗放在盛有热水的锅中隔水加热，搅拌碗中的混合物，直至明胶粉充分溶解；然后溶解巧克力，并加入明胶。

3. 混合蛋黄和奶油，并把混合物加到巧克力中，然后在混合物中逐渐加入蛋清。把制作好的混合物倒入步骤 1 中的圆盘内，放置冷却 2 小时。

4. 制作咖啡太妃层时，首先把咖啡倒入碗中；然后把准备好的奶油中的 60 毫升（4 汤匙）取出，再把剩下的奶油都倒入咖啡中，放置 4 分钟使其充分混合，然后通过细筛过滤；再在咖啡奶油中加入糖，

用小火加热直至充分混合。

5. 把剩下的奶油、玉米淀粉以及鸡蛋混合，放入咖啡奶油中，焖 2~3 分钟，然后搅拌。

6. 加入黄油并放置冷却 30 分钟，然后把咖啡太妃层涂到巧克力层上，放入冰箱中冷藏 2 小时。

7. 制作装饰配料时，先充分搅打奶油，再涂抹到咖啡太妃层上。还可以用巧克力卷装点派；切块即可食用。

脆皮咖啡蛋白霜派

这款甜品中有咖啡蛋羹和酥皮——脆脆的金黄色酥皮包裹着软软的、如棉花糖般的蛋羹。

6~8 人份

配料

制作派底所需材料

175 克（6 盎司或 1.5 杯）面粉
15 毫升（1 汤匙）黄油
1 个蛋黄
半个橙子皮，切成小片状
15 毫升（1 汤匙）橙汁

制作咖啡蛋羹所需材料

30 毫升（2 汤匙）现磨咖啡
350 毫升（12 液量盎司或 1.5 杯）牛奶
25 克（1 盎司中 4 汤匙）玉米面粉
130 克（4.5 盎司或半杯）糖
4 只鸡蛋的蛋清
15 克（0.5 盎司或 1 汤匙）黄油

制作蛋白霜的材料

3 只鸡蛋的蛋清
1.5 毫升（1/4 茶匙）塔塔粉
150 克（5 盎司或 0.75 杯）白砂糖
25 克（1 盎司或 0.25 杯）去皮榛子
15 毫升（1 汤匙）粗制糖

小提示：派底可提前 36 个小时做好。但如果已经把馅放到了派底中，那么要在制作当天尽快食用完毕。

1. 烤箱预热到 200℃（400℉ 或 6 档）。筛好面粉，和糖混合，放入一个碗中。然后加入黄油并搅打，直到混合物的质地呈面包屑状。加入蛋黄、橙子皮和橙汁，揉制成为面团；然后用保鲜袋包裹起来，冷藏 20 分钟。然后把生面团做成一个直径为 23 厘米（9 英寸）的圆形派底；再重新用保鲜膜包裹放置冷却 30 分钟。

2. 用叉子在派底上扎一些小洞，并用烘焙纸固定好后，放上烘焙豆放入烤箱中烘焙 15 分钟。然后取出并拿掉烘焙纸和烘焙豆，再烘焙 5 分钟。把派从烤箱中取出，然后把烤箱的温度调到 160℃或（325℉ 或 3 档）。

3. 制作咖啡蛋羹时，先把咖啡倒入碗中；然后加热 250 毫升（8 液量盎司或 1 杯）的牛奶至几乎沸腾，再加入咖啡；4 分钟后，待牛奶和咖啡混合后，再过滤掉咖啡渣。把剩下的牛奶和玉米淀粉及糖混合，再加入制作好的咖啡牛奶。

4. 把混合物加热至沸腾，其间不停搅拌，直至其变浓稠后再关闭火源。

5. 搅打蛋黄，并在蛋黄中加

入少量咖啡混合物，然后在剩余的咖啡混合物中加入黄油，并用小火煮 3 到 4 分钟，直至其变浓稠。把制作好的混合物放入步骤 2 中的馅饼皮内。

6. 制作蛋白霜时，混合蛋清和塔塔粉并搅打，直至混合物变得浓稠；然后分次加入糖粉。

7. 把蛋白霜加到咖啡蛋羹上，要注意覆盖住馅饼的边缘部分。再加上榛子和粗制糖，放入烤箱烘焙 30 至 35 分钟，或直至酥皮变得脆脆的且呈棕色。可以趁热食用，也可以放在网架上冷却后再食用。

咖啡挞（COFFEE CUSTART TART）

松脆的核桃馅饼，加上香草和顺滑的咖啡奶油，特别美味。

6~8 人份

配料

1 个香草豆荚
30 毫升（2 汤匙）现磨咖啡
300 毫升（0.5 品脱或 1.25 杯）淡奶油
150 毫升（0.25 品脱或 0.7 杯）牛奶
2 个鸡蛋（外加 2 个蛋黄）
50 克（2 盎司或 0.25 杯）糖
糖粉（装饰用）
鲜奶油（上桌时用）

制作派底所需材料

175 克（6 盎司或 1.5 杯）面粉
30 毫升（2 汤匙）糖粉
115 克（4 盎司或 8 大汤匙）黄油（已软化）
75 克（3 盎司或半杯）核桃（已切碎）
1 个蛋黄
5 毫升（1 茶匙）香草精
10 毫升（2 茶匙）冰水

1. 烤箱预热到 200℃（400℉或 6 档）。在烤盘中放入一张烘焙纸。面粉筛好，并加入糖混合，然后加入黄油搅打，直到混合物呈面包屑状。在混合物中加入核桃仁。把蛋黄、香草精和水混合后加到混合物中，制作成生面团。用保鲜膜包裹起来，放置冷却 20 分钟。

2. 拿出生面团，并制作一个厚的、有凹槽的直径为 20 厘米（8 英寸）的圆盘，并用小刀切去边缘处多余的面，放置冷却 20 分钟，然后用叉子在盘底戳一些小孔。用烘焙纸固定好后，放上烘焙豆放入烤箱烘焙 10 分钟。然后取出并拿掉烘焙纸和烘焙豆，再烘焙 10 分钟。把派底从烤箱中取出，然后把烤箱的温度调到 150℃（300℉或 2 档）。

3. 把香草豆荚纵向劈开，把豆子倒入平底锅内，再把豆荚也放入锅内，加入咖啡、奶油和牛奶加热直至即将沸腾为止，放置 10 分钟使各种配料充分混合。然后混合鸡蛋、蛋黄和糖，充分搅打。

4. 重新加热咖啡奶油直至沸腾，然后倒入鸡蛋混合物中，搅拌后倒入步骤2中的派底内。

5 烘焙 40~45 分钟，从烤箱内取出后放置在网架上冷却。然后把锡纸盒去掉，用奶油裱花，再洒上糖粉即可食用。

蓝莓杏仁奶油派

芳香扑鼻的派底内裹着甜甜的杏仁粒和新鲜蓝莓。再加上果酱和利口酒，使这道甜点更让人沉醉。

6 人份

配料

30 毫升（2 汤匙）现磨咖啡
45 毫升（3 汤匙）沸水
50 克（2 盎司或 0.25 杯）白砂糖
50 克（2 盎司或 4 汤匙）无盐黄油
1 个鸡蛋
115 克（4 盎司或 1 杯）杏仁粒
15 毫升（1 汤匙）面粉
225 克（2 杯或 8 盎司）蓝莓
30 毫升（2 汤匙）无籽蓝莓酱
15 毫升（1 汤匙）利口酒（例如意大利苦杏酒或橘味白酒）
马斯卡彭奶酪、鲜奶油或酸奶油（上桌时用）

制作派底所需材料：

175 克（6 盎司或 1.5 杯）面粉
115 克（4 盎司或 8 汤匙）无盐黄油
25 克（1 盎司或 2 汤匙）白砂糖
半个柠檬的皮切成碎片
15 毫升（1 汤匙）冷水

1. 烤箱预热到 190℃（375℉ 或 5 档）。筛好面粉，再加入黄油搅拌，然后再加入糖、柠檬皮和水，揉面直至形成有韧劲的生面团；用保鲜膜包裹起来，放置冷却 20 分钟。

2. 把生面团拿出来放在平面上揉制，然后制作一个直径为 23 厘米（9 英寸）的圆形派底。用烘焙纸固定好后，放上烘焙豆放入烤箱烘焙 10 分钟。然后取出并拿掉烘焙纸和豆子；再烘焙 5 分钟后，把派底从烤箱中取出。

3. 与此同时，制作填充的馅。把研磨好的咖啡放在一个碗里，注入热水并放置 4 分钟使其充分混合。把黄油和白糖充分混合并搅打至颜色变浅，再加入杏仁粒、鸡蛋和面粉，然后通过细筛过滤，去掉残渣。

4. 把咖啡混合物倒入制作好的派底中，使其分布均匀；然后在上面摆放蓝莓粒，注意要把蓝莓粒稍稍按入混合物中固定。把馅饼放入烤箱中烘焙 30 分钟直至其变硬（烘焙到 20 分钟时拿出，用锡纸包好，再烘焙 10 分钟）。

5. 把蓝莓杏仁奶油饼从烤箱中取出，放置冷却。加热蓝莓果酱和利口酒的混合物，直至蓝莓果酱充分溶解；然后把混合物均匀涂抹到蓝莓杏仁奶油饼上。上桌时，可以搭配一勺马斯卡彭奶酪、鲜奶油或酸奶油。

小提示：还可以把派做成 6 人份的单人装：用 6 个直径为 10 厘米（4 英寸）的小的派模具，并烘焙 25 分钟。

添万利松露挞

这道甜品是下午茶时的完美选择：迷你的挞配上巧克力利口酒、松露和新鲜水果。

6 人份

配料

300毫升（1.25杯或0.5品脱）高脂厚奶油

225 克（0.75 杯或 8 盎司）无籽黑莓酱或覆盆子酱

150克（5盎司）黑巧克力（已切成小块）

45 毫升（3 茶匙）添万利咖啡利口酒

450克（1磅）混合莓子（例如覆盆子、小草莓或是黑莓）

制作挞皮的材料：

225克（2杯或8盎司）面粉

15 毫升（1 汤匙）白砂糖

150 克（5 盎司或 10 汤匙）块状黄油

1 个蛋黄

30 毫升（2 汤匙）冷的浓咖啡

1. 预热烤箱至 200℃（400℉或6档）。然后在烤箱中放置一个烤盘加热。制作挞皮时，将筛好的面粉和糖放进一个大碗里，把黄油加到混合物中并不停搅拌，直到混合物看起来像是面包屑为止。加入咖啡和蛋黄的混合物，搅拌均匀，揉成生面团，继续揉制，直到生面团表面光滑为止。用保鲜膜包裹起来，放置冷却20分钟。

2. 制作6个直径为10厘米（4英寸）的小果馅饼（迷你乳蛋饼锅），中间有凹槽。用叉子在馅饼皮上戳洞，并用烘焙纸固定好后，放上烘焙豆放入烤箱烘焙 10 分钟。然后取出并拿掉烘焙纸和烘焙豆，再烘焙 8~10 分钟。把派从烤箱中取出并放置在网架上冷却。

3. 制作填充物时，把奶油和175 克（6盎司或半杯）果酱加热至沸腾，并不断搅拌，直至果酱完全溶解。

4. 关闭火源，加入巧克力和30毫升（2汤匙）的利口酒，搅拌至融化。移开冷却，然后用勺子把混合物舀入制作好的馅饼皮内，放置冷却 40 分钟。

5. 把剩下的果酱和利口酒加热搅拌；把水果放到小馅饼上，然后用刷子刷上果酱。冷却后即可食用。

小提示：制作馅饼时，要充分混合蛋黄和咖啡，否则制作好的馅饼颜色容易不均匀。

咖啡奶油泡芙

松脆的泡芙皮裹上奶油，再洒上白巧克力酱。如果您是甜食控，那么就开始大快朵颐吧！

6 人份

配料

65 克（9 汤匙或 2.5 盎司）白面粉

一小撮盐

50 克（2 盎司或 4 汤匙）黄油

150 毫升（0.25 品脱或 0.7 杯）现磨咖啡

2 个鸡蛋（已打匀）

制作白巧克力酱所需材料

50 克（2 盎司或 0.25 杯）糖

100 毫升（3.5 盎司或半杯）开水

150 克（5 盎司）高品质白巧克力（切成块状）

25 克（1 盎司或 2 汤匙）无盐黄油

45 毫升（3 汤匙）高脂厚奶油

30 毫升（2 汤匙）咖啡利口酒（如添万利、咖啡酒或杜桑）

另

250 毫升(8 液量盎司或 1 杯）高脂厚奶油

1. 把烤箱预热到 220℃（425℉或 7 档）。筛好面粉，加入盐放置在防油纸上。把黄油切成小块，与咖啡一同放入锅中。

2. 加热平底锅，直至黄油、咖啡混合物沸腾。关闭热源后，在锅中加入所有的面粉，充分搅打，然后放置冷却 2 分钟。

3. 加入鸡蛋（分两次加，一次加一个），充分搅打；把混合物倒入装有 1 厘米（0.5 英寸）裱花嘴的裱花袋中。

4. 用裱花嘴在一张潮湿的防油纸上挤出 24 个小泡芙；烘焙 20 分钟，直至泡芙变得蓬松。

5. 把泡芙从烤箱中取出，并用小刀在每个泡芙上戳洞，排出里面的空气。

6. 制作白巧克力酱时，把糖和水放在长柄深锅中，用小火加热直至糖完全溶解，然后继续加热直至快要沸腾并焖 3 分钟。关闭热源，加入白巧克力和黄油，搅拌直至混合物变得顺滑，然后再倒入奶油和利口酒。

7. 最后搅打鲜奶油至起泡。然后用裱花袋盛满奶油向泡芙中填充。把做好的泡芙放在桌上，然后倒上白巧克力酱（常温或热均可）。装盘后即可食用。

丹麦咖啡馅饼

这款享誉世界的点心制作耗时较长，但您绝对值得一试。

16人份

配料

45毫升（3汤匙）热水
30毫升（2汤匙）现磨咖啡
115克（4盎司或半杯）白砂糖
40克（1.5盎司或3汤匙）无盐黄油
1个蛋黄
115克（4盎司或一杯）杏仁碎
1个鸡蛋（打匀）
275克（10盎司或1杯）杏子酱
30毫升（2汤匙）冷水
175克（6盎司或1.5杯）白砂糖
50克（2盎司或半杯）烤杏仁（去皮）
50克（2盎司或0.25杯）糖渍樱桃

制作馅饼皮所需材料

275克（10盎司或2.5杯）面粉
1.5毫升（1/4茶匙）盐
1.5毫升（1/4茶匙）糖
15克（0.5盎司或1汤匙）白砂糖
225克（1杯或8盎司）黄油（已软化）
10毫升（2茶匙）干酵母
1个鸡蛋（打匀）
100毫升（3.5盎司或半杯）开水

1. 筛好面粉，和糖一起放入碗中，加入25克（1盎司或2汤匙）黄油和酵母，再往碗中加入鸡蛋和水，揉面直至揉成一个生面团；再继续揉4~5分钟，然后用保鲜膜包裹起来，放置冷却二十分钟。

2. 把剩余的黄油放在两张烘焙纸的中间，并用擀面杖擀一下，制作一个长宽均为18厘米（7英寸）的正方形。拿出步骤1中的生面团，制作一个长宽均为25厘米（10英寸）的正方形。把制作好的正方形状的黄油放在面团的中间，摆成菱形；然后把正方形面皮的每一个角向中心对折。

3. 把制作好的生面团做成长宽均为35厘米（14英寸）的

面饼，并从三分之一处把生面团叠起，然后把另一端的三分之一也叠起。用擀面杖把边缘弄平整。然后将面皮用保鲜膜包裹起来，放置冷却15分钟。

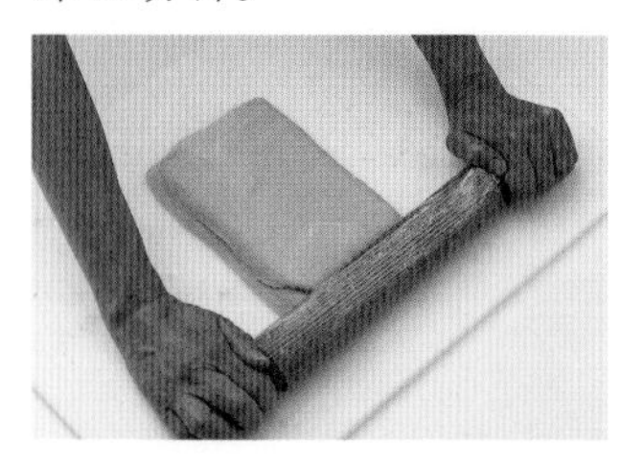

4. 重复步骤3连续3次。每一次都要记得翻面，并需要放置15分钟。

5. 制作填充物时，把研磨好的咖啡放在一个碗里，注入水并放置4分钟使其充分混合，然后通过细筛过滤，去掉咖啡渣。混合糖和黄油，再加入蛋黄、杏仁碎和15毫升（1汤匙）咖啡。

6. 把生面团均匀地分成三份。取其中一份做成一个18×35

厘米（7×14英寸）的长方形，然后在上面放上填充物，并卷起来，用刀切成6小块。拿另一份生面团制作一个25厘米（10英寸）见方的正方形，并剪成一个直径为25厘米（10英寸）的圆形，把边缘修剪好，然后切成6份。

7. 在每一份面皮上放上填充物，然后卷起来。

8. 把最后一个生面团做成一个20厘米（8英寸）见方的正方形，在中间放置一些填充物，从每一边的中间下刀，不要剪短，然后包裹起来。

9. 把烤箱预热到220℃（425℉或7档）。把制作好的面团都放在烘焙纸上，并留有充分剩余空间。然后铺上涂好油的保鲜膜放置20分钟，使其充分发酵；再用刷子刷上蛋液，然后烘焙15~20分钟，直到馅饼变成棕色并变得松脆，拿出放置在网架上冷却。

10. 在锅中加入水和果酱，加热至沸腾，然后用细筛过滤；把果酱涂到馅饼上；然后混合剩下的咖啡和糖粉，如果需要的话，还可以加一些水。把糖粉洒在馅饼上。还可以根据个人喜好，装饰上杏仁粒和糖渍樱桃；切块后即可上桌食用。

希腊水果核桃馅饼

这种香气四溢的牛角馅饼甜品，在希腊被叫做“Moshopoungia”。它含有糖渍柑橘、核桃和咖啡糖浆。

16 人份

配料

60 毫升（4 汤匙）蜂蜜
60 毫升（4 汤匙）浓咖啡
75 克（3 盎司或半杯）糖渍蜜饯（切碎）
175 克（6 盎司或 1 杯）核桃（切碎）
1.5 毫升（0.25 茶匙）新鲜的肉豆蔻牛奶
细砂糖（装饰用）

做馅饼的材料

450 克（1 磅）面粉
2.5 毫升（0.5 茶匙）肉桂粉
2.5 毫升（0.5 茶匙）发酵粉
一小撮盐
150 克（5 盎司或 10 汤匙）无盐黄油
30 毫升（2 汤匙）糖粉
1 个鸡蛋
120 毫升（4 液量盎司或半杯）冷牛奶

1. 烤箱预热到 180℃（350°F 或 4 档）。做馅饼皮时，筛好面粉，与肉桂粉、发酵粉和盐混合，再加入黄油搅拌，直至混合物像面包屑一样；然后加入糖，充分搅拌。

2. 把鸡蛋和牛奶加入步骤 1 的混合物中，揉面，直到混合物变为面团。把面团分成两块，然后将每一块用保鲜膜包裹起来，放置冷却 30 分钟。

3. 同时，把咖啡与蜂蜜混合在一个碗里，然后添加糖渍蜜饯、核桃和肉豆蔻，搅拌均匀，盖上盖子，放置 20 分钟。

4. 拿出一块生面团，用擀面杖擀到表面厚度为 3 毫米（0.125 英寸）为止。用 10 厘米（4 英寸）的普通糕点模具压出若干个圆形面皮。

5. 把一茶匙的填充物倒在每张面皮上。在面皮边缘处刷少许牛奶，然后像包饺子一样捏住。

6. 将糕点放在刷过油的烤盘上，在表面刷上一点牛奶并撒上砂糖。

7. 在每个糕点上扎小孔，然后放入烤箱中烘焙 35 分钟，或者烘焙至其变为浅金黄色，然后放在架子上冷却。

巴克拉瓦（Baklava）

土耳其咖啡浓郁、不加牛奶、带点甜味，有时还有一些辣味。在这款土耳其传统的甜点中，加入了土耳其咖啡。土耳其人一般在宗教场合才食用巴克拉瓦这种果仁蜜饼。

16 人份

配料

50 克（2 盎司或半杯）白杏仁（切碎）

50 克（2 盎司或半杯）开心果（切碎）

75 克（3 盎司或半杯）白砂糖

115 克（4 盎司）薄酥皮

75 克（3 盎司或 6 汤匙）无盐黄油，融化并冷却

做糖浆的材料：

115 克（4 盎司或半杯）细砂糖

7.5 厘米（3 英寸）肉桂棒

一个丁香

2 个小豆蔻（已捣碎）

75 毫升（5 汤匙）浓咖啡

1. 烤箱预热到 180℃（350°F 或 4 档）。混合坚果和糖。在一个 18×28 厘米（7×1 英寸）的烤盘中涂上少许黄油，然后把面皮放入烤盘内，再刷上一点融化后的黄油。

2. 再重复步骤 1，连续往烤盘上垫三张面皮，每一张中间要涂上油，并加入一半的坚果。

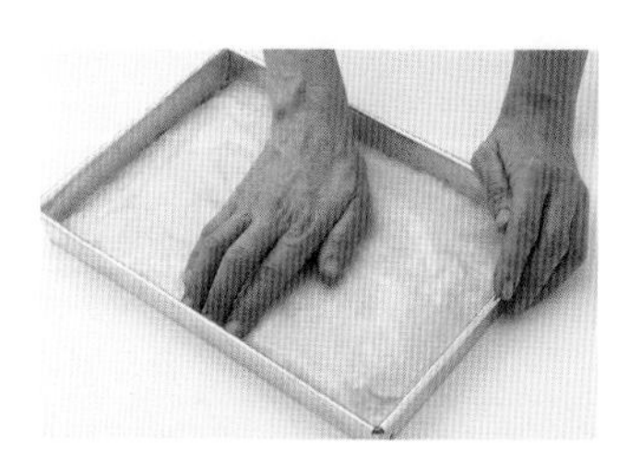

3. 然后再重复步骤 1，继续铺上 3 张面皮，然后把剩下的坚果都洒上，要注意摆放均匀。然后把剩下的面皮和黄油都盖上，把边缘都压好。

4. 在烤盘的最上一层用锋利的小刀把巴克拉瓦划成钻石形状。放入烤箱烘焙 20~25 分钟，或直至糕点变得松脆且呈金棕色。同时，把制作糖浆的材料放在一个锅中加热，直至糖充分溶解。关火，盖上锅盖，放置 20 分钟使充分融合。

5. 把巴克拉瓦从烤箱中取出，再次加热糖浆，并倒在巴克拉瓦上。放置冷却，然后沿着切好的钻石形状取出来，即可食用。

小提示：在制作巴克拉瓦时，要把备用的生面团用湿布罩起来，防止其变干，变干的生面团就很难再用了。

甜点、饼干和面包

PIES, TARTS AND PASTRIES

很少有人不被面包房的橱窗内放置的饼干和面包所诱惑，但其实我们也可以在家轻松制作这些糕点。在本章中，你可以找到一些美式和欧式的饼干、面包的做法，包括甜腻黏稠的松露糕点和好吃的蜜饯糕点。

夹馅西梅

巧克力风味的西梅，搭配利口酒和入口即化的咖啡奶油。

可制作约 30 个

配料

225 克（1 杯或 8 盎司）西梅

50 毫升（2 液量盎司或 0.25 杯）阿马尼亚克酒

30 毫升（2 汤匙）研磨好的咖啡

150 毫升（0.25 品脱或 0.7 杯）高脂厚奶油

350 克（12 盎司）黑巧克力（切成小块）

10 克（0.25 盎司或 0.5 汤匙）植物油

30 毫升（2 汤匙）可可粉（装饰用）

1. 把西梅放在一个碗中，并倒入阿马尼亚克酒搅拌，用保鲜袋包好，放置冷却 2 小时或直到西梅吸收了所有的液体。

2. 把西梅的核去掉，留出中空，注意保持西梅的完整性。

3. 在锅中加入咖啡和奶油，加热至沸腾。盖上锅盖，放置 4 分钟使其充分溶解，然后再次加热直至沸腾。加入 115 克（4 盎司）巧克力并混合均匀，用细筛去掉咖啡渣。

4. 充分搅拌混合物，直到巧克力完全溶解；放置冷却，直到混合物的浓稠度和黄油相似。

5. 把制作好的混合物倒入裱花袋中，然后注入西梅中。做好后，把夹馅西梅放到冰箱中冷藏 20 分钟。

6. 把剩下的巧克力放到碗中融化。用叉子叉住西梅，浸入巧克力液中；把包裹着巧克力液的西梅放置到一张不粘的防油纸上冷却，使巧克力变硬；然后洒上可可粉即可食用。

小提示：按个人喜好，也可以用新鲜的枣来代替西梅。

咖啡巧克力松露

因为这款经典的巧克力松露含有鲜奶油，所以要放入冰箱中保存，并尽快食用。

可制作约 24 颗

配料

350 克（12 盎司）黑巧克力
75 毫升（5 汤匙）高脂厚奶油
30 毫升（2 汤匙）咖啡利口酒（如添万利、墨西哥咖啡甜酒或是图森特酒）
115 克（4 盎司）高品质白巧克力
115 克（4 盎司）高品质牛奶巧克力

1. 把 225 克（8 盎司）黑巧克力放在碗中加热融化，然后加入奶油和利口酒；把混合物放在冰箱中冷藏 4 小时。

2. 取出混合物，均匀分成 24 小份，每一分都揉成一个小球，再放入冰箱冷藏一小时，直到小球变硬成型。

3. 把剩下的黑巧克力和白巧克力以及奶油巧克力在三个碗中分别融化；然后用叉子叉住松露小球，浸入到巧克力液中。每种巧克力液中浸 8 颗松露小球。

4. 把松露巧克力放在平板上，用锡纸盖住。需要食用时，拿开锡纸，把巧克力放入食盘中即可。

小提示：可以根据个人喜好，制作不同的松露巧克力。

姜味：在混合物中加入 40 克（1.5 盎司或 0.25 杯）蜜饯生姜（小块）

果脯：在混合物中加入 50 克（2 盎司或三分之一杯）果脯肉，例如菠萝或橘子。

开心果：在混合物中加入 25 克（1 盎司或 0.25 杯）切碎的开心果。

榛子：在每一颗松露小球中加入一些切碎的榛子。

葡萄干：把 40 克（1.5 盎司或 0.25 杯）葡萄干放入 15 毫升（1 汤匙）咖啡利口酒中（如添万利、墨西哥咖啡甜酒或是图森特酒），浸泡 12 小时以上。

咖啡薄荷巧克力

这些咖啡风味的巧克力块中含有薄荷焦糖，和餐后咖啡搭配再好不过了。

可制作约 16 块

配料

75 克（3 盎司或半杯）白砂糖

75 毫升（5 汤匙）热水

3 滴薄荷油

15 毫升（1 汤匙）浓咖啡

75 毫升（5 汤匙）高脂厚奶油（接近沸腾的）

225 克（8 盎司）黑巧克力

10 克（0.25 盎司或 0.5 汤匙）无盐黄油

1. 用防油纸制作一个长宽均为 18 厘米（7 英寸）的盒子。

小提示：不要把巧克力放入冰箱中存放，这易使巧克力失去表面光泽且易碎。

在锅中加热糖和水的混合物，直到糖完全溶解；然后加入薄荷油，继续加热直到混合物呈淡褐色。

2. 把制作好的混合物在一张涂了油的防油纸上放置冷却，然后捣碎成小片状。

3. 把咖啡倒入碗中，加入接近沸腾的奶油，放置 4 分钟，使二者充分融合，然后过滤掉咖啡渣。另取一个碗，混合巧克力和无盐黄油并加热，使其完全溶解。关闭热源，并把巧克力和黄油的混合物倒入咖啡奶油中。然后混入薄荷焦糖中。

4. 把混合物倒入步骤 1 中的盒子里，使表面平整；放置在阴凉处冷却 4 个小时，最好能冷却一夜。

5. 把巧克力饼拿出，放在平面上，然后用小刀把巧克力切成小块，放到密封的容器中。需要时取出食用即可。

咖啡榛子甜饼

传统的甜饼一般含有杏仁粒，而这款甜饼则改用烤榛子（榛子要先烤再研磨）。当然，您也可以根据个人口味用核桃代替榛子。

20 个左右

配料

可食用的米纸

115 克（4 盎司或 0.7 杯）去皮榛子

225 克（8 盎司或 1 杯）白砂糖

15 毫升（1 汤匙）碎米

10 毫升（2 茶匙）现磨咖啡（例如榛子口味的）

两个蛋清

白砂糖

1. 烤箱预热到 180℃（350℉或 4 档）。用两张米纸做烘焙纸。把榛子放在烘焙纸上，放入烤箱中烘焙 5 分钟；取出冷却，并放入处理机中研磨成粉。

2. 混合榛子、糖、碎米和咖啡，加入蛋清并搅拌在一起。

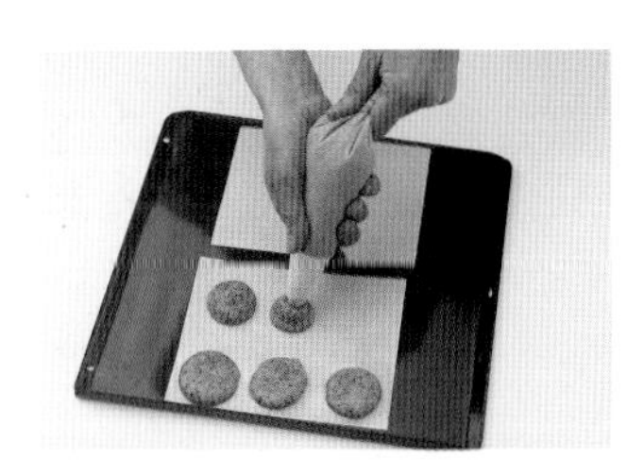

3. 把混合物倒入一个配有 1 厘米（0.5 英寸）裱花嘴的裱花袋中。在另一张米纸上挤出小圆饼，各个小圆饼之间要留出空隙。

4. 在甜饼撒上糖粉，放入烤箱中烘焙 20 分钟，或直至甜饼呈淡金黄色。取出后把甜品放在网架上冷却；待完全冷却后，拿掉多余的米纸。可以立即食用或放置在密封容器中保存 2~3 天。

维也纳旋风

这些松脆的、入口即化的饼干和乳脂状的咖啡奶油乳酪是完美搭配。

可制作约 12 个

配料

175 克（6 盎司或 12 汤匙）黄油

50 克（2 盎司或半杯）糖粉

2.5 毫升（0.5 茶匙）香草精

115 克（4 盎司或 1 杯）面粉

50 克（2 盎司或半杯）玉米淀粉

糖粉或可可粉（装饰用）

做填充物所需配料：

15 毫升（1 汤匙）现磨咖啡

60 毫升（4 汤匙）淡奶油

75 克（3 盎司或 6 汤匙）黄油（已软化）

115 克（4 盎司或 1 杯）糖粉

1. 烤箱预热到 180℃（350℉ 或 4 档）。混合黄油、糖粉和香草精，然后在混合物中加入面粉和玉米淀粉，充分搅打。

2. 用两个勺子把混合物倒入一个配有 1 厘米（0.5 英寸）裱花嘴的裱花袋内。

3. 用裱花袋在一张烘焙纸上制作若干小的（玫瑰）花结；然后放入烤箱中烘焙 12~15 分钟，直至小饼干变成金黄色；取出放到网架上冷却。

4. 制作填充物时，先把咖啡倒入碗中，再加入接近沸腾的奶油，放置 4 分钟使其充分融合，然后过滤掉咖啡渣。

5. 搅拌黄油、糖粉和咖啡味奶油的混合物，直至其充分混合；然后用混合物把两块饼干粘起来，就如三明治般；再洒上糖粉或者可可粉即可食用。

小提示：如果想制作摩卡风味的维也纳旋风，可以用 25 克（1 盎司或 0.25 杯）可可粉代替 25 克（1 盎司或 0.25 杯）面粉。

俄罗斯黑饼干

著名的俄罗斯鸡尾酒——咖啡伏特加酒——让这款饼干别具风情。

16 人份

配料

30 毫升（2 汤匙）浓缩咖啡或浓咖啡
60 毫升（4 汤匙）沸水
115 克（4 盎司或 8 汤匙）黄油
115 克（4 盎司或半杯）红糖
1 个鸡蛋
225 克（8 盎司或 2 杯）面粉
5 毫升（1 茶匙）发酵粉
一小撮盐

制作糖霜的材料

115 克（4 盎司或 1 杯）糖粉
25 毫升（1.5 汤匙）伏特加酒

1. 烤箱预热到 180℃（350℉或 4 档）。把咖啡倒入碗中，加入接近沸腾的奶油，放置 4 分钟使其充分融合，然后过滤掉咖啡渣。放置冷却。

2. 混合黄油和糖，并慢慢加入鸡蛋、发酵粉和盐，充分混合后加入到咖啡味的奶油中。

3. 用甜点匙把混合物一勺一勺地舀到抹过油的烘焙纸上，在每一块饼干之间留出空隙。烘焙 15 分钟，直到饼干呈浅棕色。取出后放在网架上冷却。

4. 制作糖霜时，把糖倒入伏特加中。用防油纸做一个裱花袋，把混合物倒进去。

5. 在裱花袋的顶端剪一个小口，然后把糖霜挤到饼干上。放置一会儿即可食用。

咖啡夏威夷果松饼

这款松饼冷的时候吃也很美味，但最美味的是刚从烤箱中出炉的那一刻。

12 人份

配料

25 毫升（1.5 汤匙）现磨咖啡
250 毫升（8 盎司或 1 杯）牛奶
50 克（2 盎司或 4 汤匙）黄油
275 克（10 盎司或 2.5 杯）面粉
10 毫升（2 茶匙）发酵粉
150 克（5 盎司或 10 汤匙）粗制糖
75 克（3 盎司或半杯）夏威夷果
一个鸡蛋，打匀

1. 烤箱预热到 200℃（400°F 或 6 档）。在一个可制作 12 个松饼的模具上涂好油；也可以自己做 12 个纸质的松饼模。

2. 把咖啡倒入碗中，加入接近沸腾的牛奶，放置 4 分钟使其充分融合；然后过滤掉咖啡渣。

3. 在咖啡牛奶混合物中加入黄油，充分搅拌直至溶解。放置冷却。

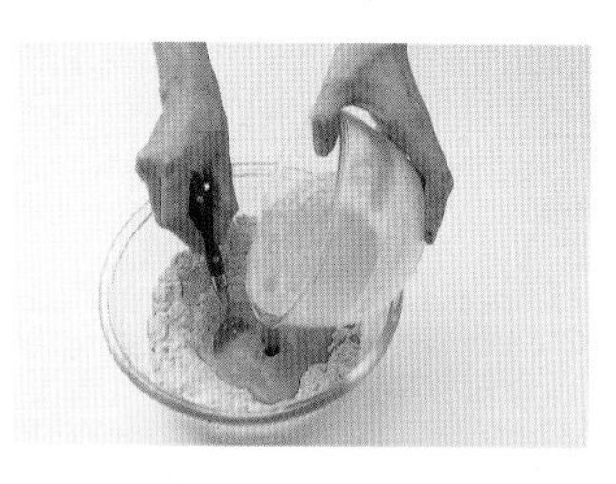

4. 筛好面粉，并加入发酵粉和夏威夷果；然后在咖啡牛奶中加入蛋液，搅拌直至充分融合。注意，不要过度搅拌。

5. 把混合物均匀地倒入 12 个松饼模具中，烘焙 15 分钟，直到松饼隆起并定型。然后取出放置到网架上冷却。

小提示： 如果想快速冷却咖啡牛奶，可以把咖啡壶放在盛有冰水或冷水的盆中冷却。

白巧克力咖啡布朗尼

布朗尼应具有胶黏的质感，所以不能烘焙过久。布朗尼刚烘焙完时，中心仍比较软，但冷却后会逐渐变硬。

可制作约 12 个

配料

25 毫升（1.5 汤匙）现磨咖啡
45 毫升（3 汤匙）沸水
300 克（11 盎司）黑巧克力（切成小块）
225 克（8 盎司或 1 杯）黄油
225 克（8 盎司或 1 杯）白砂糖
3 个鸡蛋
75 克（3 盎司或 0.7 杯）自发面粉
225 克（8 盎司）白巧克力（已切碎）

1. 烤箱预热到 190℃（375°F 或 5 档）。用防油纸给一个 18 ×28 厘米（7×11 英寸）的锡纸盒中涂上油。把咖啡倒入碗中，加入接近沸腾的水，放置 4 分钟使其充分融合，过滤掉咖啡渣。

2. 在碗中放入黑巧克力和黄油，隔水加热并搅拌直至溶解；关闭火源，放置冷却五分钟。

3. 混合糖和鸡蛋，加入步骤二的混合物中，然后再加上咖啡和筛好的面粉，充分混合。

4. 在混合物中加入白巧克力块，再把混合物倒入步骤一中的锡纸盒内。

5. 放入烤箱烘焙40~45分钟，直至布朗尼变硬实且顶部变得松脆，关闭电源冷却。待布朗尼完全冷却后，切成正方形的小块即可食用。

山核桃太妃糖酥饼

咖啡糖酥与山核桃太妃的绝佳搭配！添加玉米淀粉可使酥饼变得酥脆。当然，您也可以只用普通面粉制作这款点心。

可制作约 12 个

配料

15 毫升（1 汤匙）现磨咖啡
15 毫升（1 汤匙）热水
115 克（4 盎司或 8 汤匙）黄油（已软化）
30 毫升（2 汤匙）花生酱
75 克（3 盎司或半杯）白砂糖
75 克（3 盎司或 0.7 杯）玉米淀粉
185 克（6.5 盎司或 1.7 杯）面粉

制作酥饼上层所需材料

175 克（6 盎司或 12 汤匙）黄油
175 克（6 盎司或 0.75 杯）红糖
175 克（6 盎司或 1 杯）去壳山核桃仁（已切碎）
30 毫升（2 汤匙）糖浆

1. 烤箱预热到 180℃（350℉或 4 档）。用防油纸把一个 18×28 厘米（7×11 英寸）左右的锡纸盒涂上油。

2. 把咖啡倒入碗中，加入接近沸腾的水，放置 4 分钟使其充分融合，过滤掉咖啡渣。

3. 混合黄油、花生酱、糖和咖啡并充分搅打，直至浅色变浅；筛好面粉和玉米淀粉，并揉制成一个生面团。

4. 把混合物放入锡纸盒中，按实，并用叉子戳出一些小洞。放入烤箱烘焙 20 分钟。制作酥饼上层时，先在一个锅中混合黄油、糖和糖浆，加热直至溶解，继续加热直至沸腾。

5. 焖 5 分钟，然后加入切碎的山核桃仁。把混合物倒到锡纸盒内，放置冷却，然后切成手指大小的糖酥。把制作好的山核桃太妃糖酥从锡纸盒中取出即可食用。

咖啡脆饼

如果使用新鲜烘焙的现磨咖啡，那咖啡脆饼会变得加倍好吃。

可制作约 30 个

配料

25 克（1 盎司或 0.3 杯）意式烘焙咖啡豆
115 克（4 盎司或 0.7 杯）白杏仁
200 克（7 盎司或 2 杯）面粉
7.5 毫升（1.5 茶匙）发酵粉
1.5 毫升（1/4 茶匙）盐
75 克（3 盎司或 6 汤匙）无盐块状黄油
150 克（5 盎司或 0.75 杯）白砂糖
2 个鸡蛋（已打匀）
25~30 毫升（1.5~2 汤匙）浓咖啡
5 毫升（1 茶匙）肉桂粉

1. 烤箱预热到 180℃（350°F 或 4 档）。把咖啡豆放在一张烘焙纸上的一边，另一边放上杏仁粒；放入烤箱中烘焙 10 分钟，放置冷却。

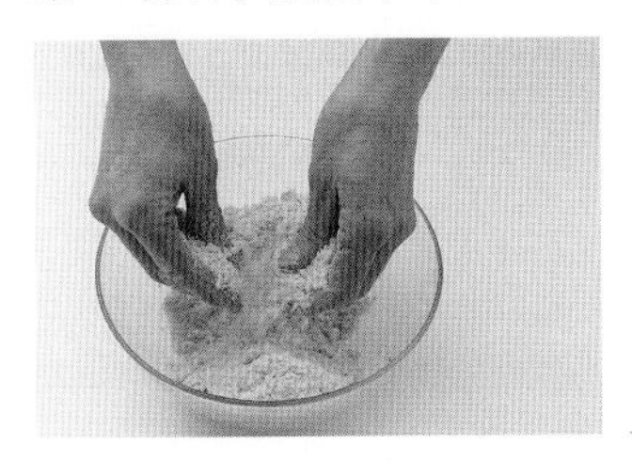

2. 把咖啡豆取出并放到研磨机中精细研磨，倒出后放在一边；然后再精细研磨杏仁粒。

3. 筛好面粉，并和发酵粉和盐一同放入碗中，再把黄油加入到碗中搅拌，直到混合物的质地变得如面包屑般；再在混合物中加入白砂糖、研磨好的咖啡和杏仁，然后再倒入鸡蛋液和现磨咖啡，充分揉制，做成一个生面团。

4. 把生面团分成 2 份，制作成 2 个生面团卷，直径为 7.5 厘米（3 英寸）。把生面团卷放到烘焙纸上，洒上肉桂粉，烘焙 20 分钟。

5. 用小刀把烘焙好的食物切片，每片的对角线约为 4 厘米（1.5 英寸）长。把制作好的咖啡脆饼放在烤盘上，放入烤箱中继续烘焙 10 分钟或直至咖啡脆饼呈淡棕色，然后拿出放在网架上冷却。

小提示：先把咖啡脆饼在密闭的容器中放置一天，然后再食用。

卡布奇诺潘妮朵尼

在意大利，这款点心是圣诞节晚餐的保留项目。由传统的长面包搭配发酵面团做成。

8 人份

配料

450 克（1 磅或 4 杯）面粉
2.5 毫升（0.5 茶匙）盐
75 克（3 盎司或半杯）白砂糖
7 克（0.25 盎司）干酵母
115 克（4 盎司或 8 汤匙）黄油
100 毫升（3.5 液量盎司或半杯）热浓缩咖啡
100 毫升（3.5 液量盎司或半杯）牛奶
4 个鸡蛋的蛋清
115 克（4 盎司或 0.7 杯）黑巧克力屑
打匀的鸡蛋液（用于涂刷表面）

1. 烤箱预热到 190℃（375℉ 或 5 档）。用防油纸把一个较深的直径为 17~15 厘米（5.5~6 英寸）左右的锡纸盒涂上油。筛好面粉，加入盐，再加入糖和干酵母。

2. 在咖啡中加入黄油，充分搅拌直至溶解。然后在其中加入牛奶、蛋清和步骤 1 中的混合物，充分搅拌做成生面团。

3. 把生面团放到平面上，继续揉制 10 分钟，直到生面团变得有韧性且顺滑。再揉入黑巧克力屑。

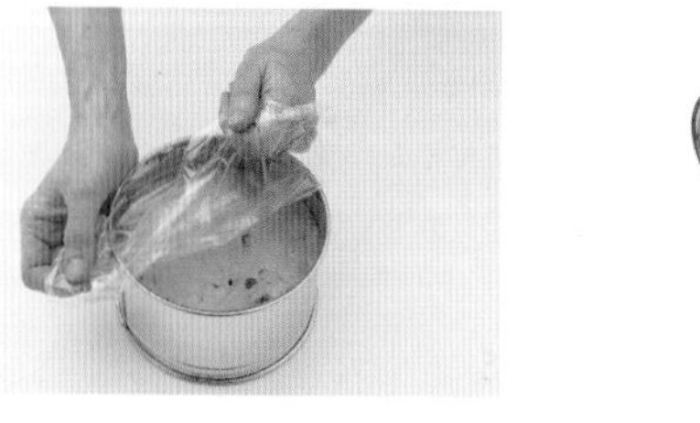

4. 把生面团揉成球状，放在锡纸盒内，用保鲜膜盖好。然后在一个温度较高的地方放置 1 个小时或直至生面团发酵到碰到保鲜膜为止。在生面团上涂上蛋液，然后烘焙 35 分钟。

5. 把烤箱温度调到 180℃（350℉ 或 4 档）。如果潘妮朵尼的颜色已经变为棕色，就用锡纸把它包裹住，并继续烘焙 10~15 分钟。

6. 放置冷却 10 分钟，把潘妮朵尼从烤箱中取出，然后放在网架上晾干；去掉烘焙纸后就可以切块食用了。

小提示：不同于商店中出售的糕点，自己动手制作的潘妮朵尼需要在制作完成后的一到两天内食用完。

糖渍水果蜜饯面包

这款咖啡风味的甜点的特色在于，其中含有糖渍水果蜜饯和咖啡利口酒。

6~8 人份

配料

175 克（6 盎司或 1 杯）混合糖渍水果蜜饯（例如切碎的菠萝、橘子和樱桃干）
60 毫升（4 汤匙）咖啡利口酒（如添万利、墨西哥咖啡甜酒或图森特酒）
30 毫升（2 汤匙）现磨咖啡
100 毫升（3.5 液量盎司或半杯）牛奶
225 克（8 盎司或 2 杯）面粉
1.5 毫升（1/4 茶匙）盐
25 克（1 盎司或 2 汤匙）红糖
7 克（0.25 盎司）干酵母
1 个鸡蛋（已打匀）
50 克（2 盎司）白色杏仁酱
65 克（0.25 杯或 2.5 盎司）杏子酱
15 克（0.5 盎司或 1 汤匙）无盐黄油
15 毫升（1 汤匙）白砂糖
15 毫升（1 汤匙）蜂蜜

1. 把糖渍水果蜜饯和咖啡利口酒混合在一个小碗中，用保鲜膜盖好，放置过夜。

2. 烤箱预热到 200℃（400°F 或 6 档）。把咖啡倒入碗中，加入热牛奶，放置直至咖啡变得温热，过滤掉咖啡渣。筛好面粉，加入盐，再混入红糖和干酵母；然后在其中加入咖啡牛奶和鸡蛋，充分搅打做成生面团。

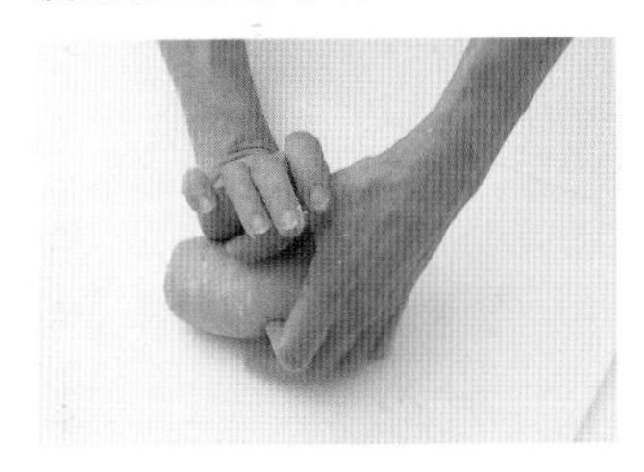

3. 揉面 10 分钟左右，把生面团放到一个干净的碗中，用保鲜膜盖好，放置 1 小时，等生面团发酵。

4. 同时，把泡好的糖渍水果蜜饯和杏仁酱以及杏子酱混合。轻揉生面团 1 分钟，然后揉出一个 35 × 30 厘米（17 × 12 英寸）的长方形。

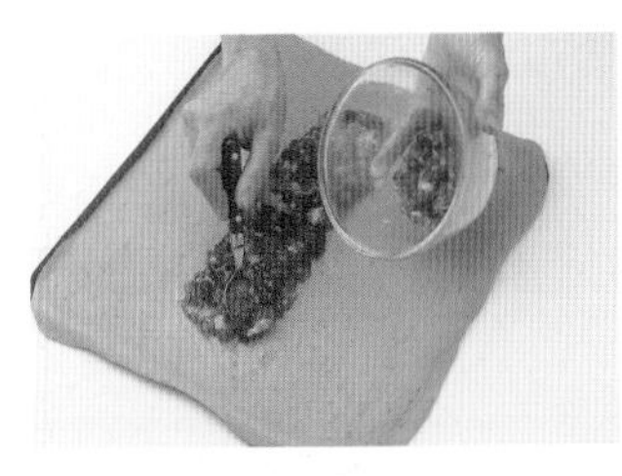

5. 把制作好的填充物放在生面皮的中间，差不多宽 7.5 厘米（3 英寸）。在填充物的两边分别用小刀划出 14 刀，每条的宽度约为 2 厘米（0.75 英寸）。

6. 把生面皮叠拢，每一条相互重叠，并塞入最后的两条。把制作好的面包放在抹了油的烤盘上。

7. 裹上保鲜膜，放置 20 分钟，等生面团充分发酵。在小锅中融化黄油、糖和蜂蜜，再把混合物刷在面包上。放入烤箱中烘焙 25 分钟，拿出冷却后即可切块食用。